高职高专计算机教学改革**新体系**规划教材

Internet技术与应用教程
（第2版）

尚晓航　主　编
安继芳　副主编
郭正昊　郭利民　陈明坤　参　编
　　　　马　楠　王勇丽

清华大学出版社
北　京

内 容 简 介

本书分为两篇：Internet 与网络技术基础篇和 Internet 技术应用篇，第一篇主要介绍了 Internet 技术基础、网络基础与 Internet 和 Internet 接入技术；第二篇主要根据 Internet 的不同服务与应用进行分类，分别介绍 WWW 基础与基本操作、信息快速浏览与系统安全维护、电子邮件、文件传输与云技术、即时通信与交流、电子商务基础及应用、网页制作与网站建设等内容。每章后面还附有大量思考题，在能够开设实验的章节都安排了实训项目，并标明了实验条件要求及项目内容的建议。

本书选材新颖，内容丰富，各部分相对独立，分别包含了不同层次的教学内容，便于教师根据自身的教学需求进行取舍与组合。

本书适合高等院校非网络专业的本科生、高职高专类学校各专业的学生作为学习计算机网络技术、Internet 应用技术基础、计算机基础、网络基础等相关课程的教材。此外，更适用于希望掌握 Internet 相关知识与最新应用技能的读者，对广大计算机或网络工作者也具有很高的参考价值。

本书封面贴有清华大学出版社防伪标签，无标签者不得销售。
版权所有，侵权必究。举报：010-62782989，beiqinquan@tup.tsinghua.edu.cn。

图书在版编目（CIP）数据

Internet 技术与应用教程/尚晓航主编. --2 版. --北京：清华大学出版社，2016 (2025.2重印)
高职高专计算机教学改革新体系规划教材
ISBN 978-7-302-43579-2

Ⅰ. ①I… Ⅱ. ①尚… Ⅲ. ①互联网络－高等职业教育－教材 Ⅳ. ①TP393.4

中国版本图书馆 CIP 数据核字（2016）第 082181 号

责任编辑：孟毅新
封面设计：常雪影
责任校对：李 梅
责任印制：杨 艳

出版发行：清华大学出版社
网　　址：https://www.tup.com.cn，https://www.wqxuetang.com
地　　址：北京清华大学学研大厦 A 座　　　邮　编：100084
社 总 机：010-83470000　　　　　　　　　邮　购：010-62786544
投稿与读者服务：010-62776969，c-service@tup.tsinghua.edu.cn
质量反馈：010-62772015，zhiliang@tup.tsinghua.edu.cn
课件下载：https://www.tup.com.cn，010-83470410

印 装 者：三河市君旺印务有限公司
经　　销：全国新华书店
开　　本：185mm×260mm　　印　张：21.75　　字　数：500 千字
版　　次：2010 年 5 月第 1 版　2016 年 6 月第 2 版　　印　次：2025 年 2 月第 9 次印刷
定　　价：59.00 元

产品编号：064881-03

前言

FOREWORD

本书主编从1998年起一直从事网络方面的管理、教学科研和创作工作，曾主编或参与创作了几十本计算机网络基础、网络技术、网络管理与网络应用等方面的著作。主编的教材和创作的书籍，曾先后获得2009年度普通高等教育精品教材、第五届全国优秀科普图书类三等奖、两次获得北京市高等教育精品教材称号。此外，还在多个出版社先后出版了多本国家级普通高等教育"十五""十一五""十二五"规划教材。

本书的主编和作者曾在各类本科、专科的计算机科学与技术、通信工程、信息工程、自动化、网络传媒、计算机应用、网络服务与应用、办公自动化、计算机网络管理员、计算机网络与应用等多个专业的学生中，开设过有关Internet应用、网络技术和网络基础的课程。如Internet技术基础、Internet实用技能、计算机网络原理、计算机网络与应用、电子商务基础等课程，均受到学生们的欢迎，并收到了良好的效果。编者还曾在某外企担任计算机和网络部门的主管，本书就是编者结合教学、科研的实践经验编写而成的。考虑到实用性和可操作性，本书采用了由浅入深和目标驱动的方法，逐步将读者引导到Internet的王国。

《Internet技术基础与应用教程》自2010年5月出版以来，受到了广大用户与读者的喜爱，先后重印了9次。由于Internet及其涉及的网络技术、信息技术、计算机软硬件技术发展飞速，各种新技术、新应用层出不穷，因此编者根据近几年的技术与应用的发展状况，参照了CNNIC（中国互联网信息中心）发布的数据，并结合广大读者的反馈意见，以及教学的实践后，对第1版教材进行了较全面的修订。在修订版中，尽量使用当前的主流设备与较新版的软件：①引入了计算机、笔记本电脑、智能手机、平板电脑多种终端设备；②使用了较新版的终端设备的操作系统和其他软件的客户端版本，如Windows 7、iOS 8.3、Android 4.3、IE 11浏览器、360安全浏览器7.1、迅雷7、微信6.1.5、QQ 5.8；③减少了Internet传统的五大服务的篇幅；④根据CNNIC的应用统计数据增加了Internet流行的应用技术。

为了便于不同专业、不同课程、不同学时的灵活选择，本书将全书的10章内容划分为两篇，各篇与各章的主要安排和内容简介如下。

第一篇 Internet与网络技术基础。介绍互联网中涉及的基本知识与技术，包含Internet技术基础、局域网与Intranet网络技术、Internet接入技术 3 章。第 1 章介绍了 Internet 的起源、发展与特点，提供的主要服务资源与服务，以及 Internet 的管理机构等与 Internet 密切相关的基础知识。此外还介绍了计算机网络中实际应用的 TCP/IP 4 层参考模型、IP 地址、域名系统、TCP/IP 协议参数的设置与管理、IPv6 协议及 Internet 中常用的术语等与 Internet 相关的基本理论知识。第 2 章介绍了与局域网和 Intranet 相关的基本知识与技术，主要包括计算机网络的定义与功能、计算机网络的组成与分类、数据通信系统中常用的技术指标、Intranet 的结构与特点、网络系统的计算模式、组建小型工作组网络以及网络测试等有关组建网络的技术基础与应用技术。第 3 章比较详细的介绍 Internet 的主要接入技术，包括单机接入、小型局域网接入以及无线接入的技术与方法。

第二篇 Internet 技术应用。全面而深入地介绍了互联网中的基本服务与应用技术，涵盖了 WWW 基础与基本操作、信息快速浏览与系统安全维护、电子邮件、文件传输与云技术、即时通信与交流、电子商务基础及应用和网页制作与网站建设等 6 章。第 4 章详细介绍了 WWW 信息浏览的基础知识，包含了 WWW 的发展、工作机制与原理，及 Web 客户端软件 IE 11 和 360 浏览器的基本应用。第 5 章着重介绍搜索引擎的类别、特点、应用与技巧，应用 RSS 快速获得信息的方法、提高网页浏览速度，以及计算机系统的日常维护与安全防护方面的知识与技能。第 6 章详细介绍电子邮件的基础知识、工作原理、基本术语，以及邮件客户端软件"网易闪电邮"的基本应用与技巧。第 7 章全面介绍互联网中文件下载的基本知识、原理，具体介绍了 FTP、Usenet、P2S、P2P、PP4S、云技术、云应用等多种最新下载、传输技术的基本概念和理念，详细介绍专用下载工具迅雷、QQ 旋风的基本使用技术与应用技巧，以及与云技术相关的云盘和网盘的应用技术。第 8 章介绍网络即时通信与交流中的术语、工作方式、聊天工具等的基本知识，详细介绍网络通话的软硬件条件，以及腾讯公司的两大聊天工具"微信"与 QQ 的基本技术与应用技巧等内容。第 9 章较为详细地介绍电子商务的定义、特点、交易特征、基本类型、系统的组成、物流配送和支付等基本理论与概念，详细介绍电子商务网站的 B2C 与 C2C 的基本应用与技巧。第 10 章从网页的本质出发，比较全面的介绍网站建设过程中如何进行策划和设计，以及在静态页面上添加多种网页元素的方法，并且扩展到如何使用主流网页制作工具建立基本的动态网站。

本书层次清晰，概念简洁、准确，叙述通顺、图文并茂，内容安排深入浅出、符合认知规律，实用性强。书中既有适度的基础理论的介绍，又有比较详细的组网、管网和用网方面的实用技术。每章后面附有大量习题和思考题，需要实验的章节还附有实训环境、目标和主要内容方面的建议。

学习本课程的学生应当注意，首先不应当将 Internet 技术与应用基础作为一门理论课程学习，而应当将其当作一门应用技术的课程来学习；其次，只有将各种网络设备、智能终端设备、应用软件和各种技术基础理论密切结合在一起，才能更好地体会到互联网资源的浩瀚、技术的多变。在 Internet 技术与应用的学习过程中，只有那些将 Internet 的知识、理论与实践紧密结合，不断尝试、不断进取的人才能获得事半功倍的效果。

下面是本课程的推荐学时分配表，供读者参考。

推荐的学时分配表

篇 号	序 号	授课内容	学时分配	
			讲课	实训
第一篇 Internet 与网络技术基础	第 1 章	Internet 技术基础	2	2
	第 2 章	局域网与 Intranet 网络技术	4	4
	第 3 章	Internet 接入技术	2	6
第二篇 Internet 技术应用	第 4 章	WWW 基础与基本操作	2	4
	第 5 章	信息快速浏览与系统安全维护	2	6
	第 6 章	电子邮件	4	6
	第 7 章	文件传输与云技术	4	8
	第 8 章	即时通信与交流	2	4
	第 9 章	电子商务基础及应用	2	4
	第 10 章	网页制作与网站建设	4	8
合 计		10 章	28	52

本书由尚晓航担任主编；安继芳担任副主编；其中，尚晓航和郭正昊参与了第 1、2、4～9 章的主要编写任务；安继芳参与了第 3、10 章的主要编写任务；马楠、陈明坤、王勇丽、郭文荣、郭利民、余洋等参与了一些章节的编写或其他辅助工作；此外，尚晓航还负责全书的主审与定稿任务。

由于 Internet、计算机网络、硬件、软件与信息技术的发展迅速，作者的学识和水平有限，书中难免有不妥之处，恳请广大读者批评指正。

编 者

2016 年 5 月

目录

第一篇 Internet 与网络技术基础

第 1 章 Internet 技术基础 /3

1.1 Internet 的起源与发展 ……………………………………………… 3
1.2 Internet 的基本概念 ………………………………………………… 12
1.3 Internet 的层次型网络结构与组成 ………………………………… 13
1.4 Internet 的管理机构 ………………………………………………… 14
1.5 Internet 提供的主要资源和服务 …………………………………… 16
    1.5.1 Internet 的主要资源 …………………………………………… 16
    1.5.2 Internet 的主要服务 …………………………………………… 16
1.6 TCP/IP 参考模型 …………………………………………………… 19
1.7 TCP/IP 网络中的地址 ……………………………………………… 22
    1.7.1 网络中地址的基本概念 ………………………………………… 22
    1.7.2 IPv4 协议与地址 ………………………………………………… 23
    1.7.3 IPv6 协议与地址 ………………………………………………… 26
1.8 域名系统 ……………………………………………………………… 29
    1.8.1 域名和域名系统 ………………………………………………… 29
    1.8.2 互联网络的域名规定 …………………………………………… 31
    1.8.3 Internet 的域名管理机构 ……………………………………… 33
    1.8.4 域名解析 ………………………………………………………… 33
1.9 Internet 中常用的术语 ……………………………………………… 35
思考题 ……………………………………………………………………… 37

第 2 章 局域网与 Intranet 网络技术 /39

2.1 计算机网络的定义与功能 …………………………………………… 39
2.2 计算机网络的组成与分类 …………………………………………… 40

2.3 数据通信系统中常用的技术指标 …………………………………… 42
2.4 多路复用技术概述 …………………………………………………… 44
2.5 局域网与 Intranet …………………………………………………… 45
    2.5.1 局域网的组成 …………………………………………………… 45
    2.5.2 Intranet 网络 …………………………………………………… 46
2.6 网络系统的计算模式 ………………………………………………… 49
    2.6.1 客户/服务器模式的应用 ………………………………………… 49
    2.6.2 浏览器/服务器模式的应用 ……………………………………… 51
    2.6.3 对等式网络的应用 ……………………………………………… 52
2.7 组建小型工作组网络 ………………………………………………… 54
    2.7.1 小型局域网的连接结构 ………………………………………… 54
    2.7.2 小型对等式工作组网络的实现流程 …………………………… 54
    2.7.3 网络基本配置 …………………………………………………… 55
    2.7.4 建立网络工作组 ………………………………………………… 59
2.8 网络测试命令 ………………………………………………………… 62
    2.8.1 网络连通性测试程序 ping ……………………………………… 62
    2.8.2 配置显示程序 ipconfig ………………………………………… 64
思考题 ……………………………………………………………………… 66
实训项目 …………………………………………………………………… 67

第 3 章 Internet 接入技术 /69

3.1 Internet 接入技术概述 ……………………………………………… 69
    3.1.1 了解 ISP ………………………………………………………… 69
    3.1.2 Internet 接入技术的概念 ……………………………………… 70
    3.1.3 主要 Internet 接入技术 ………………………………………… 70
3.2 单机接入 Internet …………………………………………………… 71
    3.2.1 通过局域网接入 ………………………………………………… 71
    3.2.2 通过 ADSL Modem 接入 ……………………………………… 73
3.3 小型局域网接入 Internet …………………………………………… 76
    3.3.1 通过 ICS 共享接入 Internet …………………………………… 76
    3.3.2 通过无线路由器实现小型局域网的 ADSL 接入 ……………… 80
3.4 无线接入 Internet …………………………………………………… 87
    3.4.1 无线接入技术的概念 …………………………………………… 87
    3.4.2 IEEE 802.11 和 Wi-Fi ………………………………………… 87
    3.4.3 移动通信技术 …………………………………………………… 91
思考题 ……………………………………………………………………… 93
实训项目 …………………………………………………………………… 93

第二篇　Internet 技术应用

第 4 章　WWW 基础与基本操作　/97

4.1　WWW 概述 …………………………………………………… 97
　　4.1.1　WWW 的发展历史 …………………………………… 97
　　4.1.2　WWW 相关的基本概念 ……………………………… 98
　　4.1.3　WWW 的工作机制和原理 …………………………… 99
　　4.1.4　WWW 的客户端常用软件 …………………………… 100
4.2　IE 浏览器的简介与基本操作 ………………………………… 101
　　4.2.1　IE 浏览器简介 ………………………………………… 101
　　4.2.2　IE 浏览器的基本操作 ………………………………… 103
4.3　安装和启用 360 安全浏览器 ………………………………… 111
4.4　在 360 安全浏览器浏览 Web 的方法 ………………………… 114
思考题 ………………………………………………………………… 119
实训项目 ……………………………………………………………… 119

第 5 章　信息快速浏览与系统安全维护　/121

5.1　搜索引擎 ………………………………………………………… 121
　　5.1.1　搜索引擎简介 ………………………………………… 121
　　5.1.2　常用搜索引擎的特点与应用 ………………………… 123
　　5.1.3　搜索引擎的应用技巧 ………………………………… 131
5.2　应用 RSS 快速获得信息 ……………………………………… 138
5.3　提高网页浏览速度 ……………………………………………… 142
　　5.3.1　通过设置浏览器加速网页浏览 ……………………… 142
　　5.3.2　通过设置操作系统提高上网的速度 ………………… 145
5.4　计算机系统维护与安全防护 …………………………………… 146
　　5.4.1　保护上网设备的基本安全措施 ……………………… 146
　　5.4.2　应用计算机的安全防护软件 ………………………… 148
5.5　导航网站的应用 ………………………………………………… 157
思考题 ………………………………………………………………… 162
实训项目 ……………………………………………………………… 162

第 6 章　电子邮件　/165

6.1　电子邮件的基础知识 …………………………………………… 165
　　6.1.1　电子邮件的工作方式 ………………………………… 166
　　6.1.2　申请电子邮件信箱 …………………………………… 169
　　6.1.3　Web 方式收发电子邮件 ……………………………… 172

6.2 邮件客户端软件的基本应用 ………………………………………………… 174
　　6.2.1 网易闪电邮概述 ………………………………………………… 174
　　6.2.2 设置电子邮件账号 ……………………………………………… 176
　　6.2.3 接收与发送电子邮件 …………………………………………… 179
6.3 通讯录的基本管理和使用 …………………………………………………… 182
6.4 保护邮件、账户和通讯录的安全措施 ……………………………………… 185
　　6.4.1 通讯录导出/导入 ………………………………………………… 186
　　6.4.2 电子邮件的过滤与拒收 ………………………………………… 188
思考题 ……………………………………………………………………………… 191
实训项目 …………………………………………………………………………… 191

第 7 章　文件传输与云技术　　　/194

7.1 互联网中文件下载的基本知识 ……………………………………………… 194
　　7.1.1 常用下载技术 …………………………………………………… 194
　　7.1.2 FTP 传统传输技术 ……………………………………………… 197
　　7.1.3 资源下载的常用方法 …………………………………………… 199
　　7.1.4 常用下载软件及其特点 ………………………………………… 200
7.2 专用下载工具 ………………………………………………………………… 202
　　7.2.1 QQ 旋风的安装与基本应用 …………………………………… 202
　　7.2.2 迅雷软件的安装与基本应用 …………………………………… 209
7.3 专用下载软件的应用技巧 …………………………………………………… 212
　　7.3.1 BT 下载 …………………………………………………………… 212
　　7.3.2 专用下载软件的常用技巧 ……………………………………… 214
7.4 云技术的应用 ………………………………………………………………… 217
　　7.4.1 云技术简介 ……………………………………………………… 217
　　7.4.2 云应用简介 ……………………………………………………… 218
　　7.4.3 云存储的基本知识 ……………………………………………… 219
　　7.4.4 云盘的应用 ……………………………………………………… 222
思考题 ……………………………………………………………………………… 236
实训项目 …………………………………………………………………………… 237

第 8 章　即时通信与交流　　　/239

8.1 网络即时通信与交流概述 …………………………………………………… 239
8.2 启用聊天工具微信 …………………………………………………………… 242
8.3 微信的基本应用 ……………………………………………………………… 245
　　8.3.1 微信的添加好友与订阅公众号 ………………………………… 245
　　8.3.2 微信中的即时通信 ……………………………………………… 247
　　8.3.3 微信中的其他交流方式 ………………………………………… 252

8.4 网络聊天工具 QQ ·· 255
思考题 ··· 259
实训项目 ··· 259

第 9 章 电子商务基础及应用 /261

9.1 电子商务技术基础 ·· 261
 9.1.1 初识电子商务网站 ····································· 261
 9.1.2 电子商务的基本知识 ··································· 262
 9.1.3 电子商务的特点 ······································· 265
 9.1.4 电子商务的交易特征 ··································· 267
9.2 电子商务的基本类型 ·· 268
9.3 电子商务系统的组成 ·· 276
9.4 电子商务中的物流、配送和支付 ································ 277
 9.4.1 电子商务中的物流 ····································· 277
 9.4.2 电子商务中的电子支付 ································· 281
9.5 电子商务网站的应用 ·· 286
 9.5.1 网上安全购物 ··· 286
 9.5.2 B2C 模式网上购物应用 ································· 287
 9.5.3 C2C 模式网上购物应用 ································· 291
思考题 ··· 298
实训项目 ··· 299

第 10 章 网页制作与网站建设 /301

10.1 剖析网页 ·· 301
 10.1.1 网页的本质 ·· 301
 10.1.2 网页的基本构成 ······································ 303
10.2 网站建设的基本流程 ·· 304
 10.2.1 网站的概念 ·· 304
 10.2.2 网站建设的整体流程 ·································· 304
 10.2.3 网站前期规划与设计 ·································· 305
 10.2.4 页面的实现与完善 ···································· 307
 10.2.5 网站的发布与维护 ···································· 307
10.3 网页制作工具 ·· 307
 10.3.1 主流网页制作工具 ···································· 308
 10.3.2 辅助制作工具 ·· 308
 10.3.3 Dreamweaver 的主界面 ································ 310
10.4 制作静态网页 ·· 315
 10.4.1 设置页面属性 ·· 315

　　　　10.4.2　添加文本 …………………………………………………… 317
　　　　10.4.3　添加图像 …………………………………………………… 318
　　　　10.4.4　添加超链接 ………………………………………………… 319
　　　　10.4.5　添加表格 …………………………………………………… 321
　　　　10.4.6　添加表单 …………………………………………………… 322
　　　　10.4.7　添加多种媒体元素 ………………………………………… 322
　　　　10.4.8　添加 JavaScript 行为 ……………………………………… 324
　　10.5　制作动态网页 …………………………………………………………… 325
　　　　10.5.1　建立动态站点 ……………………………………………… 325
　　　　10.5.2　生成动态页 ………………………………………………… 331
　　思考题 ……………………………………………………………………………… 334
　　实训项目 …………………………………………………………………………… 334

参考文献　　　/336

第一篇 Internet 与网络技术基础

第 1 章
Internet 技术基础

Chapter 1

【学习目标】
(1) 了解：Internet 的起源、发展和功能。
(2) 掌握：Internet 的定义、技术等基本概念。
(3) 了解：Internet 的组成结构。
(4) 掌握：Internet 的主要资源和服务。
(5) 掌握：TCP/IP 中 IP 地址的相关概念。
(6) 掌握：互联网中有关域名和域名系统的知识。
(7) 了解：Internet 常用的常用术语。

随着网络技术的发展，Internet(因特网)已经深入人们的生活，人们通过 Internet 进行浏览信息、交流信息、发送邮件、获取资料、网上购物、网上支付与转账等业务。本章将介绍 Internet 的发展、组成、资源和服务等基本概念，以及它与 Intranet 的技术关联。另外，还将介绍作为 Internet 基础的 TCP/IP 协议模型相关的基本知识、IP 地址和域名系统等重要概念。

1.1 Internet 的起源与发展

1. Internet 的发展史

(1) Internet 的起源与早期发展阶段

美国的 ARPANet 网络被认为是网络的起源，也是 Internet 的起源。为了方便美国各研究机构和政府部门使用，美国国防部的高级研究计划署(ARPA)于 1968 年提出了 ARPANet 的研制计划。

1969 年，4 个节点的实验性质的 ARPANet 问世后，其计算机的数目增长迅速。到 1983 年就已经发展到了三百多台计算机。

1984 年，ARPANet 分解为两个网络。一个网络沿用 ARPANet 的称谓，作用为民用科研网；另一个网络是 MILNet，其性质是军用计算机网络。

1985 年，美国国家科学基金会(National Science Foundation, NSF)提出了建立

NSFNet 网络的计划,该计划的主要任务是围绕着其 5 个大型计算机中心建设计算机网络。作为实施该计划的第一步,NSF 首先将全美的五大超级计算机中心利用通信干线连接起来,组成了全国范围的科学技术网 NSFNet,成为美国 Internet 的第二个主干网,传输速率为 56Kb/s。

1986 年,NSF 建立起国家科学基金网 NSFNet,它是一个三级计算机网络,分为主干网、地区网和校园网,覆盖了全美国主要的大学和研究所。NSFNet 后来接管了 ARPANet,并将网络改名为 Internet。

1987 年,NSF 采用招标方式,由 3 家公司(IBM、MCI 和 MERIT)合作建立了作为美国 Internet 网的主干网,由全美 13 个主干节点构成。

1991 年,Internet 的容量满足不了需要,于是美国政府决定将 Internet 主干网转交给私人公司来经营,并开始对接入 Internet 的单位收费。

1993 年,Internet 主干网的速率提高到 45Mb/s。

1996 年,速率为 155Mb/s 的 Internet 主干网建成。

(2) Internet 2 与全球互联网的发展

为了解决 Internet 上的拥挤及长时间等候,美国政府和高科技公司、大学都在致力开发新的网络。Internet 2 正是其中最具代表性的项目。Internet 2 的核心任务是开发先进的网络技术,提供一个现有互联网无法提供的先进的、全国性的高性能网络基础设施和研究试验平台。开展的研究包括:网络中间件、网络性能管理和测量、网络运行数据的收集和分析、新一代网络及部署,以及全光网络等。

1996 年,美国国家科学基金会设立了"下一代 Internet"(Internet 2)的研究计划,支持大学和科研单位,针对第一代 Internet 的不足,进行高速计算机网络及其应用的研究。

1998 年,美国 100 多所大学联合成立的 UCAID(University Corporation for Advanced Internet Development)联盟,该组织专门从事 Internet 2 研究计划。为此,UCAID 还建设了一个独立的高速网络试验床 Abilene,并于 1999 年 1 月开始提供服务。Internet 2 拥有先进的主干网,主干网带宽达到几十 Gb/s,并已经逐步升级到了 100Gb/s。Internet 2 如今已拥有数百个正式会员,会员按照不同的性质,分成 4 类,包括:高等教育机构、地区教育和科研网、从事教育和科研的非营利组织(附属会员)和企业。Internet 2 的主干网连接了 6 万多个科研机构,并且和超过 50 个国家的学术网互联。

2. Internet 在中国的形成与发展

随着 Internet 在全球的普及与发展,在某种程度上,Internet 2 已经成为全球下一代互联网建设的代表名词。目前,中国发展的互联网的主干线路的国际出口带宽为 Gb/s 数量级,而中国国内骨干网已经进入了 Internet 2 的 100Gb/s 时代。此外,全球互联网的发展日新月异,出现了 3 个崭新的特点:①传统互联网加速向移动互联网延伸,如更多的网民通过便捷的移动终端(手机、平板电脑)等访问互联网;②物联网的飞速发展与广泛应用;③"云计算"技术使网民获取信息的速度更快,手段更便捷。

(1) Internet 在我国发展阶段

回顾 Internet 在我国发展的历史,可以粗略地划分为以下的两个阶段。

第一阶段为 1987—1993 年。在这一阶段中，我国的一些科研部门初步开展了与 Internet 联网的科研课题和科技合作工作，通过拨号 X.25 实现了和 Internet 电子邮件转发系统的联结；此外，还在小范围内为国内的一些重点院校、研究所提供了国际 Internet 电子邮件的服务。

第二阶段从 1994 年开始到现在。这一阶段，Internet 在我国得到了迅速的发展，不但实现了与 Internet 的 TCP/IP 方式的互联，还开通了 Internet 的各种功能的全面服务。此外，相继启动了多个全国范围的计算机信息网络项目。

（2）中国骨干网（Internet Backbone）的组成

骨干网又称"主干网"，它是用来连接多个局部区域或地区的高速网络。在 Internet 中，为了能与其他骨干网进行互联，每个骨干网中至少含有一个进行包交换的连接点。不同的供应商分别拥有属于自己的骨干网。简言之，主干网通常指国家与国家、省与省之间的网络；中国目前的主干网的带宽在 40~100Gb/s（万兆）。此外，中国骨干网的国际出口带宽反映了中国与其他国家或地区互联网连接的能力；其增长情况如图 1-1 所示。由图 1-1 和表 1-1 可知，截止到 2014 年，我国的国际出口带宽相对于 2013 的年增长率高达 20%。

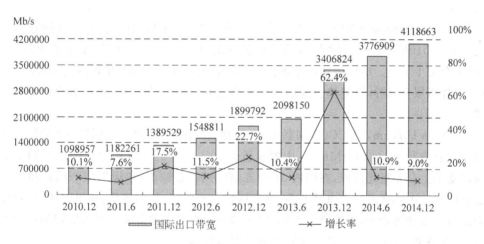

图 1-1　中国国际出口带宽及其增长率（CNNIC）

在目前网络应用日趋丰富，各种视频应用快速发展的情况下，只有国际出口带宽持续增长，网民的互联网连接质量才会改善。目前，由国家投入大量资金开通多路国际出口通路，分别连接到美国、加拿大、澳大利亚、英国、德国、法国、日本、韩国等国家。CNNIC（中国互联网信息中心）发布的数据显示，截止到 2014 年 12 月 31 日，全国各类网络的出口总带宽约为 4118663Mb/s 左右。目前，中国已建成和正在建设中的骨干网络的出口带宽见表 1-1。

有资料表明，在互联网发展的前一阶段称中国有四大骨干网，即 CHINANET、CERNET、CSTNET 和 CHINAGBN。早期的中国公用计算机互联网（CHINANET）被称为"邮电部互联网"，专指邮电部门经营管理的基于 Internet 网络技术的中国公用计算机互联网，它也是国际计算机互联网 Internet 的一部分。后来邮电部门，不断进行合并和产业改组，最后只剩下移动、联通、电信 3 家；这 3 家都可以经营互联网业务；但是，移动、联通的主干线很多都是租用中国电信的网络。

表1-1 主要骨干网络的国际出口带宽

骨干网络名称	国际出口带宽(Mb/s)
中国电信	2569519
中国联通	1037023
中国移动	390263
中国教育和科研计算机网(CERNET)	66560
中国科技网(CSTNET)	55296
中国国际经济贸易互联网(CIETNET)	2
合　　计	4118663

目前,CNNIC报告指出的中国骨干网包含有六大骨干网,分别指:中国电信、中国联通、中国移动、CERNET、CSTNET和CHINAGBN。此外,当前的八大节点是由北京、上海、广州、沈阳、南京、武汉、成都、西安8个城市的核心节点,它们组成了中国互联网的核心层。

① China Telecom,CTCC(中国电信):全称为"中国电信集团公司"。其国际出口总带宽为2569519Mb/s。目前中国电信集团公司的网络已覆盖全国的31个省市自治区,共有31个主干节点。中国电信在全国范围内可以提供电话业务、互联网接入及应用、数据通信、视讯服务、国际及港澳台通信等多种类业务,能够满足国际、国内客户的各种通信需求。

② China Unicom,CUCC(中国联通):全称为"中国联合网络通信集团有限公司"。国际出口总带宽为1037023Mb/s。中国联通于2009年1月6日在原中国网通和原中国联通的基础上合并组建而成,在国内31个省(自治区、直辖市)和境外多个国家和地区设有分支机构。中国联通提供电话业务、互联网接入及应用、数据通信、视讯服务、国际及港澳台通信等多种类业务,能够满足国际、国内客户的各种通信需求。涵盖固定和移动两个领域,并在香港、北美、欧洲、日本和新加坡设有境外运营公司。

③ China Mobile,CMCC(中国移动):全称为"中国移动通信集团公司"。其国际出口总带宽为390263Mb/s。

④ CERNET(中国教育与科研计算机网):其国际出口总带宽为66560M。该网络由国家教育部主管,负责连接和管理以.edu为后缀的国内500多所高校和科研单位的网络。根据《国家教育事业发展"十一五"规划纲要》的要求,信息基础设施应达到国际领先水平,据此CERNET中长期(2020年)发展目标是:加快CERNET主干网升级换代,提高CERNET的运行质量和服务水平,扩大CERNET的覆盖范围,建设成世界上先进的国家教育信息化基础设施。至2020年,传输网容量达到800G/1.6Tb/s,覆盖所有省会城市;主干网平均带宽升级到100Gb/s、总带宽10Tb/s。核心节点接入能力达到支持5000个用户单位1~10Gb/s以上接入;建立可知、可控和可管的网络安全和运行保障系统;整合和共建新一代省、市教育网,覆盖全国大、中、小学。

⑤ CSTNET(中国科学技术计算机网)：国际出口总带宽为55296Mb/s。该网络由中国科学院主管，并由中科院网络中心承担中国的国家域名服务功能。截至2014年12月，其.cn下的域名注册总数为1109万，年增长率为2.4%；占中国域名总数的53.8%。

⑥ CIETNET(中国国际经济贸易互联网)：国际出口总带宽为2Mb/s。

(3) 中国各骨干网的发展

中国国内的骨干网带宽在2013年为40Gb/s，三大运营商决定将100Gb/s作为骨干网升级和新建的方向。在2014年中国骨干网经进入了100Gb/s时代，中国的电信、联通和移动三大骨干网先后签订并进行了100Gb/s骨干网的部署与建设，这标志着我国的宽带骨干网已经进入了100Gb/s时代。

① 中国电信于2014年年初部署的骨干网络涵盖了上海市以及浙江、福建和广东3个省份，已于2014年完工；其在2014年7月启动的100G DWDM/OTN设备集中采购项目，其100Gb/s网络的部署将从东到西，从南到北，预计3年内可以实现全国100Gb/s网络的覆盖。

② 中国移动2014年年上半年部署的100Gb/s骨干网主要涵盖了国家骨干网的东北环，包括北京、天津两个直辖市以及河北、辽宁、吉林和黑龙江4个省份。

据不完全统计，目前全球至少有来自20多个国家的53个运营商已经部署或正在考虑部署400Gb/s大容量路由器来扩容网络。在2014年，国内的电信、移动与联通三大运营商都也已经将400Gb/s路由器的部署提上日程；由此可见，400Gb/s已成2015年我国运营商骨干网的建设与发展方向。

3. 中国互联网的发展状况

(1) 中国互联网的发展历史

中国互联网络信息中心(CNNIC)于1997年发布了《第一次中国互联网络发展状况统计报告》，那也是首次对中国Internet的发展状况做出的全面、准确的权威性统计报告。该报告参照国际惯例，采用网上计算机自动搜寻、联机调查，以及发放用户问卷等多种方式进行统计。其统计方法先进，抽样范围广，从而保证了统计结果的准确性。此后，每年CNNIC都会发布1~2次中国Internet发展状况的统计报告。

(2) 中国各互联网的发展状况

截至2014年12月底，CNNIC先后发布了35次有关Internet在中国发展状况的统计报告。CNNIC在北京发布了其《第35次中国互联网络发展状况统计报告》。其中，中国互联网基础资源的发展状况的对比状况参见表1-2。

CNNIC第35次报告其他部分基础数据简述如下。

① 网民发展：中国网民规模继续呈现持续快速发展的趋势，截至2014年12月，网民的规模达6.49亿人；其中，手机网民规模达5.57亿人，较2013年增加5672万人，数据表明手机上网的人群占比由2013年的81.0%提升至85.8%，可见手机上网是当前接入

互联网的主要设备。不但人数增长较快,人均周上网的时长高达27.2小时;网民的互联网普及率为47.9%。

表1-2 2013.12—2014.12中国互联网基础资源对比

	2013年12月	2014年12月	年增长量	年增长率
IPv4/个	330308096	331988224	1680128	0.5%
IPv6/(块/32)	16670	18797	2127	12.8%
域名/个	18440611	20600526	2159915	11.7%
其中,.cn域名/个	10829480	11089231	259751	2.4%
网站/个	3201625	3348926	147301	4.6%
其中.cn下网站/个	1311227	1582870	271643	20.7%
国际出口带宽/(Mb/s)	3406824	4118663	711839	20.9%

② 国际出口带宽的发展:目前中国国际出口带宽继续发展,中国国际出口带宽为4118663Mb/s,全年增长率为20.9%。

③ 网站的发展:中国(.cn)网站数量为158.29万个,全年增长27.16万个,增长率为20.7%。

④ 域名的发展:中国域名总数增至1108.92万个,相比2013年年底增长率为2.4%。

⑤ IP地址资源的发展:中国IPv6地址数量为18797块/32,较去年同期大幅增长12.8%。当前,各大运营商都在大力推进IPv6产业链的成熟,积极开展试点和试用,逐步扩大IPv6用户和网络规模。

4. 整体互联网应用状况

CNNIC的第35次报告数据显示,截至2014年12月,我国网民规模已达6.49亿人,全年共计新增网民3117万人;互联网普及率为47.9%,较2013年底提升了2.1%。

(1) 互联网络接入设备

在2014年,使用台式计算机、笔记本电脑等传统上网设备的使用率保持平稳,移动上网设备(手机、平板电脑)的使用率进一步增长,新兴家庭娱乐终端(网络电视)的使用率也达到一定的比例。通过台式电脑和笔记本电脑接入互联网的比例分别为70.8%、43.2%,与2013年年底基本持平;通过手机接入互联网的比例继续增高,较2013年年底提高4.8%;平板电脑使用率达到34.8%,网络电视使用率已达到15.6%。由于平板电脑的娱乐性和便捷性等特点,使其成为很多网民的重要娱乐和上网设备。

中国网民通常在家里、网吧、工作单位,大都通过计算机接入互联网;而在公共场所,如机场、咖啡馆、餐厅、旅馆等场所中,很多网民会通过移动设备的Wi-Fi进入互联网。此外,家庭Wi-Fi的普及的比例已经提升为81.1%,促进了家庭中高龄成员的上网比率的提高,越来越多的网民在家中采用多种接入设备接入互联网。

(2) 手机网民的发展状况

中国网民中,将手机作为互联网接入设备的比率迅速提高,手机网民的规模高达5.57亿人,较2013年增加5672万人,使用手机上网的人群所占的比率提升至85.8%。

其中,农村网民的规模达 1.78 亿人,较 2013 年年底增加了 188 万人,其所占比率为 27.5%;而城镇网民的增长幅度更大,相比 2013 年年底增加了 2929 万人。

(3) 网民对互联网使用的信任度

在 2014 年的统计中,网民中有 54.5% 的人表示出对互联网的信任,相对于 2007 年的 35.1%,有了较大提升;网民中有 60.0% 的人对于在互联网上的分享行为持积极态度;有 43.8% 的网民表示喜欢在互联网上发表评论。第 35 次调查报告还显示,网民中有 53.1% 的人认为自己依赖互联网,其中非常依赖的占 12.5%,比较依赖的占 40.6%。

(4) 个人互联网使用安全状况

统计数据表明,个人互联网使用的安全状况令人担忧,在 2014 年,总体网民中有 46.3% 的网民遭遇过网络安全问题。在各种安全事件中,计算机或手机中病毒或木马、账号或密码被盗情况最为严重,分别达到 26.7% 和 25.9%,在网上遭遇到消费欺诈比例为 12.6%。

(5) 互联网应用类型与发展状况

由表 1-3 可见,即时通信列为互联网应用的首位,网民使用率上升到 90.6%;电子商务类应用继续保持快速发展;电子邮件、论坛/BBS 等传统应用的使用率继续走低。

表 1-3 2013.12—2014.12 中国网民各类互联网应用的使用率

应用类型	2013 年		2014 年		全年增长率/%
	网民规模/万人	使用率/%	网民规模/万人	使用率/%	
即时通信	53215	86.2	58776	90.6	10.4
搜索引擎	48966	79.3	52223	80.5	6.7
网络新闻	49132	79.6	51894	80.0	5.6
网络音乐	45312	73.4	47807	73.7	5.5
网络视频	42820	69.3	43298	66.7	1.1
网络游戏	33803	54.7	36585	56.4	8.2
网络购物	30189	48.9	36142	55.7	19.7
网上支付	26020	42.1	30431	46.9	17.0
网络文学	27441	44.4	29385	45.3	7.1
网上银行	25006	40.5	28214	43.5	12.8
电子邮件	25921	42.0	25178	38.8	−2.9
微博	28078	45.5	24884	38.4	−11.4
旅行预订	18077	29.3	22173	34.2	22.7
团购	14067	22.8	17267	26.6	22.7
论坛/BBS	12046	19.5	12908	19.9	7.2
博客	8770	14.2	10896	16.8	24.2

① 即时通信:网民使用率为最高的 90.6%,全年的增长率为 10.4%。
② 搜索引擎:网民使用率位列第 2,数值为 80.5%,全年的增长率为 6.7%。
③ 搜索新闻:网民使用率位列第 3,数值为 80.0%,全年的增长率为 5.6%。
④ 电子商务类应用:发展迅速,与其他类的应用相比涨幅最大,如团购、旅游预订、

网络购物、网上支付和网上银行等的使用率与2013年年底的相比,分别增长了22.7%、22.7%、19.7%、17%和12.8%,可见有更多网民参与到互联网的电子商务活动中。

(6) 微博、电子邮件和博客等社交类应用

其使用率持续走低,如传统应用的电子邮件使用率出现负增长;微博的使用率位于负增长的首位,博客使用率则位于末位。

各类手机互联网应用的使用率的发展状况参见表1-4。从表中可见,在2014年中,手机即时通信应用的使用率为91.2%,位列第一位;在各种应用中,手机商务应用的发展很快,其中:手机网上支付、手机网上银行和手机网络购物等手机商务类应用的全年增长率分别为73.2%、69.2%和63.5%,远远超过其他手机应用的增长率。而长期处于低位的手机旅行预订,2014年用户年的增长率高达194.6%,是增长最为快速的移动商务类应用,随着我国国民休闲体系的形成,手机旅行预订发展已经进入新阶段。

表1-4 2013.12—2014.12中国网民各类手机互联网应用的使用率

应用类型	2013年		2014年		全年增长率/%
	网民规模/万人	使用率/%	网民规模/万人	使用率/%	
手机即时通信	43079	86.1	50762	91.2	17.8
手机搜索	36503	73.0	42914	77.1	17.6
手机网络新闻	36651	73.3	41539	74.6	13.3
手机网络音乐	29104	58.2	36642	65.8	25.9
手机网络视频	24669	49.3	31280	56.2	26.8
手机网络游戏	21535	43.1	24823	44.6	15.3
手机网络购物	14440	28.9	23609	42.4	63.5
手机网络文学	20228	40.5	22626	40.6	11.9
手机网上支付	12548	25.1	21739	39.0	73.2
手机网上银行	11713	23.4	19813	35.6	69.2
手机微博	19645	39.3	17083	30.7	−13.0
手机电子	12714	25.4	14040	25.2	10.4
手机旅行预订	4557	9.1	13422	24.1	194.6
手机团购	8146	16.3	11872	21.3	45.7
手机论坛/BBS	5535	11.1	7571	13.6	36.8

5. 中国互联网的未来

与发达国家相比中国的互联网行业正在从模仿型向创新型转变,其主要发展趋势如下所述。

(1) 网速大幅度提高

为了适应互联网、信息、计算机等技术的发展及全民对于网络的需求,除了国家骨干网速度会大幅度提高外,互联网的速度会大幅提高。

(2) 加速进入IPv6时代

随着互联网及相关技术的迅速普及、发展,以及网络硬件传输速率的明显提升,现

在IPv4协议及地址已经远远不能满足人们的需求,因此中国的互联网也在向IPv6时代迈进。由于下一代互联网是基于IPv6的网络,因此IPv6是下一代互联网的重要标志,但不是唯一的标志。这是因为原来的IPv4的地址数量较少,路由器及其他相应技术就相对简单。升级为IPv6后,IP地址的数量会增加很多。因此,IPv6网络并非只是简单地将IPv4地址更换成IPv6地址就可以的,而是需要大量的新技术、新设备的创新。78%的专家认为,下一代互联网将是对现有网络的改进,而不是取代。为此,2020年之前,原有的Internet体系仍处于继续完善的过程中,将不会有完整的新系统来替代现有体系。

(3) 全球争夺的最大市场

截至2014年年底,虽说我国网民规模已达6.49亿人,但是还有近9亿人的庞大人群没有上网。这不但是中国互联网产业的财富,也是全球互联网产业中最大的潜在市场。因此,互联网的用户数量还会进一步增加。

(4) 互联网全面无线化

截至2014年年底,手机网民的规模高达5.57亿人,使用手机上网的人群所占的比率提升至85.8%。当前,计算机已不再是互联网的主要接入设备,更多用户会采用各种智能接入设备。此外,随着手机和计算机平台的融合,移动互联网的时代将会迅速到来。今天的所谓移动互联网,很多只是性质单一的移动增值业务,或者只是简单地将PC平台上的互联网转移到手机上来,并不能真正适合移动互联网用户的需求。今后,无线互联网将得到长足发展,即将到来的无线互联网给中国互联网业带来巨大的发展空间。

(5) 进入"物物相联"的物联网时代

从技术发展趋势看,未来只要有人类的地方就会有互联网。未来的互联网将无限扩张,它将真正地从媒体转变为人类生活中不可或缺的一种工具。人们将进入全新的物联网时代,其网络的管理也将更加自动化。

① 物联网(Internet of Things):是新一代信息技术的重要组成部分,也是"信息化"时代的重要发展阶段。顾名思义,物联网就是物物相连的互联网。这有两层意思:a. 物联网的核心和基础仍然是互联网,本质是在互联网基础上的延伸和扩展的网络;b. 其用户端延伸和扩展到了任何物品与物品之间,进行信息交换和通信,也就是物物相息。物联网通过智能感知、识别技术与普适计算等通信感知技术,广泛应用于网络的融合中,也因此被称为继计算机、互联网之后世界信息产业发展的第3次浪潮。

② 物联网的定义:物联网是一个基于互联网、传统电信网等信息承载体,让所有能够被独立寻址的普通物理对象实现互联互通的网络。它具有智能、先进、互联的3个重要特征。总之,物联网利用局部网络或互联网等通信技术把传感器、控制器、机器、人员和物等,通过新的方式联在一起,形成人与物、物与物相联,实现信息化、远程管理控制和智能化的网络。物联网是互联网的延伸,它包括互联网及互联网上所有的资源,兼容互联网所有的应用,但物联网中所有的元素(设备、资源及通信等)都是个性化和私有化。

(6) 新的产业和商业发展模式

随着云技术、物联网、移动互联网等互联网技术的不断更新与快速发展,以及我国互联网普及地区的差异呈稳定下降趋势。并且传统的商业、产业等必将升级，以进入全新的发展模式。有数据表明，我国互联网经济将由快速发展转变为高速发展，预计未来几年年均增速将达 22.6%～31.2%。到 2020 年电子商务规模将达到 50 万亿～70 万亿元，接近传统有形市场规模，电子商务经济对 GDP 的贡献将超过 15%，成为全球规模最大、最具国际竞争优势的电子商务经济体。

(7) 安全问题的应对措施与技术

互联网发展的同时，也吸引了很多黑客，针对我国境内网站的仿冒钓鱼站点成倍增长，境外攻击、控制事件不断增加，黑客攻击行为、网上盗窃、网上欺诈、网络病毒等层出不穷。为此，针对网络的安全措施与技术会进一步发展，所需的安全人员必将大幅增加。

1.2　Internet 的基本概念

Internet 是世界上最大的网络，它是当今社会中最大的一个信息资源库，也是全球信息高速公路的基础。正是通过 Internet，世界各国的信息才得以沟通和交流。Internet 是使用网络上的公共语言（TCP/IP 协议）进行通信的全球范围的计算机网络。它类似于国际电话系统，本身以大型网络的工作方式相连接，但整个系统却又不为任何人所拥有或控制。

1. Internet 的名称与定义

Internet 的中文译名为因特网，也被称为国际互联网。

Internet 的简单定义为：Internet 就是由多个不同结构的网络，通过统一的协议和网络设备（即 TCP/IP 协议和路由器等）互相连接、跨越国界的、世界范围的大型计算机互联网络。Internet 可以在全球范围内，提供电子邮件、WWW 信息浏览与查询、文件传输、电子新闻、多媒体通信等服务功能。Internet 的定义至少包含以下三个方面的内容。

(1) Internet 是一个基于 TCP/IP 协议簇的国际互联网络。实际上，Internet 就是将全世界各地存在着的各种不同的网络，例如局域网、广域网、数据通信网以及公用电话交换网等，并与计算机通过统一协议和互联设备建立起来的一个跨越国界范围的庞大的网络。因此，人们常使用"互联网"来形象地表示 Internet。

(2) Internet 是一个各种网络用户的集合，各种用户通过 Internet 来使用网络资源，同时也成为该网络的成员。

(3) Internet 是包含了所有可以访问和利用的信息资源的集合。

2. 为什么要建立 Internet

建立 Internet 的最主要的目的就是在计算机之间交换信息和共享资源。如通过 Internet 浏览、检索、传递信息与文件，进行网上交流和购物等。因此，Internet 是当今世界上最大的信息数据库，也是最经济、快捷的联络沟通途径。

3．Internet 的语言——TCP/IP 协议

TCP/IP 协议及其包含的各种实用程序为 Internet 的各种不同用户和计算机提供了互联和互相访问的能力。若要充分利用 Internet 上的各种资源，则必须熟练掌握该协议的安装、配置、检测和使用技术。

4．Internet 的技术特点

Internet 通过 TCP/IP 协议将五花八门的计算机和网络连接起来。TCP/IP 协议是目前唯一可以供网络上各种计算机连接使用的通信协议集，其技术特点主要包含以下几个方面。

(1) Internet 提供了当今时代广为流行的、建立在 TCP/IP 协议基础之上的 WWW (World Wide Web)浏览服务。

(2) 在 Internet 上采用了 HTML、SMTP 以及 FTP 等各种公开标准。其中，HTML 是 Web 的通用语言，SMTP 是电子邮件使用的协议，FTP 是文件传送协议。

(3) Internet 采用的 DNS 域名服务器系统，巧妙地解决了计算机和用户之间的"地址"翻译问题。

1.3 Internet 的层次型网络结构与组成

1．Internet 的 3 层网络结构

Internet 是多层次的网络结构，在美国、中国等许多国家的 Internet 均为 3 层网络结构，如下所述。

(1) 主干网是 Internet 的基础和支柱，一般由政府提供的多个主干网络互联而成。
(2) 中间层网由地区网络和商业网络构成。
(3) 低层网主要由基层的大学、企业等网络构成。

2．Internet 的硬件结构

Internet 的结构如图 1-2 所示，根据 Internet 的定义，它是由分布在世界各地的各种不同规模、不同物理网络技术的网络，通过路由器等网络互联设备组成的大型综合信息网络。

3．Internet 的组成

如图 1-2 所示，Internet 由通信网络、通信线路、路由器、主机等硬件，以及分布在主机内的软件和信息资源组成。

(1) 通信网络。通信网络分布在世界各地，主要指局域网、主机接入 Internet 时使用的各种广域网。如 X.25、帧中继、DDN、ISDN 等。

(2) 通信线路。通信线路主要指主机、局域网接入广域网的线路联，以及局域网本身的连接介质。

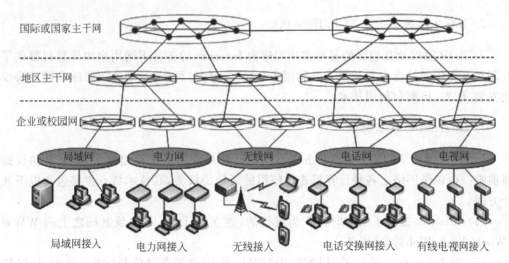

图 1-2 Internet 的基本结构示意图

（3）路由器。路由器是指连接世界各地局域网和 Internet 的互联设备。由于 Internet 是分布在世界各地的复杂网络，在信息浏览时，目的主机和源主机之间的可能路径会有多条，因此路由器的路选功能是 Internet 中必不可少的。所以，路由器是使用最多的局域网与通信网络或局域网和 Internet 的连接设备。

（4）主机。主机不但是资源子网的主要成员，也是 Internet 上各节点的主要设备。主机不但起着数据处理的任务，还是 Internet 上分布信息资源的载体，以及各种服务的提供者。主机的硬件可以是用户的普通微机，也可以是从小型机到大型机的各类计算机系统。此外，根据作用不同，主机又被分为服务器和客户机。

（5）信息资源。Internet 不但为广大互联网用户提供了便利的交流手段，更是一座丰富的信息资源宝库。它的信息资源可以是文本、图像、声音、视频等多种媒体形式，用户通过自己的浏览器（如 IE），以及分布在世界各地的 WWW 服务器来检索和使用这些信息资源。随着 Internet 的普及，信息资源的发布和访问已经成为局域网和个人计算机必须考虑和解决的首要问题之一。

1.4　Internet 的管理机构

由于 Internet 是不为任何国家和部门所有的世界范围的公用网络，因此没有一个绝对权威的管理机构。Internet 只是一个通过统一协议和互联设备连接起来，遵守共同规则的联合体。它的管理机构是 Internet 协会，这是一个由各国志愿者组成的团体。Internet 的国际和国内主要组织如下所述。

1. Internet 体系结构委员会（IAB）

IAB 的职责是制定并发布 Internet 的技术标准 Internet 工作文件、Internet 技术的发展规划，并进行 Internet 技术的国际协调工作。该委员会的工程任务组（IETF）负责

Internet 的技术管理工作,而研究任务组(IRTF)负责 Internet 的技术发展工作。

2. Internet 网络运行中心(NOC)

NOC 负责保证 Internet 的日常运行工作,以及监督 Internet 的相关活动。

3. Internet 网络信息中心(NIC)

NIC 为 Internet 代理服务商及广大用户提供信息支持。

4. 中国互联网络信息中心(China Internet Network Information Center,CNNIC)

CNNIC 是中国 Internet 最著名的组织。由于 Internet 规模庞大,各国纷纷设立自己国家一级的互联网络信息中心,以便为本国的互联网络用户提供更及时和方便的服务。为了适应我国互联网络的发展,受国务院信息化工作领导小组办公室的委托,中国科学院于 1997 年 6 月 3 日在中国科学院计算机网络信息中心的基础上组建了 CNNIC。它行使国家互联网络信息中心的职责,作为中国信息社会基础设施的建设者和运行者,它负责管理、维护中国互联网地址系统,引领中国互联网地址行业发展,权威发布中国互联网统计信息,代表中国参与国际互联网社群。

CNNIC 的成员包括:国内专家及国内的中国电信集团公司、中国移动通信集团公司、中国联合网络通信集团有限公司、中国科技网网络中心、中国教育和科研计算机网网络中心、中国长城互联网络信息中心、中国国际电子商务中心和中国互联网协会等。

5. CNNIC 的主要职责

(1) 国家网络基础资源的运行管理和服务机构

CNNIC 是我国域名注册管理机构和域名根服务器运行机构。负责运行和管理国家顶级域名.cn 及其他中文域名系统,以专业技术为全球用户提供不间断的域名注册、域名解析和 WHOIS 查询等服务。它是亚太互联网络信息中心的国家级 IP 地址注册机构成员。它负责为我国的网络服务提供商(ISP)和网络用户提供 IP 地址和 AS 号码的分配管理服务,积极推动我国向以 IPv6 为代表的下一代互联网发展过渡。

(2) 国家网络基础资源的技术研发和安全中心

CNNIC 构建全球领先、服务高效、安全稳定的互联网基础资源服务平台,支撑多层次、多模式的互联网基础资源服务,积极寻求我国网络基础资源核心能力的提高和自主工具的突破,从根本上提高我国网络基础资源体系的可信性、安全性和稳定性。

(3) 互联网发展研究和咨询服务力量

CNNIC 负责开展中国互联网络发展状况等多项互联网络统计调查工作,描绘中国互联网络的宏观发展状况,忠实记录其发展脉络。CNNIC 一方面将继续加强对国家和政府的政策研究支持;另一方面也会为企业、用户、研究机构提供互联网发展的公益性研究和咨询服务。

(4) 互联网开放合作和技术交流平台

CNNIC 积极跟踪互联网政策和技术的最新发展,与相关国际组织以及其他国家和地区的互联网络信息中心进行业务协调与合作。承办国际重要的互联网会议与活动,构建开放、共享的研究环境和国际交流平台,促进科研成果转化和孵化,为中国互联网事业的发展服务。

1.5 Internet 提供的主要资源和服务

Internet 上提供的资源可以分为信息资源和服务资源两大类。随着 Internet 的发展,Internet 不但给使用者提供了越来越丰富的信息资源,还提供了越来越多种类的服务资源。

1.5.1 Internet 的主要资源

Internet 作为一个整体,给使用者提供了越来越完善的信息服务。信息是 Internet 上最重要的资源,也是进入 Internet 的人们希望得到的东西。不少人在 Internet 上查找自己所需要的信息资源时,往往只注意到通过计算机系统获取信息,却忽略了从 Internet 上的"人"资源那里获取信息。

在 Internet 上,大量的信息资源存储在各个具体网络的计算机系统上,所有计算机系统存储的信息组成信息资源的大海洋。所以,对于经常使用 Internet 的用户来说,一个重要的任务就是要积累信息资源的地址。因此,使用 Internet 资源时,应当知道存储信息的资源服务器(或数据库)的地址以及访问资源的方式(包括应用工具、进入方式、路径和选择项等)。

1.5.2 Internet 的主要服务

Internet 是当今世界上最大的数据库。它提供了最经济的联络与沟通手段,并提供了五花八门的各类服务。下面是 Internet 能提供的常用服务类型介绍。

1. 万维网服务

在 WWW 创建之前,几乎所有的信息发布都是通过传统服务进行,如 E-mail、FTP 和 Telnet 等。由于 Internet 上的信息无规律地分布在世界各处,因此除非准确地知道所需信息资源的位置(地址),否则将无法对信息进行搜索。

WWW,也被称为 Web,其中文译名为万维网或环球网,它是 Internet 提供的六大基本服务之一。WWW 的创建巧妙地解决了 Internet 上信息传递的问题。它提供了一种交互式的查询方式,通过超链接功能将文本、图像、声音和其他 Internet 上的资源紧密地结合起来,并显示在浏览器上。万维网并非互联网,它是互联网提供的一种依赖互联网运行的服务。

WWW 信息服务是 Internet 上一种最主要的服务形式,它的工作模式是"浏览器/服务器"模式。WWW 系统中,有 Web 客户端和 Web 服务器两种程序,WWW 能够让 Web 客户端程序(如 IE 浏览器)访问浏览 Web 服务器上的页面。简言之,WWW 是一个由许多互相链接的超文本组成的系统,通过互联网进行访问。在 WWW 系统中,每个有用的事物,都被称为"资源",所有的资源由一个全局的"统一资源标识符(URL)"标识;并通过超文本传送协议(HTTP)传给用户。用户在客户端程序上,通过单击 Web 中的链接来获取所需的资源。这样,人们使用各自的浏览器,通过其中的 HTTP 协议,便可以轻松地访问和浏览到五彩缤纷的世界。

2. 信息搜索

信息搜索(Information Search)是 Internet 提供的基本服务之一。Internet 是信息资源的宝库,对刚刚步入 Internet 的网络生手来说,找到自己需要的信息资源,可谓是扑朔迷离、无从入手。因此,搜索的方法、途径与具体步骤是进行信息搜索前应当清楚的问题。当然,信息搜索服务、搜索引擎,以及快速搜索工具是网络用户最终的选择,只有熟练地掌握了信息搜索的工具(如搜索引擎),才能让我们从繁多的信息资源中,快速准确地找到所需的资源。

3. 电子邮件服务

电子邮件(Electronic Mail,E-mail)是 Internet 提供的基本服务之一。在 WWW 技术流行之前,Internet 的用户之间的交流大多是通过 E-mail 方式进行的。当前,E-mail 在我国的使用率逐年下降,但世界上许多公司或机构每天仍要在局域网内部发送电子邮件,同事、朋友之间也会通过 E-mail 服务传递正式信息。

E-mail 与传统的通信方式相比有着巨大的优势,与传统的信件相比有着较大的区别,其主要特点有:速度快、信息形式多样化、使用方便、价格低廉。理论上讲,E-mail 能够以非常高的速度被发送到世界上任何提供此服务的地方,随着互联网的普及与技术的不断发展,携带用户多种形式信息的电子邮件可以在瞬间发送到对方的邮件服务器上,在几分钟之内传递到收件人手中,而所需要的费用却是极其低廉的。

4. 文件传送服务

FTP 曾经是 Internet 中一种最主要重要的文件信息的交流形式,也是 Internet 提供的六大基本服务之一。人们常常通过 FTP 来从远程主机中下载所需的各类软件。当前,衍生出多种形式的文件传输方式,如 P2P、P2SP、P4S、云技术、网盘技术等。

Internet 是一座装满了各式各样计算机文件的宝库,其中有许多免费和共享软件、二进制的图片文件、声音、图像和动画文件,当然还有各种信息库、书籍和参考资料。对于上述内容,可以采用多种办法传输到本地计算机上,其中一种最基本的办法就是通过FTP。使用这项服务,人们坐在家中,就可以查阅和下载美国国家图书馆里的资料。通过Internet 的 FTP 服务,大量的文件和共享软件可以迅速被传递,而在此过程中所使用的动态查询技术是传统手段无法比拟和实现的。

5. 远程登录服务

远程登录(Telnet,Remote Login)是 Internet 提供的基本服务之一。Telnet 是提供远程连接服务的终端仿真协议,通过它可以使用户的计算机远程登录到 Internet 上的另一台计算机上。此时，该用户的计算机就仿佛成为所登录计算机的一个终端，可以远程使用那台计算机上的资源。例如，从美国可以远程登录到国内的局域网，并使用其中的数据和磁盘等资源。Telnet 提供了大量的命令，这些命令可用于建立终端与远程主机的交互式对话，可使本地用户执行远程主机的命令。现在由于个人计算机的功能越来越强大，但 Telnet 服务器的安全性欠佳，并且使用起来不太方便，使用 Telnet 服务的用户也越来越少了。

6. 电子公告板系统服务

电子公告板系统（Bulletin Board System，BBS）是 Internet 提供的基本服务之一，其涉及的主题相当广泛，如科学研究、时事评论等各个方面，世界各地的人们可以开展讨论、交流思想、寻求帮助。各个 BBS 站都为用户开辟了一块展示"公告"信息的公用存储空间作为"公告板"。BBS 原先提供的功能为"电子布告栏"，但由于用户的需求不断增加，当今的 BBS 已不仅仅是电子布告栏了，各 BBS 站点的功能分类大体都为信件讨论区、文件交流区、信息布告区和交互讨论区几部分。很多 BBS 站点还为用户开设了闲聊区、软件讨论区、硬件讨论区、Internet 技术探讨、Windows 探讨、音乐音响讨论、电脑游戏讨论、球迷世界和军事天地等众多各具特色的分区。

7. 即时通信服务

即时通信（Instant Messaging，IM）是指能够即时发送和接收互联网消息的业务。IM 自 1998 年面世以来发展迅速，特别是近几年的发展尤为突出。截至 2014 年年底，表 1-3 的数据表明，IM 的网民使用率已位于各类应用的首位，是目前互联网最重要的服务之一。

随着 IM 的快速发展，其功能日益丰富，逐渐集成了电子邮件、博客、音乐、电视、游戏和搜索等多种功能。当前，IM 已不再是一个单纯的聊天工具（网络电话），它已经发展成为集多种应用为一体的综合化信息平台，其服务提供了聊天、电子邮件、即时消息、数据传输、资讯、娱乐、搜索、电子商务、办公、企业客户服务等多种功能。因此，掌握好 IM 的应用即可实现互联网的很多应用。

IM 最初是由 AOL、微软、雅虎、腾讯等独立于电信运营商的即时通信服务商提供的。随着各类软件功能的日益丰富，IM 的应用越来越广泛，尤其是即时通信软件对 IP 电话（网络电话）的支持，吸引了大量网络用户，IM 已经在分流和替代传统的电信通话业务。这使得电信运营商不得不采取措施应对这种挑战，如中国移动推出的"飞信"与"飞聊"，中国联通也将推出即时通信工具"超信"，然而因其进入市场较晚，其用户规模和品牌知名度还比不上原有的即时通信服务提供商，如腾讯的个人即时通信软件 QQ 和"微信"。此外，随着电子商务的快速发展而兴起了电子商务即时通信，如，阿里巴巴的"旺旺"。

8. 电子商务服务

电子商务（E-Commerce/Electronic Commerce，EC）服务是指为电子商务应用提供的服务，即面向机构或个人的电子商务应用的服务，如软件服务（如 ERP、CRM、促销软件、商品管理工具等）、营销服务（如精准营销、效果营销、病毒营销、邮件营销等）、运营服务

（如代运营、客服外包等）、仓储服务（电商仓储、物流服务等）、支付服务等。表 1-3 的数据表明，电子商务是目前发展最快的服务，与其他类的应用相比涨幅最大，如团购、旅游预订、网络购物、网上支付和网上银行等的使用率与 2013 年年底的相比增长率最大。

电子商务系统由软件、硬件系统和通信网络三要素组成。它作为一种新的商务形式具有的明显特性有商务性、低成本、电子化、服务性、集成性、可扩展性、安全性等。人们把主要基于因特网的商务活动称为现代电子商务。

9. 网络游戏

网络游戏（Online Game）又称"在线游戏"，简称"网游"。网游是指以互联网为传输媒介，以游戏运营商服务器和用户计算机为处理终端，以游戏客户端软件为信息交互窗口的旨在实现娱乐、休闲、交流和取得虚拟成就的具有可持续性的个体性多人在线游戏。表 1-3 的数据表明，网游的网民使用率位于各类应用的第 6 位，增长率也位列前茅。总之，通过 Internet 和网络服务商，人们可以连接到世界上任何一个游戏网站，使得网络上的游戏迷可以通过网络与同是孤独的对方在一起，大过游戏之瘾；同时，许多最新的多用户在线游戏，使得众多的用户流连忘返。

10. 提供的其他服务

Internet 上还提供了网上的视频、音频、新闻、文学、地图、天气预报、购物商城、交易、远程教学等五花八门的服务。

总之，在上面列举的各种服务的前 6 项被称为 Internet 的传统基本服务，其他的很多服务则是新兴的与人们生活密切相关的服务。所有基于互联网的服务正在促进相关产业的高速发展，同时也正在影响着我国产业结构及就业人员的结构。

1.6 TCP/IP 参考模型

随着 Internet 的飞速发展，各种使用 Internet 技术的网络和软件广为流行，越来越多的公司选择 TCP/IP 协议作为网络的主要协议。TCP/IP 协议已经成为事实上的工业标准，并且得到了所有主流操作系统和众多厂商的广泛支持。

TCP/IP（Transmission Control Protocol/Internet Protocol，传输控制协议/Internet 协议）是一个 32 位的、可路由的工业标准的协议集，也是目前使用最为广泛的通信协议。为了规范网络中计算机的通信与连接，TCP/IP 模型中定义了许多通信标准。TCP/IP 协议是由上百个功能协议组成的"协议栈"。按照体系结构的层次化设计思想，TCP/IP 参考模型由上至下划分为如图 1-3 所示的 4 层，即网络接口层、网际层、传输层和应用层。"协议栈"的总体目标就是把数据从物理层通过接口和电缆，传送到应用层的用户手中；或者反过来，把用户的数据通过应用层传送到物理层的电缆上。

TCP/IP 协议是世界上应用最广的异种网互联的标准协议，利用它，异种机型和使用不同操作系统的计算机网络系统就可以方便地构成单一协议的互联网络。TCP/IP 参考模型的 4 个层次中，只有 3 个层次包含了实际的协议。

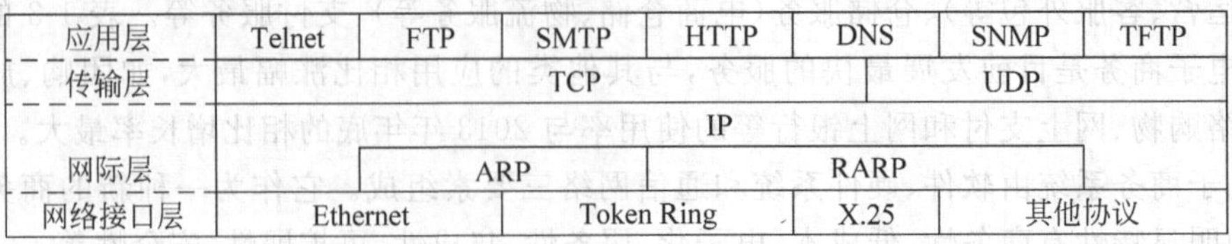

应用层	Telnet	FTP	SMTP	HTTP	DNS	SNMP	TFTP
传输层	TCP					UDP	
	IP						
网际层	ARP			RARP			
网络接口层	Ethernet		Token Ring		X.25	其他协议	

图 1-3 TCP/IP 参考模型与各层协议之间的关系

1. 网络接口层

网络接口层为 TCP/IP 模型的底层(也被称为网络访问层或主机—网络层)。该层与 OSI 模型的下两层相对应,即物理层与数据链路层,它没有定义具体的网络接口协议,但是可以与当前流行的大多数类型的网络接口进行连接。

2. 网际层

TCP/IP 模型的网际层也称为 IP 层、互联网络层或网间网络层。网际层与 OSI 模型的网络层相对应。IP 层中各个协议的具体功能如下。

(1) IP(Internet Protocol,Internet 协议):其任务是为 IP 数据包进行寻址和路由,它使用 IP 地址确定收发端,并将数据包从一个网络转发到另一个网络。

(2) ICMP(Internet Control Message Protocol,Internet 控制报文协议):用于处理路由、协助 IP 层实现报文传送的控制机制,为 IP 协议提供差错报告。

(3) ARP(Address Resolution Protocol,地址解析协议):用于完成主机的 IP 地址向物理地址的转换,这种转换又被称为"映射"。

(4) RARP(Reverse Address Resolution Protocol,逆向地址解析协议):用来完成主机的物理地址到 IP 地址的转换。

3. 传输层

TCP/IP 模型的传输层(TCP)在 IP 层之上,它与 OSI 模型中的传输层的功能相对应。传输层提供端到端的通信服务,即网络中应用程序之间的通信服务,并确保所有传送到某个系统的数据能够正确无误地到达该系统。传输层的两个主要协议都是建立在 IP 协议的基础上的,其功能为:①TCP(传输控制协议):是一种面向连接的、高可靠性的、提供流量与拥塞控制的传输层的协议;②UDP(用户数据报协议):是一种面向无连接的、不可靠的、没有流量控制的传输层协议。

(1) TCP/IP 的 TCP 或 UDP 端口

端口是计算机内部一个应用程序的标识符。端口直接与传输层的 TCP 或 UDP 协议相联系。端口号的长度为 16 位,因此端口号可以为 0～65535 的任意整数。TCP/IP 给每一种应用程序分配了确定的全局端口号,这个端口号为默认端口号,每个客户进程都知道相应服务器的默认端口号。为了避免与其他应用程序混淆,默认端口号的值定义在 0～1023 范围内。例如,FTP 应用程序使用 TCP 的 20 和 21 号端口;SNMP 应用程序使用 UDP 的 161 号端口。

（2）套接字(Socket)

套接字是 IP 地址和 TCP 端口或 UDP 端口的组合。应用程序通过指定该计算机的 IP 地址、服务类型(TCP 或 UDP)，以及应用程序监控的端口来创建套接字。套接字中的 IP 地址组件可以协助标识和定位目标计算机，而其中的端口则决定数据所要送达的具体应用程序。

4．应用层

TCP/IP 模型的应用层与 OSI 模型的上 3 层相对应。应用层向用户提供调用和访问网络中各种应用程序的接口，并向用户提供各种标准的应用程序及相应的协议。用户还可以根据需要建立自己的应用程序。

应用层的协议有很多种，主要包括以下几类。

（1）依赖于 TCP 协议的应用层协议

① Telnet：远程终端服务，也称为网络虚拟终端协议。它使用默认端口 23，用于实现 Internet 或互联网络中的远程登录功能。它允许一台主机上的用户登录到另一台远程主机，并在该主机上进行工作，用户所在主机仿佛是远程主机上的一个终端。

② HTTP：超文本传送协议(Hypertext Transfer Protocol)使用默认端口 80，用于 WWW 服务，实现用户与 WWW 服务器之间的超文本数据传输功能。

③ SMTP：简单邮件传送协议(Simple Mail Transfer Protocol)使用默认端口 25，该协议定义了电子邮件的格式，以及传输邮件的标准。在 Internet 中，服务器之间的邮件的传送主要由 SMTP 负责。当用户主机发送电子邮件时，首先使用 SMTP 协议将邮件发送到本地的 SMTP 服务器上，该服务器再将邮件发送到 Internet 上。因此，用户计算机上需要填写 SMTP 服务器的域名或 IP 地址，例如 smtp.vip.sina.com。

④ POP3：邮件协议(Post Office Protocol)目前的版本为 POP 第 3 版，因此又称 POP3。POP3 协议主要负责接收邮件，当用户计算机与邮件服务器连通时，它负责将电子邮件服务器邮箱中的邮件直接传递到用户的本地计算机上。因此，用户计算机上需要填写 POP3 服务器的域名或 IP 地址，例如 pop3.vip.sina.com。

⑤ FTP：文件传送协议(File Transfer Protocol)使用默认端口 20/21，用于实现 Internet 中交互式文件传输的功能。FTP 为文件的传输提供了途径，它允许将数据从一台主机上传输到另一台主机上，也可以从 FTP 服务器上下载文件，或者是向 FTP 服务器上传文件。

（2）依赖于无连接的 UDP 协议的应用层协议

① SNMP：简单网络管理协议(Simple Network Management Protocol)使用默认端口 161，用于管理与监控网络设备。

② TFTP：简单文件传送协议使用默认端口 69，提供单纯的文件传输服务功能。

③ RPC：远程过程调用协议使用默认端口 111，实现远程过程的调用功能。

（3）既依赖于 TCP 也依赖于 UDP 协议的应用层协议

① DNS：域名系统(Domain Name System)服务协议使用默认端口 53，用于实现网

络设备名字到IP地址映射的网络服务功能。

② CMOT：通用管理信息协议。

(4) 非标准化协议

非标准化协议即属于用户自己开发的专用应用程序，它们建立在TCP/IP协议簇基础之上，但无法标准化的程序。例如，Windows Sockets API 为使用 TCP 和 UDP 的软件提供了 Microsoft Windows 下的标准应用程序接口，在 Windows Sockets API 上的应用软件可以在TCP/IP的许多版本上运行。

1.7 TCP/IP 网络中的地址

在使用 TCP/IP 协议的网络中使用的有 IP 地址和后面将要介绍的域名地址两种。IP 地址又分为 IPv4 和 IPv6 两种。

1.7.1 网络中地址的基本概念

在 Internet 网络中，会为每台计算机或设备分配一个 IP 地址。由于 IP 地址可以在因特网中唯一标识这台主机，因此也被称为 Internet 地址。

1. 网络中地址的含义

在网络中，地址被用来标识网络中的各种对象，因此又叫作"标识符"。标识符有3类，即名字(Name)、地址(Address)和路由(Route)，它们分别告诉人们对象是什么、去何处寻找和怎样去寻找对象。

2. 物理地址和逻辑地址

网络中的地址分为物理地址和逻辑地址两类。一般地，前者由硬件来处理，后者由软件来处理。

(1) 物理地址

在任何一个物理网络中，各个站点的机器必须都有一个可以识别的地址，才能使信息在其中进行交换，这个地址称为物理地址(Physical Address)。在局域网中，物理地址体现在数据链路层，因此物理地址也被叫作硬件地址或媒体访问控制地址，即 MAC 地址，它通常被固化在网卡中，在网络中是唯一的，一般用 12 个 16 进制数字表示，总共 48 位二进制数位，例如，某主机网卡的 MAC 地址为 00-51-20- DF -A0-81。

(2) 逻辑地址

一般将网络层的 IP 地址、传输层的端口号，以及应用层的用户名等叫作逻辑地址，其中 IP 地址又是最为典型的逻辑地址。

IP 协议提供了一种全网统一的地址格式。在统一方式的管理下进行地址的分配，从而保证了一个地址对应一台主机(包括路由器或网关)。这样，物理地址的差异就被 IP 层所屏蔽。这个地址就是 Internet 上使用的地址，简称为 IP 地址。

1.7.2 IPv4 协议与地址

IPv4 是 Internet 协议(Internet Protocol,IP)的第 4 版。它是第一个被广泛使用,构成当今互联网技术的基石协议。基于 IPv4 的网络难以实现网络实名制,其重要原因就是因为 IP 资源的紧张,导致 IP 地址的共用,所以 IP 和上网用户无法实现一一对应。随着 IPv6 协议的普及将很好地改变这种状况。

1. IP 地址的表示

在使用 TCP/IP 协议的网络中的每一台 TCP/IP 主机都必须分配一个唯一的地址,即 IP 地址。在 IPv4 中,IP 地址表示为 32 位二进制数,分为 4 段,每段用 8 位表示。由于二进制组成的 IP 地址不便理解和记忆,因此,在 Internet 中采用了"点分十进制"的表示方法,即每段的 8 位二进制表示为一个十进制数(取值 1~255),段与段之间用圆点"."进行分隔,如 192.168.0.1。

2. IP 地址的结构

Internet 是通过 TCP/IP 协议和网关(或 IP 路由器)等设备将各种物理网络互联而成的虚拟网络。通俗地说,在 Internet 中,每一台计算机(主机)都有一个唯一的 IP 地址。这个 IP 地址在网络中的作用就像住户的地址,根据这个 IP 地址,可以找到这台计算机所在网络的编号以及该计算机在该网络上的主机编号。IP 地址结构如图 1-4 所示,即每一个 IP 地址都由两部分组成,网络地址(即网络 ID 或网络编号)和主机地址(即主机 ID 或主机编号)。在 IP 地址中网络地址的前几位为 LB,它代表地址的类别。

图 1-4 TCP/IP 网络中 IP 地址的结构

(1) 网络地址

网络地址也称网络编号、网络 ID 或网络标识。网络地址用于辨认网络,同一网络上的所有 TCP/IP 主机的网络地址都相同。

(2) 主机地址

主机地址也称主机 ID、主机编号或主机标识,它用于辨认网络中的主机。

3. IP 地址的类别

每台运行 TCP/IP 协议主机的 IP 地址必须唯一,否则就会发生 IP 地址的冲突,导致计算机之间不能很好地通信。根据网络的大小,Internet 委员会定义了 5 种标准的 IP 地址类型,以适应不同规模的网络。在局域网中仍沿用这个分类方法,5 类地址的格式如

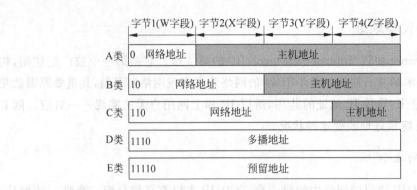

图 1-5 IP 地址的分类结构

图 1-5 所示。

(1) A 类地址

A 类地址分配给拥有大量主机的网络。A 类地址的 W 字段内高端的第 1 位为 LB，其值总为"0"，接下来的 7 位表示网络 ID，剩余的 24 位（即 X、Y、Z 字段）表示主机编号。它允许有 126 个网络和大约 1700 万个主机。

(2) B 类地址

B 类地址一般分配给中等规模的网络。B 类地址的 W 字段内的高端的前 2 位为 LB，其值为"10"，接下来的 14 位表示网络 ID，其余的 16 位（即 Y、Z 字段）表示主机编号。它允许有 16384 个网络和大约 65000 个主机。

(3) C 类地址

C 类地址一般分配给小规模的网络。C 类地址的 W 字段内的高端的前 3 位为 LB，其值为"110"，接下来的 21 位表示网络 ID，其余的 8 位（即 Z 字段）表示主机编号。它允许约有 200 万个网络，每个网络有 254 个主机。IP 地址的类型定义了网络地址使用哪些位，主机编号使用哪些位，同时也定义了每类网络中包含的网络数目和每类网络中可能包含的主机数目。

(4) D 类地址

D 类地址的 W 字段内的高端的前 4 位为 LB，其值为"1110"。D 类地址用于多播，所谓的多播就是把数据同时发送给一组主机，只有那些登记过可以接收多播地址的主机才能接收多播数据包。D 类地址的范围是 224.0.0.0～239.255.255.255。

(5) E 类地址

E 类地址的 W 字段内的高端的前 5 位为 LB，其值为"11110"。E 类地址是为将来预留的，也可以作为实验目的，但是不能分配给主机使用。D 类地址的范围是 240.0.0.0～239.255.255.255。

说明：表 1-5 和表 1-6 表明了 A、B、C 类 IP 地址的定义、网络地址和主机编号字段的取值范围。在 Internet 中，标准 IP 地址的使用和分配由专门机构管理，但局域网中却不必受这些规定的约束。

表 1-5 网络类别、网络地址和主机编号字段的取值范围

网络类别	IP 地址	网络地址	主机编号	网络地址中 W 的取值范围	主机近似个数
A	W.X.Y.Z	W	X.Y.Z	1～126	1700 万左右
B	W.X.Y.Z	W.X	Y.Z	128～191	65000
C	W.X.Y.Z	W.X.Y	Z	192～223	254

表 1-6 归纳了 A、B、C 三类网络 IP 地址 W 段的取值范围、网络个数及主机个数。

表 1-6 A、B、C 三类网络的特性参数取值范围

网络类别	网络地址(W)的取值范围	网络个数(近似值)	主机个数
A	1.X.Y.Z～126.X.Y.Z	126(2^7-2)	$2^{24}-2$
B	128.X.Y.Z～191.X.Y.Z	16384(2^{14})	$2^{16}-2$
C	192.X.Y.Z～223.X.Y.Z	大约 200 万个(2^{21})	2^8-2

4. 私有和公有 IP 地址

IP 地址分为以下的公有地址和私有地址两类。

(1) 公有地址

为了确保 IP 地址在全球的唯一性,在 Internet(公网)中使用 IP 地址前,必须先到指定的机构 InterNIC(网络信息中心)去申请。申请到的通常是网络的 IP 地址,其中的主机地址,通常由该网络的管理员进行管理。公有地址是指可以在 Internet 中使用的 IP 地址,因此,使用公有地址的 Internet 被称为公有网络。

(2) 私有地址

在 Internet 上无效,只能在内部网络中使用的 IP 地址被称为私有地址。为此,使用私有地址的网络就被称为私有网络。私有网络中的主机,只能在私有网络的内部进行通信,而不能与 Internet 上的其他网络或主机进行通信或互联。但是,私有网络中的主机可以通过路由器或代理服务器的"代理"与 Internet 上的主机通信。通过路由器或独立服务器提供的私有地址与公有地址之间的自动转换服务,私有网络中的主机既可以访问公网上的主机,也可以有效地保证私有网络的安全。

InterNIC 在 IP 地址中专门保留了 3 个区域作为私有地址,这些地址的范围如下所述。

① 10.0.0.0/8:8 表示 32 位二进制中的前 8 位是网络地址,IP 地址的范围是 10.0.0.0～10.255.255.255。

② 172.16.0.0/12:12 表示 32 位中的前 12 位是网络地址,IP 地址的范围是 172.16.0.0～172.31.255.255。

③ 192.168.0.0/16:16 表示 32 位中的前 16 位是网络地址,IP 地址的范围是 192.168.0.0～192.168.255.255。

5. IP 地址中网络地址的使用规则

无论在 Internet 上还是在局域网上,分配网络地址时,常用的 A、B 和 C 3 类网络的

取值范围如表 1-6 所示,配置和使用 IP 地址时,应遵循以下规则。

(1) 网络地址必须唯一。

(2) 网络地址中 W 字段的各位不能全为 1(即十进制的 255,255 为广播地址)。

(3) 网络地址不能以 127 开头。因为 127 保留给诊断用的回送函数使用。

(4) 网络地址中 W 字段的各位不能全为 0,0 表示本地网络上的特定主机,不能传送。例如,当主机或路由器发送信息的源地址为 200.200.200.1,目的地址为 0.0.0.2 时,表示将应当发送到这个网络的 2 号主机上。即 200.200.200.2 主机会接收信息。

(5) 网络地址的各位不能全为 1,全为 1 时,仅在本网络上进行广播,各路由器均不转发。

6. IP 地址中主机地址的使用规则

(1) IP 地址中主机编号的各位不能全为 0,全 0 表示本网 IP 地址,例如 202.112.144.0。

(2) IP 地址中主机编号的各位不能全为 1,全 1 用作本网广播,例如 202.112.144.255。

(3) 在网络地址相同时,即在同一网络中,主机地址(编号)必须唯一。

(4) 127.0.0.1 代表本地主机的 IP 地址,用于测试。因此,该地址不能分配给网络上的任何计算机使用。

7. IP 地址的分配和使用的基本原则小结

在 Internet 中 IP 地址的分配由指定的机构进行。在局域网或 Intranet 内的 IP 地址的分配可以不受限制。由上面的分析可知,无论在 Internet 中,还是在局域网中,为了区分网络和主机,IP 地址的分配应遵循如下原则。

(1) 同一个网络内的所有主机应当分配相同的网络地址,而同一个网络内的所有主机必须分配不同的主机编号。例如,网络 132.112.0.0 中 A 主机和 B 主机分别使用的 IP 地址为 132.112.0.1 和 132.112.0.2。

(2) 不同网络内的主机必须分配不相同的网络地址,但是可以分配相同的主机编号。例如,不同网络 132.112.0.0 和 152.112.0.0 中的 A 主机和 X 主机的地址分别为 132.112.0.1 和 152.112.0.1。

(3) 因为仅使用 IP 地址无法区分网络地址和主机编号,因此必须结合下面介绍的子网掩码一起使用。否则,上例中的 132.112.0.1,在局域网中可以认为其网络地址为 132,也可以认为是 132.112;而在 Internet 上其网络地址只能是 132.112。

1.7.3 IPv6 协议与地址

IPv6 是互联网协议的第 6 版,最初它被称为互联网新一代网际协议,目前正式广泛使用的 IPv6 是互联网新一代网际协议 IPv6 的第 2 版。IPv6 协议的设计更加适应当前 Internet 的结构,它克服了 IPv4 的局限性,不但提供了更多的 IP 地址空间,也提高了协议效率与安全性。

1. IPv4 协议到 IPv6 协议的过渡

为了解决 IPv4 地址即将耗尽的问题,人们在全面进入 Ipv6 网络之前,采取了以下 3 种措施。

(1) 采用无类别编址 CIDR,使现有的 IPv4 的地址分配与管理更加合理。

(2) 采用 NAT(网络地址转换)方法,以节省全球 IP 地址。即在局域网内部使用不受限制的私有地址,接入 Internet 时,再转换为在 Internet 有效的。

(3) 逐步放弃 IPv4 协议,采用具有更大地址空间的新版本 IPv6 协议。

2. IPv6 协议的主要功能和特征

(1) 增加 IP 地址的长度与数量

IPv6 地址从现在 IPv4 的 32 位增大到 128 位,使得 IP 地址的空间增大了 2^{96} 倍。由于 IPv6 协议采用了 128 位的二进制(16 字节)的地址,理论上可以使用有 $2^{128} \approx 10^{40}$ 个不同的 IP 地址。

(2) 技术改善与功能扩充

① 改变的协议报头:改善后的 IPv6 协议报头可以加快路由器的处理速度。

② 更加有效的地址结构:IPv6 的地址结构的划分,使其更加适应 Internet 的路由层次与现代 Internet 网络的结构特点。

③ 利于管理:IPv6 支持地址的自动配置,简化了使用,提高了管理效率。

④ 安全性:IPv6 增强了网络的安全性能。

⑤ 良好的兼容性:IPv6 可以与 IPv4 协议向下兼容。

⑥ 内置安全性:IPv6 支持 IPSec 协议,为网络安全性提供了一种标准的解决方案。

⑦ 协议更加简洁:ICMPv6 具备了 ICMPv4 的所有基本功能,合并了 ICMP、IGMP 与 ARP 等多个协议的功能,使协议体系变得更加简洁。

⑧ 可扩展性:协议添加新的扩展协议头,可以很方便地实现功能的扩展。

3. IPv6 的冒号十六进制(Colon Hexadecimal)表示法

RFC2373 对 IPv6 地址空间结构与地址基本表示方法进行了定义,其中 RFC 是与 Internet 相关标准密切相关的文档。

(1) IPv6 地址的冒号十六进制完整表示形式

如前所述,IPv4 的地址长度为 32 位。书写 IPv4 时采用了点分十进制表示方法,如 8.1.64.128。对于 128 位的 IPv6 地址,考虑到 IPv6 地址的长度是原来的 4 倍,RFC1884 规定的标准语法建议把 IPv6 地址的 128 位(16 个字节)采用了写成冒号十六进制表示方法,如 3FFE:3201:1401:0001:0280:C8FF:FE4D:DB39,即采用了 8 个 16 进制的无符号整数位段,每个整数用 4 位十六进制数表示,数与数之间用冒号":"分隔。

【课堂示例1】 将二进制格式表示的128位的IPv6地址表示为冒号十六进制完整形式。

① 二进制表示如下。

0010000111011010000000000000000   0000000000000000000000000000
0000000101010101000000000001111   1111111000001000100111000101101

② 十六进制完整表示如下。首先进行分段，将128位的IPv6地址，划分为每段16位二进制的8个位段，结果如下。

0010000111011010　　0000000000000000
0000000000000000　　0000000000000000
0000001010101010　　0000000000001111
1111111000001000　　1001110001011010

其完整表示如下。

21DA：0000：0000：0000：02AA：000F：FE08：9C5A

(2) IPv6地址表示为冒号十六进制前导零压缩形式

【课堂示例2】 将课堂示例1表示为冒号十六进制的前导零压缩形式。
结果如下。

21DA：0：0：0：02AA：000F：FE08：9C5A

(3) IPv6地址为冒号十六进制双冒号压缩形式

IPv6协议规定可以用符号"：："表示一系列的0，其规则是如果IPv6地址的几个连续位段的值为0，则可以简写用"：："替代这些0。

【课堂示例3】 将课堂示例1的数据表示为冒号十六进制双冒号压缩形式。
结果如下。

21DA：：02AA：000F：FE08：9C5A

【课堂示例4】 将1080：：8800：200C：417A：0：A00：1地址写为冒号十六进制的完整形式。

结果如下。

1080：0000：8800：200C：417A：0000：0A00：0001

(4) IPv6地址表示时需要注意的几个问题

① 在使用零压缩法时，不能把一个位段内部的有效0也压缩掉。例如不能将FF08：80：0：0：0：0：0：5简写为FF8：8：：5。

② 双冒号"：："在IPv6地址中只能出现一次。例如，地址0：0：0：2AA：12：0：0：0不能表示为：：2AA：12：：。

4. IPv4到IPv6的过渡

(1) 双协议栈

在完全过渡到IPv6之前，使一部分主机和路由器装有两个协议，一个IPv4协议和一个IPv6协议。

(2) 隧道技术

在IPv4区域中打通了一个IPv6隧道来传输IPv6数据分组。

1.8 域名系统

在 Internet 或 Intranet 环境中,为了进行通信必须知道各自计算机的地址,但那些枯燥且无意义的 IP 地址是很难记住的。为了使用 Internet 或 Intranet 上的各种资源,又必须使计算机能够识别 IP 地址或计算机的物理地址。人们通过 DNS 服务系统解决这些问题。在使用 Internet 技术的网络中,计算机依赖 DNS 系统实现对网络中各种对象的访问。

1.8.1 域名和域名系统

1. DNS(Domain Name System)的作用与组成

DNS 服务器是使用 Internet 技术的各种网络中最重要的一个服务器,也是各种企业 Intranet 网络中最基本的一个服务器。

(1) 工作原理

DNS 按照 C/S 模式工作,因此,由提供服务的 DNS 服务器程序和使用服务的 DNS 客户程序两个基本部分组成。

(2) 作用

在 TCP/IP 网络中,IP 地址唯一定位了资源所在的计算机,因此,通过主机的 IP 地址,才能找到主机,实现彼此的通信。由于 IP 地址枯燥难记,人们习惯使用那些容易记忆的主机名称。因而发明了 DNS 服务器,解决了容易记忆的主机域名与 IP 地址的自动翻译工作。DNS 为用户提供从主机名到 IP 地址的解析,正因为如此也为 Internet、Intranet 和 Extranet 网带来了额外的时延和流量。

(3) 组成

在互联网中,域名系统包括了分布在世界各地的 DNS 服务器和客户机。当前,在 Internet、Intranet、Extranet 中,一般都会配置有 DNS 服务器。这样,当用户在 DNS 客户机中,才能够使用主机域名而不是 IP 地址来访问各种资源和服务。如在企业内联网的某台主机的浏览器输入某网站的地址 http://www.sxh2013.edu 后,该客户机中指定的 DNS 服务器就会自动将其解析为网站对应的 IP 地址,并定位到该网站。

(4) 协议

DNS 协议运行在传输层的 UDP 协议之上,使用的默认端口号是 53。

2. 域名(Domain Name,DN)的基本知识

(1) 为什么要使用域名

在使用 Internet 技术的网络中,广泛地使用主机域名来代表网络上主机的地址。因此,主机域名常被简称为"域名",也被称作"主机标识符"或"主机名"。主机域名是一种更为高级的地址形式,如 www.sina.com 或 www.sohu.com 等。域名是 Internet 网络中使用最多的一种逻辑地址。采用域名的原因是由于数字型的 IP 地址很难记忆,而主机域名

具有直观、明了、容易记忆、由有规律的字符串组成等特点。

(2) 完全合格的域名(Full Qualified Domain Name,FQDN)

在 Intranet 内部使用的域名,只要符合规定即可称为 FQDN;而在 Internet 中使用的域名,必须是符合规定,并经过申请的域名,因此 FQDN 有时也被称为"授权域名"。

3. 域名的层次结构

(1) DNS 中 DN 的组成

在 DNS 系统中的域名是层次结构的。完整的 DNS 名字由不超过 255 个英文字符组成。在 DNS 的域名系统中,每一层的名字都不得超过 63 个字符,而且在其所在的层必须唯一,这样才能保证整个域名,在世界范围内不会重复。

(2) DNS 名称的树状组织结构

在 Internet 或 Intranet 上整个域名系统数据库类似于计算机中文件系统的结构。整个数据库仿佛是一棵倒立的树,如图 1-6 所示。该树状结构表示出整个域名空间,树的顶部为根节点;树中的每一个节点只代表整个数据库的某一部分,也就是域名系统的域;域还可以进一步划分为子域。每一个域都有一个域名,用于定义它在数据库中的位置。在域名系统中,域名全称是从该域名向上直到根的所有标记组成的串,标记之间由"."分隔开。

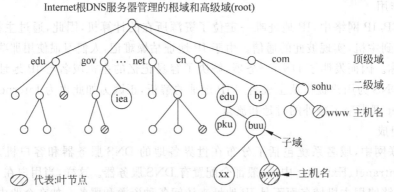

图 1-6 Internet 或 Intranet 的层次型域名系统树状结构示意图

4. DNS 服务器应具有的基本功能

为了完成 DNS 的工作,DNS 服务器必须具有以下基本功能。

(1) 具有保存了主机(即网络上的计算机)对应 IP 地址的数据库,即管理一个或多个区域(Zone)的数据。

(2) 可以接受 DNS 客户机提出的"主机名称"对应 IP 地址的查询请求。

(3) 查询所请求的数据,若不在本服务器中,能够自动向其他 DNS 服务器查询。

(4) 向 DNS 客户机提供其"主机名称"对应的 IP 地址的查询结果。

1.8.2 互联网络的域名规定

1. 根域

如图 1-6 所示,位于该结构顶部的为根域,它代表整个 Internet 或 Intranet,根名为空标记"/",但在文本格式中被写成"."。根域由多台 DNS 服务器组成。根域由多个机构进行管理,其中最著名的有 InterNIC,为 Internet 网络信息中心的英文缩写,负责整个域名空间和域名登录的授权管理,它由分布在各地的子机构组成,例如中国的域名管理机构为 CNNIC。

2. 第一级域名(顶级域名)

根域下面的即第一级域(top-level domain),其域名被称为顶级域名。该层由多个组织机构组成,包含有多台 DNS 服务器,并进行分别的管理。负责一级域名管理的著名机构是 IAHC,即 Internet 国际特别委员会,它在全世界七个大区,选择了不超过 28 个的注册中心来接受表 1-7 所示的通用型第一级域名的注册申请工作。

由表 1-7 可以看出,前面 8 个域名对应于组织模式,第 9 个域名对应于地理模式(在主机名中,大小写字母等价)。组织模式是按组织管理的层次结构划分所产生的组织型域名,由 3 个字母组成。而地理模式则是按国别或地理区域划分所产生的地理型域名,这类域名是世界各国和地区的名称,并且规定由 2 个字母组成,不区分大小写,例如,cn 和 CN 都表示中国,见表 1-8。

说明:如果按照地理模式,美国的所有主机应当归入第一级域名 US 域中。但是实际上,美国不使用一级域名,其第一级域名与其他国家的二级域名相仿。

表 1-7 Internet 第一级域名的代码及意义

域 名 代 码	意　　义
COM	商业组织
EDU	教育机构
GOV	政府部门
MIL	军事部门
NET	主要网络支持中心
ORG	其他组织
ARPA	临时 ARPAnet(未用)
INT	国际组织
<Country code>	国家和地区代码(地理模式)

3. 第二级域名

在顶级域名的下面可以细化为多个子域,由分布在各地的 InterNIC 子机构负责管理。第二级域名,由长度不定的字符组成,该名字必须是唯一的,因此在使用前必须向 Inter NIC 子机构注册。例如,当用户需要使用顶级域名 cn 下面的第二级域名时,就应当

表 1-8 第一级域名中国家或地区的部分代码

代码	国家或地区	代码	国家或地区
AR	阿根廷	IT	意大利
AU	澳大利亚	JP	日本
AT	奥地利	KR	韩国
BE	比利时	MO	中国澳门
BR	巴西	MY	马来西亚
CA	加拿大	MX	墨西哥
CL	智利	NL	荷兰
CN	中国	NZ	新西兰
CU	古巴	NO	挪威
DK	丹麦	PT	葡萄牙
EG	埃及	RU	俄罗斯
FI	苏兰	SG	新加坡
FR	法国	EA	南非
DE	德国	ES	西班牙
GL	希腊	SE	瑞典
HK	中国香港	CH	瑞士
ID	印度尼西亚	TW	中国台湾
IE	爱尔兰	TH	泰国
IL	以色列	UK	英国
IN	印度	US	美国

向中国的域名管理机构为 CNNIC 提出申请，如 cn 下面的 edu、com、bj、hb 等。由此可见，第二级域名的名字空间的划分是基于"组名"（Group Name）的，它在各个网点内，又分出了若干个"管理组"（Administrative Group）。

4．子域名

第三级以下的域名被称为子域名，对于一个已经登记注册的域名来说，可以在申请到的组名下面添加子域（Subdomain），子域下面还可以划分任意多个低层子域，例如 edu.cn 中的 tsinghua、buu 等，这些子域的名称又称为"本地名"。

5．主机名

主机名位于整个域名的最左边，一个主机名标志着网络上的某一台计算机，例如域名中的 www 通常用来标识某个子域中的 WWW 服务器，ftp 常常用来标识文件传送服务器。

6．完整域名的组成

一般情况下，一个完整而通用的层次型主机名（即域名）的组成形式如下。

本地名.组名.网点名

由于在子域前面还有主机名,因而最终的层次型主机名可如下表示。

主机名.本地名.组名.网点名

说明:每个子域内部的名称是可以随便设置的,在 Internet 中,由 5 级以上的域组成的主机名或域名是很少见的。但是,在一个 Intranet 上使用的域名则可以不受约束。例如,北京联合大学信息学院的域控制器的 DNS 域名是 pii2kser.xinxi.buu.edu.cn,自右向左,第一级域名是 cn,即中国;第二级域名是 edu,即中国的教育机构;作为 edu 的一个子域是 buu,即北京联合大学,而其后的下一级子域名为 xinxi,表示该学校下面的信息学院;最左边的主机名为 pii2kser,是服务器的计算机名。假定该主机对应的 IP 地址是 202.204.224.4,在 Internet 上访问该系统时,既可以使用上述的主机名或域名,也可以使用它的 IP 地址。

综上,IP 地址、域名(DN)和域名系统(DNS)担负着因特网上计算机主机的唯一定位工作。在 Internet 或 Intranet 环境中,人们为了进行通信必须知道各自主机的地址。

1.8.3 Internet 的域名管理机构

1. Internet 的国际域名管理机构

Internet 的国际域名管理机构是国际互联网络信息中心(InterNIC),该组织为所有通过 Internet 互联的网络用户进行服务。

2. Internet 的中国域名管理机构

由于 Internet 具有庞大的规模,以及多种语言,因此,各国纷纷设立自己国家一级的互联网络信息中心,以便为本国的互联网络用户提供更及时和方便的服务。为了适应我国互联网络的发展,受国务院信息化工作领导小组办公室的委托,中国科学院在中国科学院计算机网络信息中心的基础上组建了 CNNIC,并行使国家互联网络信息中心的职责。

(1) 名称:CNNIC 的中文名称是中国互联网络信息中心,其英文全称为 China Network Information Center。

(2) 成员:CNNIC 由国内知名的专家和国内的几大互联网络,如中国公用计算机互联网 CHINANET、中国教育和科研计算机网 CERNET、中国科学技术网 CSTNET 和中国金桥网 CHINAGBN 等组织的代表组成。

(3) 主要作用:CNNIC 的主要业务之一,就是进行域名的注册服务,CNNIC 对域名的管理严格遵循《中国互联网络域名注册暂行管理办法》和《中国互联网络域名注册实施细则》的规定。CNNIC 是一个非营利性管理和服务机构,负责对我国互联网络的发展、方针、政策及管理提出建议,协助国务院信息办实施对中国互联网络的管理。

1.8.4 域名解析

Internet 利用地址解析的方法将用户使用的域名方式的地址解析为最终的物理地址,中间经历了两层的解析工作。

1. 域名与 IP 地址之间的解析

Internet 或 Intranet 中 DNS 系统的域名解析包括正向解析,即从域名到 IP 地址;以及逆向解析,即从 IP 地址到域名两个过程。例如,正向解析将用户习惯使用的域名(如 www.sina.com)解析为其对应的 IP 地址;反向解析将 IP 地址解析为域名。

2. IP 地址与物理地址之间的解析

Internet 利用 IP 地址统一了各自为政的物理地址;然而,这种统一表现在自 IP 层以上使用了统一格式的 IP 地址,而将设备真正的物理地址隐藏了起来。实际上,各种物理地址并未改动,在物理网络的内部仍然使用各自原来的物理地址。由于物理网络的多样性,决定了网络物理地址的五花八门。因此,在使用 Internet 技术的网络中必然存在着两种地址,即 IP 地址和各种物理网络的物理地址。若想把这两种地址统一起来,就必须建立两者之间的映射关系。这种地址之间的映射就称为地址解析(resolution),前面所说的正向地址解析(ARP)协议和逆向地址解析(RARP)协议正是 TCP/IP 协议中完成 IP 地址与物理地址解析的具体协议。

从 IP 地址到域名或者从域名到 IP 地址的解析是由域名服务系统的 DNS 服务器完成的。通常在 UNIX 环境中,DNS 提供了集中在线数据库,把主机的域名解析成相应的 IP 地址。主机的域名比 IP 地址容易记忆,便于用户调用 Internet 上的主机。

域名系统是一个分布式的主机信息数据库,采用客户机/服务器模式。当一个应用程序要求把一个主机域名转换成 IP 地址时,该应用程序就成为域名系统 DNS 中的一个客户。该应用程序需要与域名服务器建立连接,把主机名传送给域名服务器,域名服务器经过查找,把主机的 IP 地址回送给应用程序。

理解域名系统的工作过程,最容易的办法是想象一下电话系统中的电话号码台服务。为了打一个电话,发话人必须使用电话号码。如果发话人知道对方的姓名、住址以及城市名,那么就可以从电话号码服务台得到对方的电话号码。

域名系统的工作方式与电话号码服务台相类似。一台域名服务器不可能存储 Internet 中所有的计算机名字和地址。一般来说服务器上只存储一个公司或组织的计算机名字和地址。例如,当中国的一个计算机用户需要与美国芝加哥大学的一台名为 midway 的计算机通信时,该用户首先必须指出那台计算机的名字。假定该计算机的域名为 midway.uchicago.edu。

中国这台计算机的应用程序在与计算机 midway 通信之前,首先需要知道 midway 的 IP 地址。为了获得 IP 地址,该应用程序就需要使用 Internet 的域名服务器。它首先应当向中国的域名服务器发出一个请求。中国的域名服务器虽然不知道答案,但是它知道如何与美国芝加哥大学的域名服务器联系。

计算机名字的查找过程完全是自动的,即 Internet 上的计算机只需要知道本地域名服务器的地址即可。至于查找远程计算机 IP 地址的工作,域名服务器将会自动完成。

1.9　Internet 中常用的术语

Internet 采用的 TCP/IP 协议包含一系列的标准服务和协议,其相关的基本标准、服务、技术和知识。

1. 超文本置标语言 HTML 及静动态网页

(1) 早期的 WWW 服务器中的文档是通过超文本置标语言 HTML(Hyper Text Markup Language)来描述的。因此,WWW 文档又被称为 HTML 文档,通常以.html 或.htm 为文件扩展名。HTML 是一种专门的编程语言,用于编制要通过 WWW 显示的超文本文件的页面。HTML 对文件显示的具体格式进行了详细的规定和描述。当浏览器读取 HTML 文件时,就会按照给出的命令去组成一个完整的页面。

(2) 静态网页是指没有经过应用程序,而直接或间接制作成的 HTML 的网页。这种网页的内容是固定的,修改和更新都必须要通过专用的网页制作工具,如 Dreamweaver 或 FrontPage 等。因此,只要修改了静态网页,哪怕是一个字符或一个图片,都要用重新上传的新网页来覆盖原来的页面。由此可见,维护静态网站点工作量是很大的。但静态网页并不是指网页上没有动画效果。

(3) 动态网页是指经过应用程序,即由网页脚本语言,如 PHG、ASP、ASP.NET、JSP 等编写的程序自动生成的网页。动态网页将网站的内容动态地存储到数据库,用户访问网站时,通过读取数据库来自动生成动态网页,因此,可以极大地减少工作量。在实现动态网页时,需要编写服务器端和客户机端的动态网页。总之,动态网页应具有以下 3 个特点。

① 交互性是指网页能够根据用户的要求和选择而动态进行改变和响应。如网上购物时,用户在网页上在线填写表单;提交信息,经服务器的处理,将表单信息自动存储到后台数据库中,并显示出相应的订单页面。

② 自动更新是指无须手动操作,便会自动生成新的页面。如在淘宝论坛中,发布信息后,其后台的服务器将自动生成相应的论坛新网页。

③ 随机性是指不问的用户、在不同的时间中访问同一网址时,会产生不同的页面效果。

2. 超文本传送协议 HTTP

超文本传送协议 HTTP(Hyper Text Transfer Protocol)是一种简单的通信协议,也是 WWW 上用于发布信息的主要协议。用户通过该协议,可以在网络上查询文件,而上述文件中又包含了用户可以实现进一步查询的多个链接。

3. 万维网 WWW

万维网 WWW(World Wide Web)简称 Web。Web 由许多 Web 站点构成,每个站点由许多 Web 页面构成,起始页叫作主页(Home Page)。WWW 通过超链接功能将文本、图像、声音和其他 Internet 上的资源紧密地结合起来,并显示在浏览器上。在超链接中,用户用鼠标单击链接处,就可以链接到另一处地理位置、页面完全不同的 Internet 资源中。链接的目标可以是同一服务器的当前 WWW 页面,也可以是 Internet 上的任何一处页面。

4. 浏览器与网页浏览

浏览器(Browser)是指安装在计算机上,用来显示指定 Web 文件的客户端程序,常用的浏览器有微软的 Internet Explorer(即 IE)。

5. 统一资源定位符 URL

(1) URL 用来表示 Internet 或 Web 的地址

每个 Web 页面,包括 Web 节点的网页,均具有唯一的存放地址,这就是统一资源定位符 URL。这是一种用于表示 Internet 上信息资源地址的统一格式。通俗地说,URL 可以用来指定某个信息所在的位置和使用方式。URL 不但指定了存储页面的计算机名、确切路径,而且还给出了此页面的存取方式。

(2) 标准的 URL 的组成

① 协议名。协议是使计算机之间能交换信息的一组规则和标准。
② 站点的位置。
③ 负责维护该站点的组织的名称。
④ 标识组织类型的后缀。例如,.com 表示商业组织等。
⑤ 有时,URL 除了上述信息之外还提供服务器接入时的通信端口号码。

(3) URL 的标准语法形式

可以用以下形式表示。

<协议>://<信息资源地址>[:网络端口/<文件路径>]

注意:"[ ]"内的内容可以使用系统的默认值。上述各项的解释如下。

① 协议:表示服务器所使用的通信协议。在 Internet 中,常用的通信协议及其定义如表 1-9。

表 1-9 协议定义及服务性质

协议	协议名称及定义	URL 的服务性质	默认端口编号
HTTP	超文本传送协议	Web 上的超文本服务	80
FTP	文件传送协议	文件传送服务	21
SNMP	简单网络管理协议	网络管理服务	161/162
SMTP	简单邮件传送协议	邮件服务器访问服务	25
DNS	域名解析服务协议	域名和 IP 地址之间的解析服务	53
Telnet	远程终端登录协议	远程终端的登录服务	23

② 信息资源地址:是指存放文件的主机地址,也叫域名,此处也可以直接键入该主机的 IP 地址。它指明了这台主机所处的国家、网络和计算机的地址。

③ 网络端口：表示服务使用的通信端口编号，TCP/IP 为不同类型的服务进程，分配了不同的端口编号。

④ 文件路径：根据查询的不同，在 URL 中，这一部分有时可以没有。如果需要指定文件路径，则应指出存放文件的地址和文件名。

例如，在 IE 浏览器的 URL 地址栏中输入 http://news.sohu.com/20150410/n411058519.shtml。

其意义如下。

① http://：表示使用超文本传送协议查询信息。

② news.sohu.com：表示 sohu 网站主机的域名。

③ /20150410/n411058519.shtml：表示该网站的新闻主页在主机上的路径和文件的具体名称。

6. Internet 服务提供者 ISP

ISP 对于各级网络用户来说，ISP(Internet Service Provider，Internet 服务提供者)可以提供连接 Internet 的接口。使用 ISP 一般都需要付费，因此应当在符合速率或带宽要求的前提下，尽量选择性能稳定、性价比高、售后服务好的 ISP。

思 考 题

1. Internet 的发展经历了哪些主要阶段？它的起源是什么？Internet 在中国的发展阶段有哪几个？
2. 什么是 Internet？它是如何定义的？
3. 什么是物联网？它是如何定义的？有哪三个重要的特征？
4. 什么是 Internet 2？它与 Internet 相比有哪些特点？
5. Internet 的主要技术特点有哪些？什么是协议？Internet 中使用的主要协议是什么？
6. 目前中国有哪些连接国际 Internet 的骨干网，它们的国际出口带宽各是多少？
7. Internet 包括哪 3 层网络结构？写出其组成，画出其硬件结构示意图。
8. Internet 现代网络结构包括哪 3 层网络结构？
9. 在 Internet 的物理网络结构中，各层网络互联时使用的主要设备是什么？
10. Internet 的主要管理机构有哪些？中国的 CNNIC 是什么组织？它有哪些职能？
11. Internet 上提供的主要资源、应用和服务有哪些？
12. Internet 中传统的 6 大服务是指哪些服务？新兴的主要服务又有哪些？
13. 请登录 http://www.cnnic.cn，下载第 35 次和当前最新的"中国互联网络发展状况统计报告"，写出中国网民互联网应用使用率的前 6 名的名称与数值。并查询出 IPv4 和 IPv6 地址的申请步骤。
14. 什么是 IP 地址和域名解析？它们之间有什么关联？
15. 什么是 URL？请说明标准 URL "http://www.sina.com" 中各部分的含义。

16. http://www.sina.com 和 http://www.sina.com.cn 的一级和二级域名各是什么？

17. 什么是 IP 地址？它包含哪两个主要部分，每个部分的使用规则是什么？结合因特网上的 IP 地址 200.20.20.2 进行分析、说明。

18. 什么是 DN？什么是 DNS？它们之间的关系是什么？

19. 解决 IPv4 地址耗尽的技术措施有哪些？为什么要使用 IPv6 协议？

20. IPv4 与 IPv6 在 IP 地址的表示上有什么区别？

21. 将 IPv6 地址 FF8:6::6 写成 IPv6 地址的完整形式。

22. 将 IPv6 地址 0:0:0:6CA:86:0:0:0 写成双冒号压缩方式。

23. 将课堂示例 4 的地址写为"冒号十六进制"的前导零压缩形式。

24. 常用的 IP 地址分为几类？在 Internet 中，190.2.8.250 属于哪类网络的 IP 地址？该主机所在网络的地址是什么？该主机的主机地址又是什么？

25. 什么是私有地址和公有地址？

26. 什么是 InterNIC？写出 InterNIC 划分出来的属于 B 类私有地址的范围。

27. 什么是 ISP？写出你所使用的 ISP 名称。

第 2 章 局域网与 Intranet 网络技术

Chapter 2

【学习目标】
(1) 了解：计算机网络的发展和功能。
(2) 掌握：计算机网络的定义与分类。
(3) 掌握：数据通信等基本知识、技术与指标。
(4) 掌握：局域网的硬件和软件组成。
(5) 了解：局域网与 Intranet 的关系。
(6) 掌握：P2P、C/S、B/S 网络模式的特点与结构。
(7) 掌握：中小型 Intranet 网络建设流程。
(8) 掌握：组建小型工作组网络的技术。
(9) 掌握：常用的网络测试命令。

在计算机与因特网不断发展的前提下，网络平台是个人计算机使用环境的一种必然选择。在学习和应用 Internet 技术的时候，必定涉及网络基础的知识。首先，计算机网络是计算机和通信技术密切结合的产物，因此人们会遇到计算机方面的问题，也会遇到通信方面的问题。例如，很多时候，人们并不是通过手机等智能设备直接接入因特网的，而是通过计算机先接入各种类型的局域网，再接入互联网的。为此，在涉及 Internet 时，需要学习和了解相关的知识、技术与组建小型有线和无线局域网的技能。

2.1 计算机网络的定义与功能

在 Internet 和网络技术发展的过程中，人们从不同的观点出发对计算机网络进行了定义，其中比较公认的"计算机网络"的定义为：为了实现计算机之间的通信交往、资源共享和协同工作；采用通信手段，将地理位置分散的、各自具备自主功能的一组计算机有机地联系起来，并且由网络操作系统进行管理的计算机复合系统。

1. 计算机网络涉及的 3 个要点

(1) 自主性：一个计算机网络可以包含有多台具有"自主"功能的计算机。所谓的"自主"是指这些计算机离开计算机网络之后，也能独立地工作和运行。这些计算机被称为"主机"(Host)，在网络中叫作节点或站点。一般地，网络中的共享资源（即硬件资源、软件资源和数据资源）就分布在这些计算机中，例如人们通过自己的计算机接入Internet。

(2) 有机连接：人们构成计算机网络时需要使用通信的手段，把有关的计算机（节点）"有机地"连接起来。所谓的"有机地"连接是指连接时彼此必须遵循所规定的约定和规则。这些约定和规则就是通信协议。每一个厂商生产的计算机网络产品都有自己的许多协议，这些协议的总体就构成了协议集。

(3) 以资源共享为基本目的：建立计算机网络主要是为了实现通信的交往、信息资源的交流、计算机分布资源的共享或协同工作。一般将计算机资源共享作为网络的最基本特征。网络中的用户不但可以使用本地局域网中的共享资源，还可以通过远程网络的服务共享远程网络中的资源。

人们通过自己的计算机接入 Internet 时，就成为 Internet 上的一个节点；离开 Internet 后，自己的计算机仍然可以独立地运行。此外，接入 Internet 的计算机采用和设置了 TCP/IP 协议，并以此为通信的手段和规则来访问 Internet 上的各种资源，使用其提供的各类服务。

2. 计算机网络的功能

为了满足计算机网络组建的目的，即实现计算机之间的通信交往、资源共享和协同工作，计算机为了应当实现下述基本功能。

(1) 实现通信交往是指实现计算机之间和用户之间的通信交往，例如实现 E-mail、网络电话和视频会议。

(2) 实现资源共享是指实现计算机的硬件资源、软件资源和数据与信息资源的共享。例如，共享各类软件、打印机和交通数据。

(3) 实现协同工作是指计算机之间或计算机用户之间的协同工作，达到均衡地使用网络分布资源，发挥共同处理的目的。例如，航空、火车、海运等联运的大型作业系统，采用了客户/服务器的协同处理技术，将作业分解给不同的计算机共同完成任务。

(4) 提供信息服务是指通过计算机网络向全球用户提供各类社会、经济和商业信息。例如，Internet 上的各类电子商务网站、网上论坛、数字化图书馆、远程教育等信息服务系统五花八门、丰富多彩。

综上所述，网络的功能多种多样，但是其中最基本的功能就是资源共享，并由此引申出的网络信息服务等许多重要的应用。例如，联网之后，网络上所有贵重的硬件资源、软件资源都可以共享。为了提高工作效率，多个用户还可以联合开发大型程序。

2.2 计算机网络的组成与分类

对计算机网络进行分类的标准很多。例如，按拓扑结构分类、按网络协议分类、按信道访问方式分类、按数据传输方式分类，以及按计算机网络使用范围等。这里主要学习一种能反应网络技术本质特征的分类标准，即按计算机网络的作用范围进行分类。从计算机网络作用的地理范围的大小,可以将其分为局域网、城域网、广域网和互联网等几类,见表 2-1。

表 2-1 各类计算机网络的特征

网络分类	网络的近似作用范围	处理机所处的同一位置	一般速率/(b/s)	应 用 实 例
局域网	10m 100m 1km	房间 建筑物 校园	桌面:100M~1G 骨干:10~1000G	小型办公室网络、智能大厦、校园或园区网络
城域网	10km	城市	10G~400G	北京市的网络
广域网	100~1000km	国家间或洲际	接入:64K~10M 骨干:4~400G	公用广域网、专用广域网
互联网	1000km	国家间或洲际		Internet

在表 2-1 中,大致给出了各类网络的作用范围。总的规律是作用范围越大,速率越低。如局域网距离最短,而传输速率最高。一般来说,传输速率是关键因素,它极大地影响着计算机网络硬件技术的各个方面。又如,广域网一般采用点对点的通信技术,而局域网一般采用广播式通信技术。在距离、速率和技术细节的相互关系中,距离影响速率,速率影响技术细节。这便是按作用范围划分计算机网络的原因之一。

(1) 局域网(Local Area Network,LAN)

局域网就是局部区域的计算机网络。在局域网中,计算机及其他互联设备的分布范围一般在有限的地理范围内。局域网的本质特征是作用范围短、数据传输速度快,LAN 的作用范围一般在几千米内,最大距离不超过 10 千米,它是一个部门或单位组建的专用网络。由于 LAN 深受广大用户的欢迎,因此也是发展最快和最活跃的一个分支。

(2) 广域网(Wide Area Network,WAN)

广域网又称远程网,通常是指作用在不同国家、地域,甚至全球范围内的远程计算机通信网络,其骨干网络一般是公用网,速率较高。例如,国家之间的骨干网速率能够达到 100Gb/s 以上,而用户自行构建的专用广域网的传输速率较低,如 10~1000Mb/s。在专用的广域网中,网络之间的连接大多租用公用网的专线,当然也可以自行铺设专线。所谓"专线"就是指某条线路专门用于某一单位用户,其他用户不准使用的通信线路。例如,租用公用分组交换网的线路构建起来的城市间、国家间甚至洲际的远程外国公司网络就是一种专用广域网。

(3) 城域网(Metropolitan Area Network,MAN)

城域网原本指的是介于局域网与广域网之间的一种大范围的高速网络,其作用范围是从几千米到几十千米的城市。目前,随着网络技术的迅速发展,局域网、城域网和广域网的界限已经变得十分模糊。例如在实践中,人们既可以使用广域网的技术去构建与城域网,也可以使用局域网的技术来构建城域网。

(4) 互联网

互联网并不是指一种具体的物理网络技术,而是将不同的物理网络技术,按某种协议

（如 TCP/IP）统一起来的一种高层技术。互联网是广域网与广域网、广域网与局域网、局域网与局域网进行互联而形成的网络。它采用的是局部处理与远程处理、有限地域范围的资源共享与广大地域范围的资源共享相结合的网络技术。目前，世界上发展最快、也是最热门的网络就是 Internet，它是世界上最大的、应用最广泛的网络。

2.3 数据通信系统中常用的技术指标

在使用 Internet 时常遇到一些技术指标，如使用 ADSL Modem 上网时，向 ISP 租用了 8Mb/s 的线路，购买了 4GB 流量，以及计算机上网卡的速率为 100Mb/s 等。因此，应当对数据通信系统中常用的技术指标有所了解。

1. 数据传输速率 S（比特率）、码元和波形调制速率 B（波特率）

在数据通信系统中，为了描述数据传输速率的大小和传输质量的好坏，需要运用比特率和波特率等技术指标。比特率和波特率是用不同的方式描述系统传输速率的参量，它们都是通信技术中的重要指标。

(1) 比特率 S

比特率 S 是一种描述数字信道传输能力（速率）的指标。S 是指在有效带宽上，单位时间内所传送的二进制代码的有效位(bit)数。

比特率 S 的单位：比特每秒 b/s、千比特每秒 Kb/s(1×10^3 b/s)、兆比特每秒 Mb/s(1×10^6 b/s)、吉比特每秒 Gb/s(1×10^9 b/s)或太比特每秒 Tb/s(1×10^{12} b/s)。如，使用 ADSL 的 512Kb/s 线路上网时，理论上可以获得的传输速率为 512Kb/s；而使用小区宽带上网时标称的速率为 10Mb/s。

(2) 码元波特率 B

① 码元是承载信号的基本单位。码元承载的信息量由脉冲信号所能表示的数据有效值的状态个数来决定。

② 波特是码元传输的速率单位，它表示的是每秒传输的码元个数。

③ 波特率是一种调制速率，也称为波形速率或码元速率。它是指数字信号经过调制后的速率，即经调制后的模拟信号每秒钟变化的次数。它特指在计算机网络的通信过程中，从调制解调器输出的调制信号，每秒钟载波调制状态改变的次数。

在数据传输过程中，线路上每秒钟传送的波形个数就是波特率 B，其单位为波特(Baud)。因此，1Baud 就表示每秒钟传送一个码元或一个波形。

波特率就是脉冲数字信号经过调制后的传输速率，若以 T(s)来表示每个波形的持续时间，则调制速率可以表示为

$$B = \frac{1}{T}（波特）$$

④ S 与 B 的关系：如前所述，信息传输的速率为"比特/秒"，码元的传输速率为"波特"。比特率和波特率之间的关系如下。

$$S = B\log_2 n$$

式中，n 为一个脉冲信号所表示的有效状态数。

在二相调制中，每个码元只携带一位二进制的信息量，其对应脉冲数字信号的"有"和"无"表示了 0 和 1 两个状态，因此此时 $n=2^1$，故 $S=B$，此时的比特率与波特率相等。而对于多相调制来说，每个码元能够携带的二进制的信息量的数目就不止一位，此时 $n\neq 2$，故 $S\neq B$。例如，当每个码元携带 2 位二进制的信息量时，由于 2 位二进制能够表示的二进制的有效状态数目为 $n=2^2=4$，此时称为四相调制技术，且 $S=2\times B$。具体情况见表 2-2。

表 2-2 比特率和波特率之间的关系

波特率 B(Baud)	1200	1200	1200	1200
多相调制的相数	二相调制($n=2$)	四相调制($n=4$)	八相调制($n=8$)	十六相调制($n=16$)
比特率 S(b/s)	1200	2400	3600	4800

波特率(调制速率)和比特率(数据传输速率)是两个最容易混淆的概念，但它们在数据通信中却很重要。为了使读者便于理解，这里给出两者的数值关系，见表 2-2，二者的区别与联系，参见图 2-1。

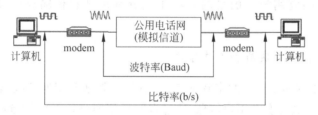

图 2-1 比特率和波特率的区别

2. 带宽

带宽是指物理信道的频带宽度，即信道允许的最高频率和最低频率之差，单位为赫兹(Hz)、千赫(kHz)和兆赫(MHz)。

3. 带宽、数据传输速率和信道容量的关联

在模拟信道中，人们原来使用"带宽"表示信道传输信息的能力，单位为 Hz、kHz、MHz 或 GHz。例如，电话信道的带宽为 300～3400Hz。而在数字信道中，人们常用"数据传输速率"(比特率)表示信道的传输能力(带宽)，即每秒传输的比特数，单位为 b/s、Kb/s、Mb/s 和 Gb/s 等。例如，双绞线以太网的传输速率为 10Mb/s 或 100Mb/s 等。

总之，带宽与数据传输速率这两个术语原来都是用来度量信号实际传输能力的指标。而现在，一个物理信道常常是既可以作为模拟信道又可以作为数字信道，例如人们可以使用原有的电话线(模拟信道)直接传递二进制表示的数字信号。但由于历史的原因，在中外文书籍中，这几个词经常被混用，都被用来描述网络中数据的传输能力。

2.4 多路复用技术概述

多路复用技术是指在同一传输介质上"同时"传送多路信号的技术。

1. 多路复用技术的概念

多路复用技术也就是在一条物理线路上建立多条通信信道的技术。在多路复用技术的各种方案中,被传送的各路信号,分别由不同的信号源产生,信号之间必须互不影响。由此可见,多路复用技术是一种提高通信介质利用率的方法。

2. 多路复用技术的研究目的

人们热衷于研究多路复用技术的原因主要有以下两点。
(1) 在网络或通信的工程中,通信线路的铺设费用高,而且变化困难。
(2) 在局域网或广域网中,传输介质的允许传输容量大都远超过单一信道需要的容量。

因此,研究多路复用技术的目的就在于充分利用现有传输介质,减少新建项目的投资。

3. 多路复用技术的实质和工作原理

多路复用技术的实质就是共享物理信道,更加有效地利用通信线路。其工作原理如下:首先,将一个区域的多个用户信息,通过多路复用器(MUX)汇集到一起;然后,将汇集起来的信息群通过同一条物理线路传送到接收设备的复用器;最后,接收设备端的MUX再将信息群分离成单个的信息,并将其一一发送给多个用户。这样,就可以利用一对多路复用器和一条物理通信线路来代替多套发送和接收设备与多条通信线路。多路复用技术的工作原理如图2-2所示。

图2-2 多路复用技术的原理图

例如,使用ADSL线路上网,就是在一路电话线上同时传递了多路语音信号和数据信号;又如,使用电力线上网,在传输电力信号的同时,还传递了上网的数据信号;此外,还有利用机顶盒和电视线缆上网。这些都是多路复用技术的典型应用。

在计算机网络中,有物理信道和逻辑信道之分。多路复用技术是指在一条**物理信道**上,创建多条**逻辑信道**的技术。例如,使用 ADSL 同时上网和打电话时,其设备、电话线路组成了物理信道;其中的电话语音信号建立的连接就是一路逻辑信道;而上网传递数据使用的是另外两个不同频率的逻辑信道。因此,可以在普通电话线上实现宽带上网的服务。

又如,电视线路及设备使用"光缆"建立一条物理信道,其中不同频道的信号就是在这条物理信道上建立起的多条逻辑信道,或者说同时传递的多路不同频率的电视信号就是多条逻辑信道。

2.5 局域网与 Intranet

局域网和 Intranet 密切相关,现在的局域网很多都是 Intranet 网络,因此应当知道这两者的关系与区别。

2.5.1 局域网的组成

局域网可以划分为软件系统和硬件系统两大组成部分,各部分的组成如下。

1. 局域网的软件系统

局域网的软件系统通常包括网络操作系统、网络管理软件和网络应用软件 3 类软件。其中的网络操作系统和网络管理软件是整个网络的核心,用来实现对网络的控制和管理,并向网络用户提供各种网络资源和服务。如计算机上安装的 Windows 7/8/10、杀毒软件、数据库管理系统和 Office 2010 专业版等。

2. 局域网的硬件系统

局域网是一种分布范围较小的计算机网络。现代局域网一般采用基于服务器的网络管理类型。局域网常采用交换式的以太网,其实际物理结构如图 2-3 中的虚线所示。

局域网的硬件系统通常由网络服务器、客户机(工作站)、适配器、网络传输介质和网络连接与互联设备等几个部分组成。

(1) 网络服务器(Server)是网络的服务中心,通常由一台或多台规模大、功能强的计算机担任,它们可以同时为网络上的多个计算机或用户提供服务。服务器可以具有多个 CPU,具有高速处理能力、大容量内存,并配置有快速、大容量存储空间的磁盘或光盘存储器。局域网中常见的服务器有:域控制器、数据库、应用程序(Web、FTP)、DNS、DHCP、打印和邮件等管理功能各不相同的服务器。

(2) 网络工作站(Workstation)是指连接到网络上的用户使用的各种终端,都可以称为网络工作站,其功能通常比服务器弱。网络用户(客户)通过工作站来使用服务器提供的各种服务与资源,网络工作站也被称为客户机。当前,很多用户会通过其智能手机或 PAD(平板电脑)经局域网路由器提供的 Wi-Fi 功能接入 Internet 或局域网。

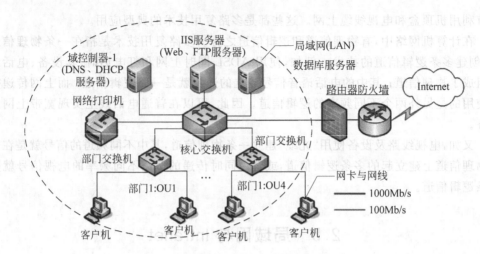

图 2-3 局域网与 Intranet 的物理组成结构图

(3) 网络适配器(Network Adapter)简称为网卡。它是实现网络连接的接口电路板。各种服务器或者工作站都必须安装网卡，才能实现网络通信或者资源共享。在局域网中，网卡是通信子网的主要部件。常用的网卡分有线网卡和无线网卡两种。

(4) 网络传输介质简称为网线。它是实现网络物理连接的线路，它可以是各种有线或无线传输介质。如双绞线、同轴电缆、光纤、微波、红外线等及其相应的配件。

(5) 网络连接与互联设备。除了上述部件外，其余的网络连接设备还有很多，如收发器、中继器、集线器、网桥、交换机、路由器和网关等。这些连接与互联的设备被网络上的多个结点共享，因此也叫作网络共享部件(设备)。各种网络应根据自身功能的要求来确定这些设备的配置。

3．局域网中的其他组件

(1) 网络资源：在网络上任何用户可以获得的东西，均可以看作资源。例如，打印机、扫描仪、数据、应用程序、系统软件和信息等都是资源。

(2) 用户：任何使用客户机访问网络资源的人。

(3) 协议：协议是计算机之间通信和联系的语言。

2.5.2 Intranet 网络

使用 Internet 技术构建的网络主要有 3 种：Internet、Intranet 和 Extranet。前面已介绍过的 Internet，还有 Intranet 和 Extranet 两种。下面将介绍 Intranet 有关的知识。

1．Intranet(内联网)的定义与特点

(1) 定义

Intranet 由于在局域网内部网中采用了 Internet 技术而得名。Intranet 的中文名称为"企业内部互联网"，简称"内联网"。也可以将由私人、公司或企业等利用 Internet 技术，及其通信标准和工具建立的内部 TCP/IP 信息网络定义为 Intranet。

(2) 基本特点

Intranet 是一种企业内部的计算机信息网络,它是利用 Internet 技术开发的开放式计算机信息网络,使用了统一的基于 WWW 的服务器/浏览器(B/S)技术去开发客户端软件。它能够为用户提供方式和友好、统一的用户浏览信息的界面,其使用方式与 Internet 类似,其文件格式具有一致性,有利于系统间的交换,一般都具有安全防范措施。

2. Intranet 的逻辑结构

目前,大中规模的局域网大都组建成 Intranet 网络。大中型的系统逻辑结构如图 2-4 所示。

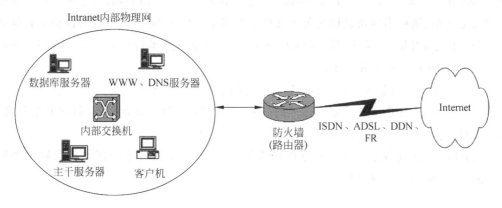

图 2-4 Intranet 的逻辑结构

3. Intranet 的组成

每个 Intranet 的物理网络都可以看作由通信线路、物理网络、主机(服务器和工作站)、网络共享设备(交换机、路由器)等硬件设备,以及分布在主机内的软件和信息资源组成。

(1) 通信线路主要指局域网本身的连接介质,以及接入广域网的线路组成。

(2) 物理网络是指构成 Intranet 主体的局域网硬件,其结构可大可小。常见结构如图 2-4 所示。

(3) 主机是指 Intranet 或 Internet 中提供资源的各节点设备。主机起着数据处理的作用,是 Intranet 或 Internet 上分布信息资源的载体。此外,主机还是各种网络服务的提供者。主机的硬件可以是用户的普通微机,也可以是从小型机到大型机的各类计算机系统。此外,根据作用不同,主机又被分为服务器或客户机。

(4) 网络共享设备(交换机、路由器)是指连接世界各地局域网和 Internet 的互联和安全设备,可以是两个物理设备,也可以是一个物理设备。由于 Internet 是分布在世界各地的复杂网络,在信息浏览时,目的主机和源主机之间的可能路径会由多条,因此,路由器的路选功能是 Internet 中必不可少的。所以,路由器是使用最多的局域网与通信网络或局域网和 Internet 的连接设备。此外,为了保证局域网的安全,在局域网用户与 Internet 互相连接时还需要安装软件或硬件的防火墙。

(5) 信息资源可以是文本、图像、声音、视频等多种媒体形式，用户通过自己的浏览器（如 IE）以及分布在世界各地的 WWW 服务器来检索和使用这些信息资源。随着 Internet 的普及，信息资源的发布和访问已经成为局域网和个人计算机必须考虑和解决的问题之一。

4. Intranet 的技术

如图 2-5 所示，通常的 Intranet 都连入了 Internet，另外一些 Intranet 虽然没有连入 Internet，但是却使用了 Internet 的通信标准、工具和技术。例如，某公司组建的内部网络与 Internet 一样都使用了 TCP/IP 协议，安装了 WWW(Web)服务器，用于内部员工发布公司业务通信、销售图表及其他的公共文档。公司员工使用 Web 浏览器可以访问其他员工发布的信息，因此，这样的网络也称为 Intranet。其基本技术特点除了与 Internet 类似的 3 点之外，还包含以下几个方面。

(1) Intranet 是把 Internet 技术应用于企业内部管理的网络。

(2) Intranet 提供了 6 项基于标准的服务：文件共享、目录查询服务、打印共享管理、用户管理、电子邮件和网络管理。

(3) Intranet 具备了 Internet 的开放性和灵活性，它在服务于内部的信息网络的同时，还可以对外开放部分信息。

5. Intranet 的特点

Intranet 具有以下一些显而易见的特点。

(1) Intranet 是一种企业内部的计算机信息网络。

(2) Intranet 是一种利用 Internet 技术开发的开放式计算机信息网络。

(3) Intranet 采用了统一的基于 WWW 的服务器/浏览器(B/S)技术去开发客户端软件。Intranet 用户使用的内部信息资源访问方式，具有友好和统一的用户界面，与使用 Internet 时类似。因此，文件格式具有一致性，有利于 Internet 与 Intranet 系统间的交换。

(4) Intranet 使用的基于浏览器的瘦客户技术，成本低，网络伸缩性好，简化了用户培训的过程。

(5) Intranet 改善了用户的通信和交流环境。例如，其用户可以方便地使用和访问 Internet 上提供的各种服务和资源，同时 Internet 上的用户也可以方便地访问 Intranet 内部开放的不保密资源。

(6) Intranet 为企业管理现代化提供了途径。例如，在企业内部不但可以传送电子邮件、各种公文、报表和各种各样文档；还可以实时传递"在线"的控制和管理信息，召开多媒体网络会议，使得企业的无纸办公成为可能。

(7) Intranet 一般具有安全防范措施。例如，企业内部的信息一般分为两类，一类是供企业内部使用的保密信息；另一类是向社会开放的公开信息，如产品广告和销售信息等。为了保证企业内部信息及网络的安全性通常需要使用防火墙等安全装置。

6. WWW 技术是 Intranet 的核心

Intranet 的核心技术是 WWW。WWW 是一种以图形用户界面和超链接方式来组织信息页面的先进技术,它的 3 个关键组成部分是 URL、HTTP 和 HTML。

Intranet 的几个基本组成部分如下所述。

(1) 网络协议:TCP/IP 协议为核心。

(2) 硬件结构:以局域网的物理网络为网络硬件结构的基础,并选择一定的接入技术与 Internet 互联。

(3) 软件结构:其软件结构由浏览器、WWW 服务器、中间件和数据库组成。

7. Internet 和 Intranet 的区别

(1) Intranet 是属于某个企事业单位部门自己组建的内部计算机信息网络,而 Internet 是一种面向全世界用户开放的不属于任何部门所有的公共信息网络,这是两者在功能上的主要区别之一。

(2) Internet 允许任何人从任何一个站点访问其中的资源;而 Intranet 上的内部保密信息则必须严格地进行保护,为此,Intranet 一般通过防火墙与外网(Internet)相连。

(3) Intranet 内部的信息分为两类,一类是企业内部的保密信息;另一类是向社会公众开放的企业产品广告等信息。前一类信息不允许任何外部用户访问,而后一类信息则希望社会上广大用户尽可能多地访问。

2.6 网络系统的计算模式

不同网络模型的工作特点和所提供的服务是不同的,因此用户应当根据所运行的应用程序的需要来选择自己适宜的网络计算模式的类型。网络上的数据或信息可以分别由工作站、服务器或者是客户机和服务器双方的计算机共同进行处理。因此,网络模型(Network Model)就是指网络上计算机之间处理信息的方式,又被称为网络计算模式。常见的以下 3 种,其组成结构与应用特点将是本书介绍的重点。

2.6.1 客户/服务器模式的应用

客户/服务器(Client/Server)模式,简称为 C/S 模式,又称主/从模式。客户/服务器模式是指前端客户机(微型计算机或工作站)通过其上的应用程序向服务器上的服务程序提出服务请求,并得到结果;后端服务器(大中型机)中的程序,接收客户机程序的服务请求,并将其运行结果返回给客户机的计算结构。

计算机与计算机之间进程通信的实质是系统进程之间的相互作用。因此,客户与服务器之间的通信就是客户应用进程与服务器应用进程之间的相互作用。

1. 何为客户(Client)与服务器(Server)

如前所述,在 C/S 模式工作的网络或应用程序的体系结构中,分为服务器端和客户端两种程序。因此,服务器和客户机并不是指其硬件,而是指运行在计算机中的两种程序。

(1) 在名为服务器的计算机中,运行着一个总是打开的程序,它负责接收客户端程序的服务请求,并为其提供服务。

(2) 在客户机中,运行着另一个程序,这个程序可能总是打开,也可能时而打开,时而关闭。在 C/S 系统中,客户机之间并不直接通信。

例如,发送邮件的系统中,SMTP 服务器总是打开,并向客户端程序提供发送邮件的服务和相应;而发送邮件的客户端程序只在发送邮件时打开,并提出服务的请求。

2. TCP/IP 网络的 C/S 工作模式

在应用 TCP/IP 协议的 Internet(互联网)、Intranet(内联网)和 Extranet(外联网)的各个计算机之间,应用进程之间的相互作用大都采用了 C/S 工作模式,如通过邮件客户端程序中的 SMTP 协议(客户进程)来访问 SMTP 服务器(发件服务器进程)就是典型的 C/S 模式。

3. C/S 系统的工作原理与实现技术

(1) C/S 系统的工作原理

在 C/S 模式工作的网络中,C(客户)表示位于客户机上的应用进程,S(服务器)表示位于服务器上的应用进程,而非两台计算机。那么,在一次应用进程之间的相互通信过程中,谁是客户进程?谁是服务器进程呢?

① 客户:向服务器提出服务请求,并接受服务器的响应结果。因此,客户是指发起本次通信的进程。

② 服务器:接受客户提出的服务请求,并做出响应,提供客户请求的服务;因此,服务器是指提供服务的进程。

总之,在以 C/S 模式工作的网络或应用程序体系结构中,采用的是客户进程的"请求驱动机制",即每一次通信都是由客户进程随机启动的。而服务器的进程则处于等待状态,以便及时响应客户服务请求。

在分布式网络中,由于服务器硬件的数量大大少于客户计算机的数量,并且在同一时刻内,服务器可能会同时接到多个客户进程的服务请求。因此,服务器必须具有处理这些接受和处理并发请求的能力。为此,每台作为公用服务器要有足够的硬件技术与资源的支持,如,具有大容量硬盘、高性能内存、多个 CPU、高性能总线等,此外通常还要安装能够进行多进程、多任务处理的操作系统软件。因此,通用服务器上通常需要安装网络操作系统,如 Windows Server 2008,而不是桌面操作系统 Windows XP。

(2) C/S 系统的实现结构

在使用微软系统的 C/S 模式网络时,其中的 S 被称作域控制器;而加入域的其他计算机被称为域客户机(或工作站)。

作为域控制器的主控服务器的计算机硬件,不但充当整个域网络的管理者,还可以同时充当其他多种服务器的角色。如安装了 Windows Server 2008 的计算机,可以同时充当域控制器、DNS 和文件服务器的角色,因此,该计算机具有处理所有客户的并发应用进程的能力,该主机根据客户进程请求的 IP 地址、端口号与运输层协议的类型可以区分客户进程所请求的服务进程的类型。

4. C/S 的组成结构

C/S 结构的网络是一种开放结构、集中管理、协作式处理方式的、主从式结构的网络。

5. C/S 模式的主要特点

目前的网络结构大都是 C/S 结构,这也是网络与信息技术发展的主要方向。其发展迅速的主要原因在于其开放式结构、低廉的价格、高度的灵活性、简单的资源共享方式,以及良好的扩充性和工作性能。

(1) 开放式结构:是指系统是开放的,具有良好的扩充性。在需要时,可以随时添加新的客户和服务器,或增添新的网络服务。这里的扩充性是指系统的开放程度,主要指在系统的硬件或软件改变时,系统仍具有连接的能力。

(2) 集中管理与协同工作:主要是指网络操作系统对网络和网络用户的集中控制与管理;客户机与服务器协同工作,共享处理能力。

(3) 物理结构灵活:初学者应当注意的是多个客户和服务器程序可以安装在一台计算机的硬件上,也可以安装在多台计算机的硬件中,物理结构与逻辑结构并不相同。例如,在公司网络中,作为服务器的物理计算机只有一台,但是它安装了 DHCP、DNS 服务器功能后,即可作为 DHCP 服务器,也可以作为 DNS 服务器。

(4) 身份灵活:在 C/S 结构的网络中,可以将多种需要处理的工作任务分别分配给相应的客户机和服务器来完成。网络中的客户机和服务器并没有一定的界限,必要时两者的角色可以互换。在 C/S 网络中,到底谁为客户机、谁为服务器完全按照其当时所扮演的角色来确定。如数据库服务器上的用户在使用网络打印服务时,该服务器的身份就是打印客户机;而在其为用户提供数据和信息检索服务时,其身份就是数据库服务器。

6. 应用场合

C/S 模式的适用性广泛,常被应用于 TCP/IP 网络中的各种服务,如 DNS、DHCP、邮件、数据库打印等各种服务。而使用 C/S 方式管理的分布式网络,更适用于安全性能较高、便于管理、具有各种微型计算机档次的中小型单位中,如公司、企事业单位的办公网络、校园网等各类域网络。

2.6.2 浏览器/服务器模式的应用

浏览器/服务器模式是 20 世纪 90 年代中期(1996 年)后开始出现,并迅速流行的一种网络模式。B/S 模式专指基于浏览器、WWW 服务器和应用服务器的计算结构。严格说,B/S 模式并不是一种独立的模式,而是按照 C/S 模式工作的一种流行应用模式。

1. 浏览器/服务器(Browser/Server,B/S)网络结构

B/S 模式继承了传统 C/S 模式中的网络软、硬件平台和应用,所不同的是具有更加开放、与软硬件平台无关、应用开发速度快、生命周期长、应用扩充和系统维护升级方便等优点。

在各种应用信息系统中,大都采用了 B/S 模式。由于 B/S 模式的客户端程序采用了人们普遍使用的浏览器,因此它是一个简单的、低廉的、以 Web 技术为基础的"瘦"型系统。B/S 网络结构的示意图如图 2-5 所示。在 B/S 模式的应用网络中的服务器端增添了高效的 Web 和 DNS 服务器。因此,各种 C/S 模式工作的应用进程都演变为 B 与 S 之间的相互作用。

(1) 客户:用户通过浏览器提出服务请求,即发起进程通信的一方是浏览器进程。
(2) 服务器:Web 服务器中的 Web 服务器进程将接受客户浏览器进程的请求,并提供 Web 方式的服务。而其他应用服务器往往通过中间件间接进行连接。如 Web 方式访问数据库的客户浏览器程序,通过 Web 服务器的服务程序以及 Windows 中的内置中间件而访问数据库服务器。

图 2-5　B/S 3 层模式的网络结构示意图

2. B/S 网络的工作特点

B/S 模式以 Web 服务器为系统的中心,客户机端通过其浏览器进程向 Web 服务器进程提出 HTTP 协议方式的查询请求,Web 服务器根据需要向数据库服务器发出数据请求。数据库则根据查询或查询的条件返回相应的数据结果给 Web 服务器,最后 Web 服务器再将结果翻译成为 HTML 或各类脚本语言的格式,并传送到客户机上的浏览器,用户通过浏览器即可浏览自己所需的结果。

使用 B/S 结构的浏览器访问数据库的 3 层方式,与 C/S 结构的二层结构相比,具有成本低、易于更新和改动、用户可以自行安装浏览器软件进行访问、与网络平台完全无关、客户端软件廉价、安全保密控制灵活等显著的优点。

3. 适用场合

B/S 结构的网络是现在网络应用系统的主流工作方式,适用于各种规模的网络应用系统。如基于 Web 的信息管理系统、办公系统、人事管理系统等。

2.6.3　对等式网络的应用

对等式(Peer-to-Peer,P2P)是应用程序体系结构中的另一种主要形式。按照这种模式工作时,所有计算机节点是"平等"的。这种结构中,没有一个总是打开的服务器程序,在任意一对主机上的应用程序可以直接相互通信。

1. 对等式网络模式

从网络中计算机的管理方式看,在基于服务器网络中的 C/S 结构出现的同时,出现了另一种新型的网络系统结构对等式网络结构。在这种模式的网络中,服务器与客户端的界限消失了,网络上所有的节点都可以平等地共享其他节点的资源与服务。按照这种模式工作的程序,彼此可以共享自己主机中的资源。如,P2P 下载文件时,每台主机都可以从其他主机下载文件资源,同时也向其他主机提供本主机上的资源。

在分布式的 P2P 网络中,对等机通过和相邻对等机之间的连接遍历整个网络体系。每个对等机在功能上都是相似的。由于没有专门的服务器,对等机必须依靠它们所在的分布网络来查找文件和定位其他对等机。由于搜索请求要经过整个网络或非常大的范围才能得到结果,因此这种模式通常占用非常多的带宽,而且需要花费非常长时间才能有返回结果。P2P 技术打破了传统的 C/S 模式,每个节点的地位都是相同的,每个结点都具备了客户端和服务器双重特性,可以同时作为服务使用者和服务提供者。

2. 对等式网络的构成

P2P 模式组建的是一种用于不同主机用户之间、不经过中继设备直接交换数据或服务的网络。按照对等模型工作的网络被称为"对等网",在使用微软操作系统的网络中,对等网又被称为"工作组"。对等网使用的拓扑结构、硬件、通信连接等方面与 C/S 和 B/S 结构几乎相同,唯一不同的硬件差别是服务器。在对等网中,无须功能强大的、对网络进行集中控制与管理的主控服务器,如域控制器或文件服务器,因而也就无须购置专门的服务器硬件和网络操作系统,其硬件组成结构可以使用各种类型的局域网,如 100BASETX 以太网。

总之,对等模式的网络与客户/服务器模式的网络结构之间的主要差别是网络服务器、资源的逻辑编排和网络操作系统的不同。在对等网中,没有专用服务器,每一个计算机既可以起客户机作用,也可以起服务器作用,其物理网络结构如图 2-6 所示。

对等网中没有专用的服务器,每台计算机的管理员(即用户)都有绝对的自主权。各台主机中的用户可以自由的直接交换文件资源,并且可以自行管理自己的资源和账号。

3. 适用场合

对等网适用于小型办公室、实验室、游戏厅和家庭等小规模网络。常见的操作系统都具有内置对等网的功能,使用计算机上已安装的操作系统就可以方便地组建起对等网。如在图 2-6 所示的每台计算机中,安装好微软的操作系统 Windows XP/7/8,即可组建起"工作组"网络。

4. 对等网的特点

对于以资源共享为主要目的小型办公室来说,对等网是最好的选择。其原因是:①允许用户自己处理本机的安全问题,省去了专职的管理员;②省去庞大而昂贵的服务器;③充分利用了计算机中原有操作系统中的内置联网功能,无须购置专门的网络操作系统,

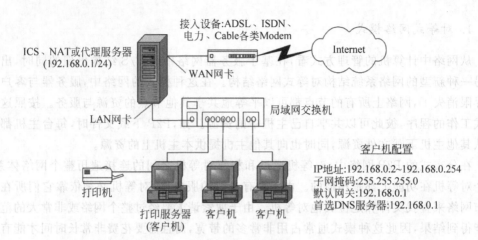

图 2-6 对等式的小型"工作组"网络通过共享 Modem 接入 Internet 的结构

因而使总成本大为减少。但是,在对等网中,由于是每台计算机的管理员自行管理安全和资源,因此与基于服务器的 C/S 网络相比,其高度灵活性的代价是网络安全性的降低,并且在用户管理、文件管理、分布资源的管理和多任务处理等方面存在着明显的不足。

2.7 组建小型工作组网络

对小型办公室或家庭网络来说,不仅需要接入 Internet,还需要组建成小型的工作组网络。这样,工作组用户就可以既能享受 Internet 服务,也能够实现公司网络中的资源共享。本节仅解决组建小型工作组网络和网内资源的共享问题,有关接入的技术详见第 3 章。

2.7.1 小型局域网的连接结构

多台计算机组成小型共享式局域网,如工作组网络。之后,使用硬件路由器,或者 ICS、NAT、代理服务器等,即可方便地通过电话线接入 Internet,如图 2-6 所示。

(1) 硬件条件。在图 2-6 所示的小型局域网中,包含局域网需要的所有设备,如集线器或交换机、Modem、电话线、双接口的代理服务器(如连接 LAN 的网卡和连接 WAN 的 Modem)、计算机(含网卡)及网线(如直通双绞线)等。

(2) 软件条件。使用每台计算机中桌面操作系统中,内置的联网功能、TCP/IP 协议可以方便地组建成工作组网络。提供内部的资源共享和外部的共享接入 Internet 的服务。

2.7.2 小型对等式工作组网络的实现流程

(1) 准备硬件:应当选购好网卡、RJ-45 接头、网线,以及网络连接设备。

(2) 连接硬件:经过制作网线接头、穿管、布线、测试网线、连接网络硬件设备、安装网卡、连接网卡等网络硬件系统的实现过程。

（3）安装操作系统：根据各自的需要安装好 Windows XP/2003/2008/7 等。

（4）安装硬件驱动：安装好网卡、声卡、显卡、Modem 等驱动程序。

（5）设置网络功能：设置好网络的客户、协议和服务等。

（6）设置常规信息：根据条件选定工作组方式，设置好计算机、工作组名称等信息。

（7）网络应用软件：安装和设置必要的应用软件，如 Web 服务器、代理服务器和安全防护等软件。

（8）网络资源的安全共享：在各个计算机中，开放共享目录、打印机等共享资源，并为其设置好用户的访问权限。

（9）网络资源的访问：采用映射驱动器、直接访问、UNC 等方法都可以访问到网络中的共享资源。

2.7.3 网络基本配置

在配置各种网络时，虽然网络操作系统或桌面操作系统各不相同，网络的模式各不相同，但是配置时却存在许多共同之处。这些共同之处就是：有关网络硬件、系统软件、网卡的安装，网络组件的安装和配置，以及网络中常规信息等部分的配置。这些部分的设置是完成网络连通的关键，也是管理其他网络服务的起点和不可缺失的步骤。

1．配置网络功能或网络组件

由于同一台计算机的不同网卡会连接到不同的网络，因此网络功能（组件）是针对网卡进行设置的。因此，管理员必须针对网卡所连接的网络进行相应的设置。另外，Windows 7/8 以前的版本，如 Windows 2003/XP，将"网络功能"称为"网络组件"。

在网络中有许多网络功能，但是最基本的网络功能就是协议、客户和服务。

（1）网络协议

网络中的"协议"是网络中计算机之间通信的语言和基础，是网络中相互通信的规程和约定。在 Windows XP/Vista/7 中常用的协议和功能如下所述。

① TCP/IP 协议是为广域网设计的一套工业标准，也是 Internet 上唯一公认的标准。它能够连接各种不同网络或产品的协议。它也是 Internet 和 Intranet 的首选协议。其优点是通用性好、可路由、当网络较大时路由效果好；其缺点是速度慢、尺寸大、占用内存多、配置较为复杂。TCP/IP 协议有 IPv4 和 IPv6 两个版本，当前经常设置的是 IPv4。

② AppleTalk 协议用于实现 Apple 计算机与微软网络中的计算机和打印机通信。该协议为可路由协议。

③ Microsoft TCP/IP 版本 6 用于兼容 IPv6 设备。

④ NWlink IPX/SPX/NetBIOS Compatible Protocol 协议用于与 Novell 网络中的计算机，以及安装了 Windows 9x 的计算机通信。

⑤ 可靠的多播协议用于实现多播服务，即发送到多点的通信服务。

⑥ 网络监视器驱动程序用于实现服务器的网络监视。

对常用的协议有所了解之后，就应当能够对其进行正确的选择。由于只有协议相同时才能相互通信，因此选择和配置协议的原则是协议相同。例如，服务器上应当选择所有客户机上需要使用的协议,客户机应当安装服务器中有的协议。如某台安装了微软操作系统的计算机需要与 Novell 网通信时,必须选择它支持的协议,如 NWlink…协议;而当要建设一个 Intranet 网络,或者接入 Internet 时就必须采用 TCP/IP 协议。

(2) 网络客户

网络中的"客户"组件提供了网络资源访问的条件。在 Windows 中,通常提供以下两种网络客户类型。

① Microsoft 网络客户端:选择了这个选项的计算机,可以访问 Microsoft 网络上的各种软硬件资源。

② NetWare 网络客户端:选择了这个选项的计算机,不用安装 NetWare 客户端软件,就可以访问 Novell 网络 NetWare 服务器和客户机上的各种软硬件资源。

(3) 网络服务

网络中的"服务"组件是网络中可以提供给用户的各种网络功能。在 Windows Server 2003/2008 中,提供了两种基本的服务类型:①Microsoft 网络的文件和打印机共享服务是最基本的服务类型;②Microsoft 服务广告协议。

总之,管理员必须针对网卡进行网络组件的选择和设置,通常已经添加的不再显示。微软网络中的任何一台计算机都需要进行网络组件的设置,操作都是相似的。但是,操作系统不同设置的位置会有所变化,下面仅以微软的 Windows XP 和 Windows 7 为例。

2. 早期 Windows 中有线网卡"网络组件"的设置

【课堂示例 1】 在 Windows 2003/XP 设置网络组件。

① 依次选择"开始"→"连接到"→"显示所有连接"选项,在打开的窗口,右击"本地连接",在快捷菜单中选择"属性"选项,打开如图 2-7 的对话框。

图 2-7 "本地连接 属性"对话框

② 在图 2-8 所示的对话框，选中"常规"选项卡，即可网络组件的设置，如确认"Microsoft 网络客户端""Microsoft 网络的文件和打印机共享"选中后，选择"Internet 协议（TCP/IP）"选项，单击"属性"按钮，打开如图 2-8 所示的对话框。

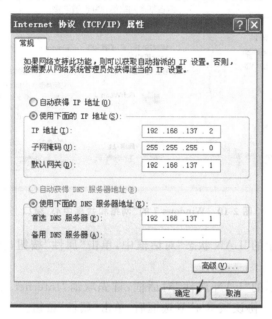

图 2-8　"Internet 协议（TCP/IP）属性"对话框

③ 在图 2-8 所示的对话框，将 IP 地址设为 192.168.137.2、子网掩码设为 255.255.255.0；之后，依次单击"确定"按钮，关闭相应对话框。

3. Windows 7 中有线网卡"网络功能"的设置

【课堂示例 2】　在 Windows 7 中设置有线网卡的网络功能。

① 在 Windows 7 的桌面，首先单击任务栏右侧的"网络"图标；然后在打开的快捷菜单中，选择"打开网络和共享中心"选项，如图 2-9 所示。

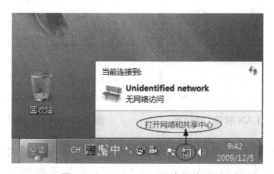

图 2-9　Windows 7 系统的桌面

② 在图 2-10 所示的 Windows 7 的"网络和共享中心"窗口中，可以看到一个无线网络的连接和一个有线网络的连接；单击要设置的连接，如 LAN 选项。

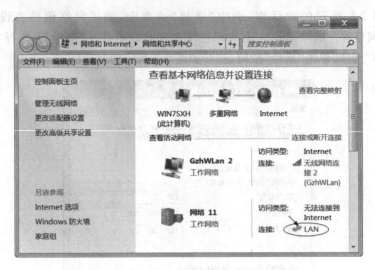

图 2-10　Windows 7 的"网络和共享中心"窗口

③ 在图 2-11 所示的"LAN 状态"对话框中，单击"属性"按钮，打开如图 2-12 所示的对话框。

④ 在图 2-12 所示的"LAN 属性"对话框，首先取消"Internet 协议版本 6"前的复选框；然后选中"Internet 协议版本 4"复选框后，单击"属性"按钮。

 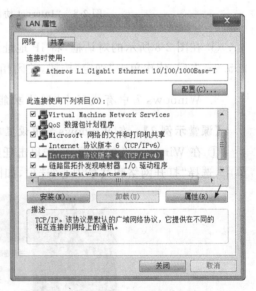

图 2-11　Windows 7 的"LAN 状态"对话框　　　图 2-12　Windows 7 的"LAN 属性"对话框

⑤ 在图 2-13 所示的"Internet 协议版本 4(TCP/IPv4)属性"对话框中，首先将 IP 地址设为 192.168.1.1、子网掩码设为 255.255.255.0；如果需要接入 Internet，还可以设置默认网关、首选 DNS 服务器地址等；然后单击"确定"按钮；完成后，依次单击"关闭"按钮，关闭各对话框，完成该网卡的设置。

4. Windows 7 中无线网卡的设置

现在,有线网络非常普及,每个用户的终端设备上几乎都提供了无线接入功能,如计算机、手机上的 WLAN 网卡;iPAD 上的 Wi-Fi。使用无线网卡连接工作组网络时,设置的方法与步骤与有线网卡十分相似。

【课堂示例 3】 Windows 7 中设置无线网卡的"网络功能"。

① 打开 Windows 7 的"网络和共享中心"窗口,单击连接中的"无线网络连接 2"选项。

② 在打开的"无线网络连接 2 状态"对话框,单击"属性"按钮。

③ 在打开的 Windows 7 的"无线网络连接 2 属性"对话框,首先取消"Internet 协议版本 6"前的复选框;然后选中"Internet 协议版本 4"后,单击"属性"按钮,打开如图 2-13 所示的对话框。

④ 设置 IP 地址、子网掩码等参数。本例中设置的是"自动获得",这是指从 DHCP 服务器获得需要的参数,如图 2-14 所示。

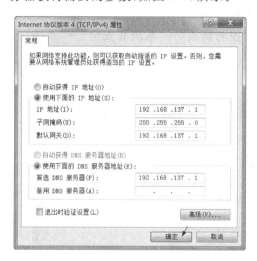

图 2-13 无线网卡的当前设置

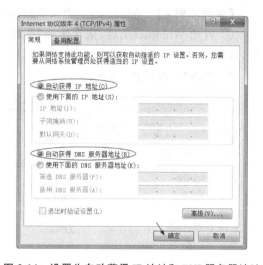

图 2-14 设置为自动获得 IP 地址和 DNS 服务器地址

2.7.4 建立网络工作组

在微软的网络中,以"对等"模式工作的网络被称为工作组(Workgroup)。工作组网络中的账户和资源管理是由分散在每台计算机上的管理员分散进行的。通过本节的学习,读者应正确理解"工作组"网络与"对等"模式之间的关系。熟练掌握建立网络工作组的步骤,并清楚工作组基于"本机(地)"的账户与资源管理方法,以及安全访问和使用网络资源的方法。

1. 设置 Windows 7 主机的常规信息

在工作组网络的硬件、软件、驱动和网络功能(组件),以及网络测试工作完成后,应当进行的是常规信息的设置,如"计算机"和"工作组"名称等的设置。

（1）计算机名

计算机名称用于识别网络上的计算机。连接到网络中的每台计算机都有唯一的名称。计算机名不能与其他计算机的名称相同。当两台计算机名称相同时,就会导致计算机通信冲突的出现。计算机名称最多为15个字符,但是不能包含有空格或下述专用字符：

; : " < > * + = \ → ? ,

（2）工作组名

工作组名称是网络计算机加入的群组名称,用户可以根据管理需要将计算机组成多个工作组。例如,使用WG01代表网络1班的计算机群组,使用WG02表示网络1班的计算机群组。这样在组建工作组后,网络1班的所有计算机都会出现在WG01中。

（3）常规信息的设置

组建Windows工作组网络时,首先设置网络的组件或功能,网络连通后就应当对网络的常规进行设置。如,计算机名、工作组名、网络发现、文件和打印机共享等。

【课堂示例4】 Windows 7中设置网络的常规信息。

① 启动Windows 7后,依次选择"开始"→"控制面板"→"系统和安全"→"系统"选项,打开如图2-15所示的窗口。

② 单击"更改设置"选项。

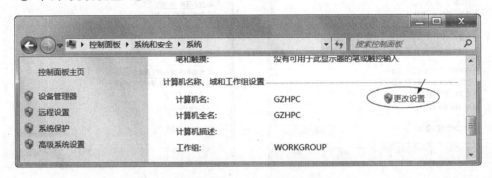

图2-15 Windows 7的"系统"窗口

③ 在图2-16所示的Windows 7的"系统属性"对话框中,核对"计算机全名"和"工作组"。要更改时,单击"更改"按钮进行修改;否则,单击"确定"按钮。

④ 在图2-17所示的"计算机名/域更改"对话框中,更改信息后,单击"确定"按钮,重新启动计算机使得设置生效。

⑤ 在Windows 7的"网络和共享中心"左侧窗格中,单击"高级共享设置"选项,打开如图2-18所示的窗口。

⑥ 在图2-18所示的"高级共享设置"窗口中,首先选中"启用网络发现"单选按钮;然后选中"打开文件和打印机共享"单选按钮;最后单击"保存修改"按钮。

至此,已经完成了Windows 7工作组有关的常规信息设置。

图 2-16　Windows 7 的"系统属性"对话框

图 2-17　"计算机名/域更改"对话框

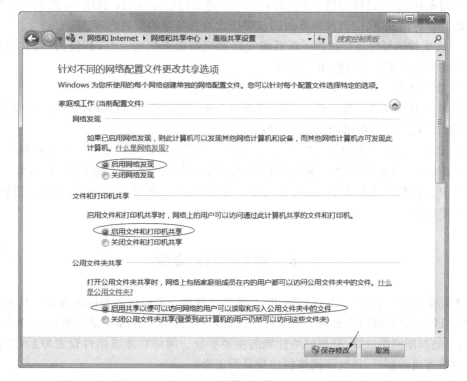

图 2-18　Windows 7 中的"高级共享设置"窗口

说明：同一工作组中计算机的"工作组"的名称应当一致，而计算机名则不能与网络中的其他计算机相同。如将所有计算机的工作组名都设为 WORKGP，计算机名设为 GZHPC；当然，在班级网络中，推荐设置为 PC20xx（其中的 xx 为学号），由于在班级网络中,学号是唯一的,因此也就保证了计算机名的唯一性。

2. 工作组设置小结

(1) 工作组网络的组成

小公司的"工作组"网络可以由安装了 Windows 各种版操作系统的计算机组成;其工作组名可以自行定义,如定义为 WORKGP。

(2) 工作组网络的设置步骤

不同 Windows 版本的工作组网络的设置是相似的,重点是下几点。

① 网络功能或网络组件的设置:是指设置好网卡(即网络连接)对应的客户、服务和协议;其中,客户为"Microsoft 网络客户端";服务为"Microsoft 网络的文件和打印机共享"选项;协议通常为"Internet 协议(TCP/IP)";

② 常规信息设置:即为每台计算机设置好"计算机名"和"工作组名"。

(3) 检查网络故障的方法

在微软工作组网络中各个计算机的桌面上,双击"网上邻居(Windows XP/2003)"图标,在 Windows 7 中,选择"资源管理器"中的"网络"选项。检查工作组是否包括了各个计算机的图标,如果已经包括,则表示工作组已经正确组建成功;否则,可能说明工作组有问题。这种情况下,应当按照下面的步骤依次检查各项的配置内容。

① 应先排除硬件连接故障:观看集线器和交换机上的指示灯,并使用测试、管理的专用软件工具等确定和排除硬件故障。

② 检查网卡:即网卡驱动程序的安装是否正确。

③ 检查协议是否安装正确:如在 DOS 的"命令提示符"窗口,使用 ping 命令来检测 TCP/IP 协议的安装,测试网络的连通性。

④ 双击各计算机桌面上的"网络邻居"图标,查看各个计算机是否已经正确加入到指定的工作组中,例如,所有由计算机名称代表的计算机已正确加入到名为 WGSXH 工作组之中。如果其他计算机的图标已经出现在工作组中,则表示小型的工作组网络已经初步组建成功。

2.8 网络测试命令

无论是在服务器端,还是在客户机上,网络管理员经常通过各种网络命令工具来诊断和检测 TCP/IP 网络的连通和工作状况。因此,使用网络工具程序是网络管理员的基本技能,也是判断网络故障、分析网络性能的主要手段。网络功能或组件设置好后,应首先进行网络连通性测试,以验证网络的连接是否正常。

通过本节的学习,应当掌握 TCP/IP 网络管理中,最常用的网络命令诊断与检测工具的使用方法;并能够初步判断网络的连通性好坏,以及网络的各种配置参数是否正确。

2.8.1 网络连通性测试程序 ping

管理员经常使用操作系统内置的一些程序来判断网络的状态及参数,如 ping 命令。

1. ping 命令的功能

ping 命令是用于测试网络节点在网络层连通性的命令工具。由于 ping 命令常被用来诊断网络的连接问题，因此它也被称为诊断工具。

2. ping 命令的原理

ping 命令是用于通过向网络上的设备发送 Internet 控制报文协议（ICMP）包来检验网络的连接性。使用时，大部分设备会返回一些信息，通过这些信息，判断 IP 数据包是否可达，就能够判两个 TCP/IP 主机在网络层是否工作正常。

3. 命令应用环境

打开"命令提示符"窗口，键入相应的 ping 命令及其参数。

4. ping 命令的应用

【课堂示例 5】 Windows 中 ping 命令的应用。

(1) ping 127.0.0.1

① 命令格式：ping 127.0.0.1

② 作用：用来验证网卡是否可以正常加载、运行 TCP/IP 协议。

③ 操作步骤如下。

单击"开始"按钮，在"搜索和运行程序"的文本框中，输入 cmd 命令后，按 Enter 键，打开图 2-19 所示的窗口。

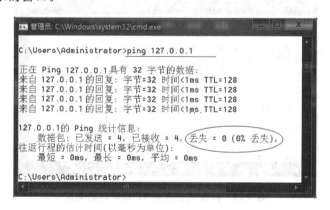

图 2-19　ping 本机 IP 地址正常时的响应

在"命令提示符"窗口中输入 ping 127.0.0.1，按 Enter 键；正常时，应显示"……丢失＝0(0％丢失)"，这表示用于测试数据包的丢包率为 0；当显示"请求超时……丢失＝4(100％丢失)"时，表示测试用的数据包全部丢失。因此，该网卡不能正常运行 TCP/IP 协议。

④ 结果分析：正常时将显示与图 2-19 所示相似的结果；如果显示的信息是"目标主机无法访问"时，则表示该网卡不能正常运行 TCP/IP 协议。

⑤ 故障处理：重新安装网卡驱动、设置 TCP/IP 协议，如果还有问题，则应更换网卡。

说明：使用 ping 127.0.0.1 命令正常时，这仅表示发出的 4 个数据包通过网卡的"输出缓冲区"从"输入缓冲区"直接返回，没有离开网卡，因此不能判断网络的状况。

(2) ping 本机 IP 地址

① 命令格式：ping 本机 IP 地址。

② 作用：验证本主机使用的 IP 地址是否与网络上其他计算机使用的 IP 发生冲突。

③ 操作步骤：输入 ping 192.168.137.1（本机 IP 地址）。

④ 结果分析：正常的响应如图 2-19 所示，应显示"……丢失＝0(0％丢失)"，这表明本机 IP 地址已经正确入网；如果显示的信息是"请求超时……丢失＝4(100％丢失)"时，则表示所设置的 IP 地址、子网掩码等有问题。

⑤ 故障处理：如果 IP 地址冲突，则应当更改 IP 地址参数，重新进行设置和检测。

(3) ping 同网段其他主机 IP 地址

① 命令格式：ping 本网段已正常入网的其他主机的 IP 地址。

② 作用：检查网络连通性好坏。

③ 操作步骤：输入 ping 192.168.137.2（本网段其他主机的 IP 地址）。

④ 结果分析：正常的响应窗口如图 2-20 所示，即显示为"……丢失＝0(0％丢失)"等信息；这就表明本机可以和目标主机正常通信；如果出现"请求超时……丢失＝4(100％丢失)"时，则表示本机不能通过网络与目标主机正常连接。

⑤ 故障处理：应当分别检查集线器（交换机）、网卡、网线、协议及所配置的 IP 地址是否与其他主机位于同一网段等，并进行相应的更改。

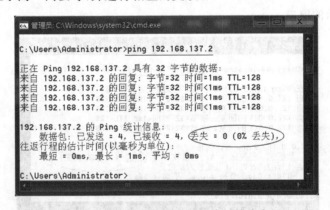

图 2-20　ping 其他主机 IP 正常时的响应

2.8.2　配置显示程序 ipconfig

ipconfig 是一个实用程序。与 ping 命令的使用相似，该命令也在 Windows 的"命令提示符"窗口中使用。

1. ipconfig 的功能

ipconfig 命令不但可以检测计算机的 TCP/IP 通信协议是否已经正常加载；还可以

检测本主机使用的 IP 地址是否与其他计算机重复；此外，通过这个命令能够快速查看到 TCP/IP 协议配置的各种参数，例如，多个网卡配置的 IP 地址、MAC 地址、子网掩码、DHCP 服务器、DNS 服务器和默认网关地址等信息。

2．ipconfig 命令显示所有配置信息

无论我们是进入局域网，还是接入 Internet，经常会使用 ipconfig/all 命令来测试所在的主机是否已经获取到正常的参数，从而来判断主机是否可以正常接入网络。

3．ipconfig 命令程序的应用

【课堂示例 6】 Windows 中 ipconfig 命令的应用。

① 打开"命令提示符"窗口，输入 ipconfig/all 后，按 Enter 键，正常时的响应如图 2-21 所示。

图 2-21　执行 ipconfig/all 后正常时的响应窗口

② 如果所输入的 IP 地址符合规定，但执行 ipconfig 命令后，显示的信息如图 2-22 所示时，则表示该主机的 IP 地址与网络上其他主机使用的相同，即出现了 IP 地址的冲突。

此时建议用户更换 IP,以解决冲突。

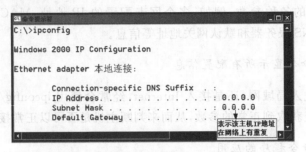

图 2-22　执行 ipconfig 后主机配置不正常的响应窗口

说明:执行 ipconfig/all 命令后,显示信息的含义见表 2-3。

表 2-3　ipconfig 执行时显示信息的含义

名　　称	解　　释
Host Name	主机名(计算机名)
Primary Dns Suffix	主 DNS 后缀名
Node Type	通信节点类型
IP Routing Enabled	IP 路由启动状况
WINS Proxy Enabled	WINS 代理功能启动状况
Ethernet adapter 本地连接	以太网卡—本地连接的名称、类型及参数
Connection-specific DNS Suffix	指定连接的域后缀名
Description	网卡型号
Physical Address	网卡的物理(MAC)地址
Dhcp Enabled	DHCP 启用状态
Autoconfiguration Enabled	自动配置启用状态
Autoconfiguration IP Address	自动配置的 IP 地址
Subnet Mask	子网掩码
Default Gateway	默认网关
DNS Servers	DNS 服务器,有时为多个
PPP adapter ADSL	点对点 ADSL 适配器

思　考　题

1. 什么是计算机网络?计算机网络是如何定义的?
2. 为什么要建立计算机网络?它有哪些基本功能?试举例说明资源共享的功能?
3. 按网络覆盖的地理范围可以将计算机网络分为几种?
4. 什么是数据和信息?两者的关系如何?
5. 什么是比特率?什么是波特率?比特率和波特率两者的关系如何?
6. 什么是数据和信号?两者的关系如何?在网络中,有几种信号的形式?
7. 什么是信道?常用的信道分类有几种?什么是逻辑信道和物理信道?

8. 什么是多路复用？多路复用技术的实质是什么？
9. 请举例说明多路复用技术的应用，并指出应用中的物理信道和逻辑信道。
10. 什么是有线信道和无线信道？请举例说明生活中的有线信道和无线信道的应用。
11. 局域网的由两个部分组成？每个部分又由哪些部件组成？
12. 什么是 Intranet？它是由哪些部分组成的？它与 Internet 有什么相同与不同？
13. 请画出 Intranet 的逻辑结构图，以及二层结构的交换网络的网络结构示意图。
14. Intranet 有哪些特点？其核心技术是什么？
15. 什么是网络系统的计算模式？常见的网络计算模式有哪几种？
16. 什么是 C/S 模式？C/S 模式有哪些主要特点？画出 C/S 系统的实现结构图。
17. 什么是 B/S 模式？它与 C/S 模式有何不同？B/S 模式又有哪些主要特点？
18. 什么是对等模式？它有哪些主要特点？适用于什么场合？
19. 在 Windows 网络中，按 P2P 模式工作的网络叫什么名字？
20. 小型局域网的硬件系统由哪些主要部分组成？
21. 一个具有 20 台计算机的小型单位已经使用了 100BASE-T 交换式局域网，现在需要与 Internet 连接。在学习第 3 章之后，请为其设计通路由器接入 Internet 的方案。第一，画出设计方案的连接示意图；第二，列出局域网组成部件的清单。
22. 请写出使用 Windows 组建小型"工作组"网络，并实现资源共享的主要步骤。
23. 常用的网络测试命令有哪些？

实 训 项 目

实训环境和条件

（1）网络环境：是指已建好的小型 10/100/1000BASE 以太网。以太网的硬件应当包括：集线器（交换机）、双绞线（标准线）、带有计算机网卡的 2 台以上数量的计算机。
（2）安装了 Windows XP/7/2008 Server 或 Windows 其他版本的计算机。
（3）本实训中的 XX 为学号，如 01、02、…、36。

实训 1：组建 Windows XP 工作组网络

（1）实训目标
① 掌握 Windows XP 中，网络组件的类型与设置步骤。
② 掌握组建 Windows XP 工作组网络的步骤。
③ 掌握在 Windows XP 工作组中发布与使用共享文件夹的步骤。
（2）实训内容
① 设置网络组件。
② 组建：组建包含两台计算机，工作组名为 WGxx 的工作组网络。
③ 使用 ping 命令检测两台主机的连通性。

④ 在每台计算机上使用 ipconfig，记录基本配置信息。

⑤ 在 Windows XP/2003 Server 中，按照实训目标的要求设置和测试 Windows 网络。完成课堂示例 1、课堂示例 2、课堂示例 5、课堂示例 6 中的内容。

实训 2：组建 Windows 7 工作组网络

(1) 实训目标

① 组建包含两台计算机，工作组名为 WGxx 的 Windows 7 工作组网络。
② 掌握 Windows 7 中，网络组件的类型与设置步骤。
③ 掌握组建 Windows 7 工作组网络的步骤。
④ 掌握在 Windows 7 工作组中，发布与使用共享文件夹的步骤。

(2) 实训内容

按照实训的目标要求设置和测试 Windows 7 网络：完成课堂示例 2～课堂示例 6。

实训 3：TCP/IP 中常用测试命令工具的应用

(1) 实训目标

掌握和理解常用测试工具程序的使用。

(2) 实训内容

① 在"命令提示符"对话框中，使用 ipconfig /all 命令检测和记录所在主机配置的 TCP/IP 协议有关的各种信息，并对其响应进行分析和记录。例如，IP 地址、网卡的 MAC 地址、子网掩码和网关地址，以及 IP 地址是否重复等。

② 在"命令提示符"对话框中，使用 ipconfig/? 命令记录 3 个主要参数的含义。

③ 在"命令提示符"对话框中，使用"ping 同网段主机 IP"命令确认与该主机的连通性好坏。

第 3 章
Internet 接入技术

Chapter 3

【学习目标】
(1) 了解：Internet 主要接入技术。
(2) 掌握：单机通过局域网接入 Internet 的方法。
(3) 掌握：单机用户通过 ADSL 接入 Internet 的方法。
(4) 掌握：小型局域网通过 ICS 共享接入 Internet 的方法。
(5) 掌握：小型局域网通过无线路由器接入 Internet 的方法。
(6) 了解：IEEE 802.11 和 Wi-Fi 的相关知识。
(7) 了解：四代移动通信技术。

人们都希望能够随时随地从 Internet 获取信息和服务。无论是个人用户还是企业用户，都面临着要通过不同的技术和服务商连接到 Internet 的问题。选择接入技术时，需要考虑哪种连接技术更方便快捷？哪种技术连接费用更低、连接速度更快？哪种接入技术可靠性更高？随着 Internet 的接入技术的不断进步，用户应根据不同条件选择适当的方法，进行正确的操作配置，实现与 Internet 的即连即用。

3.1 Internet 接入技术概述

对于用户来说，想要连接 Internet，都需要通过网络服务提供商(ISP)。只有了解不同的 Internet 接入技术，才能根据自身环境选择适当的方案。

3.1.1 了解 ISP

1. 什么是 ISP

ISP(Internet Service Provider)，即互联网服务提供商，是向广大用户综合提供互联网接入业务、信息业务和增值业务的电信运营商。ISP 是经国家主管部门批准的正式运营企业，享受国家法律保护，没有 ISP 提供连接 Internet 的途径，用户是无法自己连接到 Internet 上的。

不同的 ISP 提供了多种不同带宽、不同价格、不同可靠性的接入方法。在上网之前，用户应先对 ISP 提供的各种上网方式进行了解和选择，然后联系 ISP，办理手续，交纳费用，从而获得供上网的用户账号和密码，最后通过接入设备及软件的相应配置，就可以连接 Internet 了。

2. 如何选择 ISP

选择 ISP 时，需要综合考虑上网的速率、一次投资和维持费用等多个因素。中国大陆三大基础运营商包括以下几个。

(1) 中国电信：提供拨号上网、ADSL、4G 上网、FTTx 服务。

(2) 中国移动：提供 4G 上网、TD-SCDMA 无线上网，一少部分 FTTx 服务。

(3) 中国联通：提供 4G 上网、拨号上网、ADSL、FTTx 服务。

2008 年电信重组之后，中国移动与中国铁通合并，运营 TD-SCDMA 网络，中国电信与中国联通 C 网（CDMA 网）合并运营 CDMA2000，而中国网通和中国联通 G 网（GSM 网）合并运营 WCDMA。

在中国大陆，还有几大二级运营商，包括歌华有线宽带提供有线电视线路接入、北京电信通提供光纤接入、长城宽带提供宽频接入等。

另外，值得一提的是，2013 年 12 月，工业和信息化部向中国联通、中国电信、中国移动正式发放了第四代移动通信业务牌照（即 4G 牌照），此举标志着中国电信产业正式进入了 4G 时代。

3.1.2 Internet 接入技术的概念

网络接入技术通常是指一个个人计算机或局域网与 Internet 相互连接的技术，或者是两个远程局域网之间的相互连接技术。接入的介质包括电话线或数据专线等。

3.1.3 主要 Internet 接入技术

根据传输介质的不同，目前的接入技术主要分为以下几类。

1. 铜线接入

铜线接入是指使用普通的电话铜线作为传输介质时的接入技术。为了提高铜线的传输速率，必须采用各种先进的调制技术和编码技术。常用的铜线接入技术类型有以下几种。

(1) PSTN 接入。PSTN(Public Switched Telephone Network，公用交换电话网)接入指的是使用 Modem 和 PSTN 线路，以拨号方式接入 Internet。

(2) DSL(Digital Subscriber Line，数字用户线路)接入是以铜质电话线为传输介质的传输技术，一般统称为 xDSL 技术。xDSL 技术包括 HDSL、SDSL、VDSL、ADSL 和 RADSL 等多种技术，其中最常见的是 ADSL(非对称数字用户线路接入)。

(3) 电源线接入是指通过"电 Modem"和电源线接入 Internet 的技术。

2. Cable Modem 接入

Cable Modem 接入是指通过有线电视的同轴电缆和机顶盒接入 Internet 的方式。

3. 光纤接入

光纤接入一般是指光纤到社区,双绞线或其他电缆线入户接入 Internet 的技术。光纤是目前传输带宽最宽的传输介质,被广泛地应用在局域网的主干网上。光纤技术正在飞速地发展和普及,且价格也在迅速下降。目前,常用的是光纤到社区、双绞线入户,例如长城宽带等。

4. 无线接入

无线接入是指笔记本电脑、手机等移动设备通过 ISP 接入 Internet 的方式。3.4 节将重点讲解无线接入技术。

3.2 单机接入 Internet

3.2.1 通过局域网接入

在学校和公司等单位,个人一般都是通过局域网接入 Internet 的。学校或公司等单位的局域网中会划分为多个子网(VLAN),多个子网都需要借助统一的局域网网关(路由器)连接 Internet。作为个人主机用户,会分别处于不同的子网中,必须按照局域网内的地址分配的要求来设置自己的 TCP/IP 属性,才能够正常地与局域网内其他主机连通,再进一步连接 Internet。局域网内主机连接 Internet 的方法如图 3-1 所示。

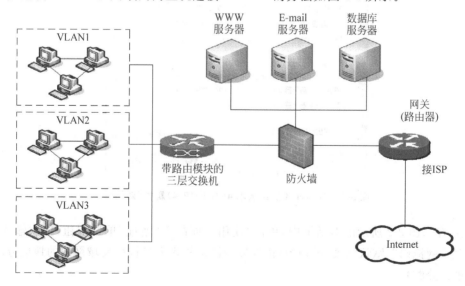

图 3-1 局域网主机接入 Internet 示意图

【课堂示例1】 通过局域网接入 Internet 的设置。

1. 网卡的安装和配置

① 局域网上的计算机如果没有安装网卡,则需要购置网卡,关闭电源,打开机箱,按网卡的总线类型将网卡插入相应的扩展槽中。

② 打开主机电源,进入操作系统,系统会检测到新硬件,然后根据系统提示安装网卡驱动程序即可。

③ 网卡要与网络进行连接,需要使用网线将网卡接口与办公室、小区或大厦布放的网线插座相连,或者与局域网内的集线器或交换机连接起来,保证其物理连通。网卡的指示灯一般有两个,其中绿色的是电源灯,这个灯亮着的说明网卡已经正常通电。另外一个指示灯是信号灯,正常工作时这个黄色的灯会不停地闪烁。

2. TCP/IP 协议的配置

在 Windows 7 中,按以下步骤配置 TCP/IP 协议。

① 右击桌面上的"网络"图标,依次选择"属性"→"更改适配器设置"选项。

② 双击"本地连接"图标,打开"本地连接属性"对话框。在"网络"选项卡的项目列表框中双击"Internet 协议版本 4(TCP/IPv4)",打开"Internet 协议版本 4(TCP/IPv4)属性"对话框,如图 3-2 所示。

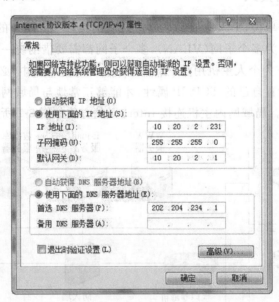

图 3-2 "Internet 协议版本 4(TCP/IPv4)属性"对话框

③ 在如图 3-2 所示的对话框中,单击"使用下面的 IP 地址"单选按钮,依次输入"IP 地址""子网掩码""默认网关"的内容(由局域网网络管理人员按照局域网内的地址分配的要求进行分配)。

④ 单击"使用下面的 DNS 服务器地址"单选按钮,输入"首选 DNS 服务器"和"备用

DNS 服务器"的地址,并确保能够与它们中的其中一个连通,由它们负责应用 Internet 时的域名解析工作。

⑤ 单击"确定"按钮,完成配置。

完成上述安装配置过程后,即可使用 Internet 的各种服务了。

3.2.2 通过 ADSL Modem 接入

1. ADSL 简介

ADSL 是非对称数字用户线路(Asymmetric Digital Subscriber Line)的缩写。ADSL 是一种通过现有普通电话线为家庭、办公室提供宽带数据传输服务的技术。ADSL 即非对称数字信号传送,它能够在现有的铜双绞线(即普通电话线)上提供最高为 8Mb/s 的高速下行速率,而上行接入速率为 512Kb/s。

目前 ADSL 接入方式通过采用的是用户虚拟拨号方式(PPPoE)软件拨号。

ADSL 的局端设备和用户端设备之间通过普通的电话铜线连接,无须对入户线缆进行改造就可以为现有的大量电话用户提供 ADSL 宽带接入。根据实际测试数据和使用情况,在目前大量采用的 0.4mm 线径双绞电话线上,用户接入距离在 3km 以内为 ADSL 512Kb/s/1Mb/s 速率保障区域,用户接入距离在 2.8km 以内为 ADSL 2Mb/s 速率保障区域。ADSL 对距离和线路情况十分敏感,随着距离的增加和线路的恶化,速率会受到影响。

2. ADSL 的功能特点

(1) 具有很高的传输速率:理论上,ADSL 的传输速率上行最高可达 640Kb/s,下行最高可达 8Mb/s。用户可以在因特网自由冲浪,浏览新闻、娱乐、游戏、下载图片、享受高质量的视频点播服务等。

(2) 上网打电话互不干扰:ADSL 数据信号和电话音频信号以频分复用原理调制于各自频段互不干扰。在上网的同时可以使用电话,避免了拨号上网的烦恼。而且,由于数据传输不通过电话交换机,因此使用 ADSL 上网不需要缴纳拨号上网的电话费用,节省了通信费用。

(3) 安装快捷方便:在现有电话线上安装 ADSL,只需在用户端安装一台 ADSL Modem 和一个电话分离器,用户线路不用任何改动,极其方便。

3. 申请安装方式和资费方案

到 ADSL 安装地址所属营业厅进行申请,客户在营业厅办理 ADSL 相关手续并交费后,即可获得 ADSL 上网账号、用户名和密码。

目前用户使用 ADSL 需要支付一次性费用和宽带使用费用。注意:各地上网的速率、服务和计费差别较大,因此,请用户先到当地 ISP 进行咨询。

一次性费用包括一次性接入费和综合工料费两部分。宽带使用费用方案有以下 3 种。

(1) 限时:根据不同的上网带宽和月接入时长,每月收取固定费用。

(2) 包月：对于个人用户来说，每月收取固定的费用，而使用时间不加限制。

(3) 计时：按带宽和实际上网时间收取费用，以分钟计费。

4. 用户端的 ADSL 接入配置

(1) ADSL Modem 的安装与连接

ADSL 接入的硬件连接示意图如图 3-3 所示。其中，分离器为一个方形小盒上有 3 个接口，分别标有 LINE、PHONE、ADSL，LINE 口接入户电话线，PHONE 口接电话机（如果要并分机请在此接口上进行），ADSL 口接入 ADSL Modem。

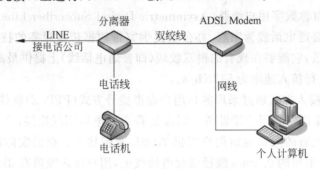

图 3-3　ADSL 接入示意图

① 将分离器的 LINE 口用电话线连接到墙面上的电话插口。

② 若同时使用固定电话，则用电话线将电话机连接到分离器的 PHONE(TEL) 口上。

③ 将 ADSL Modem 用电话线连接到分离器的 Modem 或 ADSL 口上。

④ 将计算机的网卡与 Modem 用网线连接起来。

⑤ 打开 Modem 电源，Modem 灯亮。

(2) 用户端的软件配置

对于家庭 ADSL 用户，目前均采用虚拟拨号连接(PPPoE)的方式，在上网之前首先需要安装 ISP 免费提供的拨号软件，输入宽带账号密码后拨号上网。

【课堂示例 2】　在 Windows 7 上实现 ADSL 接入 Internet。

通过 Windows 7 的功能，ADSL 的个人或局域网用户无须安装任何其他专用的 PPPoE 软件，即可方便地建立起自己的 ADSL 或局域网的虚拟拨号连接。下面具体说明在 Windows 7 计算机上实现 ADSL 接入 Internet 的操作方法。

① 依次选择"开始"→"控制面板"→"网络和 Internet"→"网络和共享中心"选项，打开如图 3-4 所示的窗口。

② 依次选择"设置新的连接或网络"→"连接到 Internet"→"宽带(PPPoE)"选项，打开如图 3-5 所示的窗口。

③ 在如图 3-5 所示的对话框中，需要填写由 ADSL 接入服务 ISP 提供的 ADSL 用户名和密码。在"连接名称"对话框中，可以输入用户名为该连接设置的名称（用来区分不同的 ISP），还可以勾选"记住此密码"选项，方便每次的连接操作。然后单击"连接"按钮，打开如图 3-6 所示的对话框。

第3章 Internet接入技术

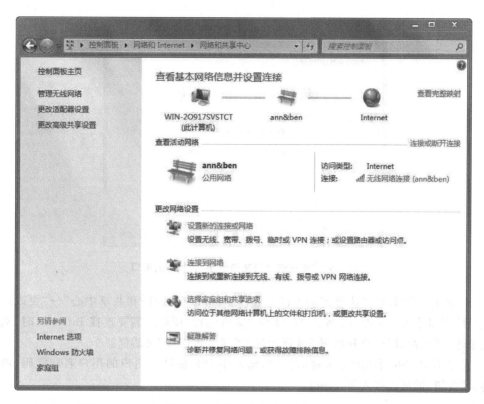

图 3-4 "网络和共享中心"窗口

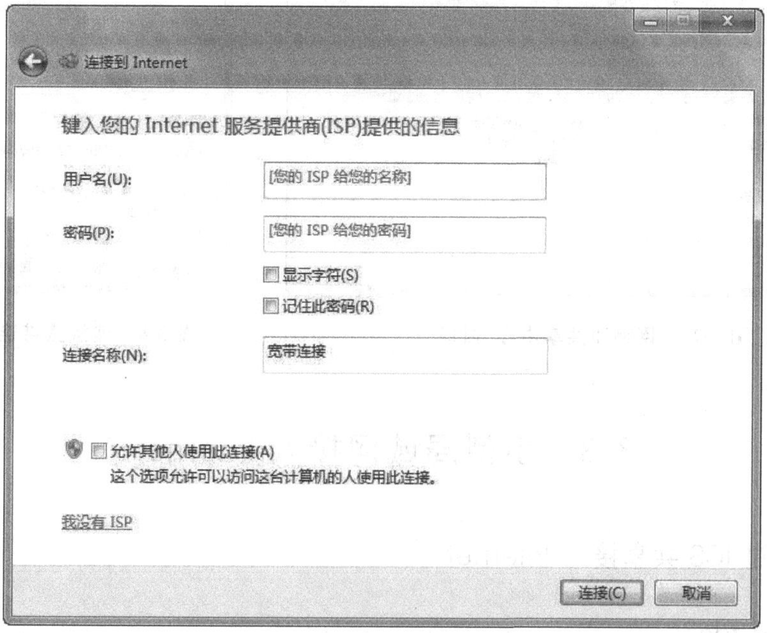

图 3-5 "连接到 Internet"窗口

图 3-6 "正在连接到宽带连接…"状态的窗口

④ 完成 ADSL 虚拟拨号连接的设置过程后,可以在"网络和共享中心"→"更改适配器设置"窗口中看到如图 3-7 所示的 ADSL"宽带连接"图标。需要连接 Internet 时,双击"宽带连接"图标,即可打开如图 3-8 所示的"连接宽带连接"对话框。

⑤ 在如图 3-8 所示的连接对话框中,输入由 ISP 提供给用户的用户名和密码,单击"连接"按钮,即可以接入 Internet。

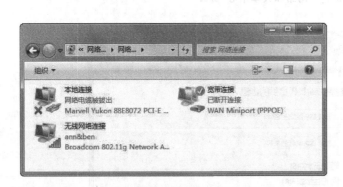

图 3-7 "网络和共享中心"窗口

图 3-8 连接宽带连接对话框

3.3 小型局域网接入 Internet

3.3.1 通过 ICS 共享接入 Internet

1. 了解 ICS

对于一个小公司、小办公室或者是一个家庭的多台计算机,当需要共享同一个网络通路接入 Internet,最简单方便的方式就是 ICS 了。

ICS 即 Internet 连接共享(Internet Connection Sharing),是 Windows 系统对家庭网络或小型 Intranet 网络提供的一种 Internet 连接共享服务。

它实际上相当于一种网络地址转换器,所谓网络地址转换器就是当数据包向前传递的过程中,可以转换数据包中的 IP 地址和 TCP/UDP 端口等地址信息。有了网络地址转换器,将私有地址转换成 ISP 分配的单一的公用 IP 地址,从而实现对 Internet 的连接。

ICS 通常用于包含 2~10 台计算机的网络。是小型办公或家庭办公网络连接到 Internet 的一种简便方法。

开启了 ICS 服务后,能够为客户端提供 ICS 共享服务的服务器称为 ICS 服务端,通过 ICS 服务端共享上网的计算机称为 ICS 客户端。

2. 实现 ICS 共享接入 Internet

ICS 共享接入 Internet 的配置方法简单方便,可以按照以下 4 步来完成。
① 确保 Internet 通路:确认 ICS 服务端能够正常上网。
② 组建对等网:确保各台电脑之间线路连通,可以相互通信。
③ 配置 ICS 服务端。
④ 配置 ICS 客户机。

【课堂示例 3】 在 Windows 7 中配置 ICS 服务端。

本示例的网络环境如图 3-9 所示。网络中的 ICS 服务端有两块网卡,一块命名为"WAN 连接",一块命名为"LAN 连接"。示例的最终目标是实现 ICS 客户机与 ICS 服务端共享上网。

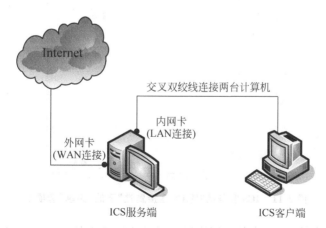

图 3-9 双机 ICS 共享的网络环境示意图

当需求扩展为多台共享时,可以用交换机或集线器作为局域网连接设备,网络环境可以如图 3-10 所示。

① 在 ICS 服务端计算机的桌面上右击"网络"图标,在弹出的快捷菜单中,选择"属性"选项,打开"网络和共享中心"窗口。

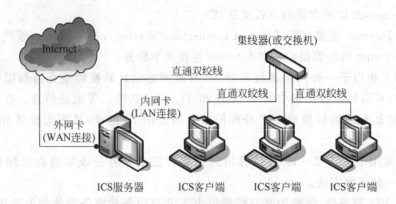

图 3-10 多机 ICS 共享的网络环境示意图

② 在窗口左边的任务窗格中选择"更改适配器设置"选项,打开"网络连接"窗口。本示例服务器安装有两块物理网卡,"LAN 连接"用于连接局域网内部其他主机,"WAN 连接"用于连接外部网络或 Internet(当然,"WAN 连接"也可以改变为无线接入方式)。

③ 右击"WAN 连接",在弹出的快捷菜单中,选择"属性"选项。在"WAN 连接属性"窗口中选择"共享"选项卡,如图 3-11 所示。

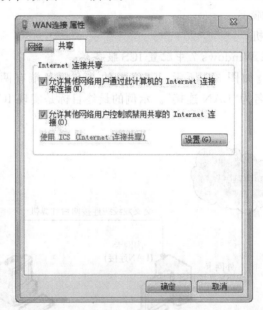

图 3-11 ICS 服务端"WAN 连接属性"下的"共享"选项卡

④ 在该窗口中选中"允许其他网络用户通过此计算机的 Internet 连接来连接"选项,然后,单击"确定"按钮,激活图 3-12 所示的窗口。单击"是"按钮完成 ICS 服务器端的设置。

⑤ 设置完成后,"网络连接"窗口中两块网卡的状态如图 3-13 所示。

⑥ 在"网络连接"窗口中,右击局域网卡"LAN 连接",在弹出的快捷菜单中选择"属

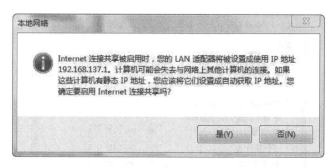

图 3-12 "本地网络"提示窗口

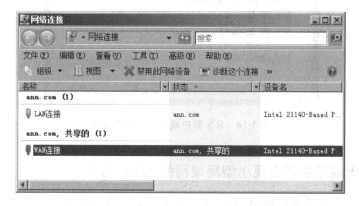

图 3-13 ICS 服务端共享设置后的"网络连接"状态

性"选项。在"LAN 连接属性"窗口中,选中"Internet 协议版本 4(TCP/IPv4)",单击"属性"按钮,打开"Internet 协议版本 4(TCP/IPv4)属性"窗口,其 IP 地址已被自动设置为 192.168.137.1;子网掩码为 255.255.255.0。从而完成了 ICS 服务器端的共享设置。

【课堂示例 4】 在 Windows 7 中配置 ICS 客户端。

① 在 ICS 客户端计算机上右击桌面上的"网络"图标,依次选择"属性"→"更改适配器设置"选项。双击"本地连接"图标,打开"本地连接属性"对话框。在"网络"选项卡的项目列表框中双击"Internet 协议版本 4(TCP/IPv4)",打开"Internet 协议版本 4(TCP/IPv4)属性"对话框。

② 在该对话框中,要将 IP 地址设定成与 Internet 接入计算机的 LAN 网卡相同的网段,即 192.168.137.x(x 为 2~255 的自然数)。在本示例中,将 IP 地址指定为 192.168.137.2,子网掩码为 255.255.255.0。由于采用网关方式共享 Internet,即把 Internet 接入计算机当成网关计算机,所以默认网关应填写 Internet 接入计算机的 IP 地址 192.168.137.1,而首选 DNS 服务器也填写 192.168.137.1。本示例 ICS 客户端的 TCP/IP 属性设置如图 3-14 所示。

③ 以上设置完成并单击"确定"按钮以后,返回系统桌面。此时,作为一台 ICS 的客户端计算机,可以通过 ICS 服务器作网关,共享同一网络连接通路来连接 Internet 了。

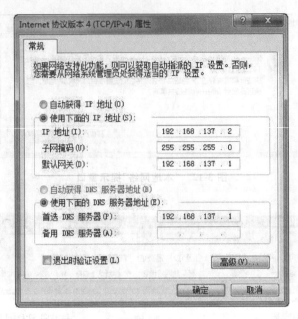

图 3-14　ICS 客户端的 TCP/IP 设置

3.3.2　通过无线路由器实现小型局域网的 ADSL 接入

在家庭或小型办公室网络中,可以方便地采用无线路由器来实现集中连接和共享上网两项任务,因为无线路由器同时兼备无线 AP 的集结和连接功能。

无线路由器通常是即插即用设备,就像有线网络中的桌面集线器或交换机一样,所以无须安装任何驱动程序。它的配置基本上都是通过浏览器进行 Web 方式配置。下面将以 TP-LINK TL-WR941N 无线路由器为例,具体讲解通过无线路由器,实现小型局域网 ADSL 接入的方法。

1. 硬件连接

通过 TP-LINK TL-WR941N 无线路由器实现小型局域网的 ADSL 接入时的硬件连接示意如图 3-15 所示。

2. 设置本地计算机

无线路由器允许通过有线或无线方式进行连接,但是第一次配置时,需要有一台本地计算机使用有线方式连接路由器,从而方便对无线路由器进行初始化设置。在 3-15 所示图中,Computer1 作为本地计算机,对它进行如下操作。

(1) 把它用一根直通双绞线一头插入到无线路由器的其中一个 LAN 交换端口上(注意不是 WAN 端口),另一头插入到一台计算机的有线网卡 RJ-45 接口上。

(2) 连接并插上无线路由器、计算机电源,开启计算机进入系统。

(3) 由于厂家配置的无线路由器 IP 地址为 192.168.1.1,为了与它连通并对它进行配置，需要对 Computer1 的 TCP/IP 属性作如图 3-16 所示的配置。这样，就使得 Computer1 与无线路由器在同一网段，能够相互通信。

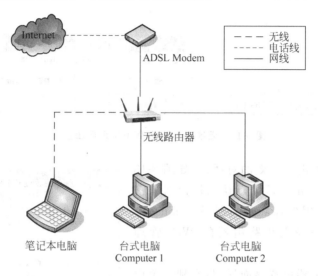

图 3-15　小型局域网 ADSL 共享接入硬件连接示意图

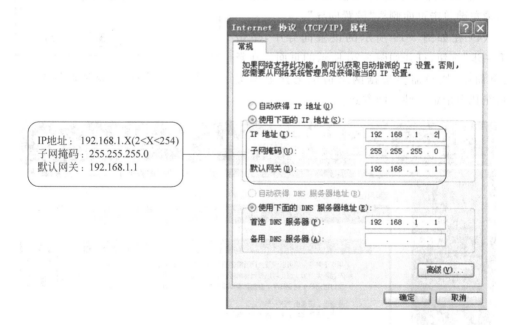

图 3-16　本地计算机 TCP/IP 配置信息

3．无线路由器基本配置

在本地计算机 Computer1 中通过 Web 方式连接无线路由器的管理界面，即可对无线路由器进行基本配置工作。

【课堂示例 5】 无线路由器基本配置（以 TP-LINK TL-WR941N 为例）。

（1）打开 IE 浏览器，在地址栏中输入 http://192.168.1.1，然后再按 Enter 键，如图 3-17 所示。

图 3-17　无线路由器的 Web 管理界面登录

（2）随后将弹出一个新的对话框，如图 3-18 所示。输入无线路由器厂家默认的用户名和密码（出厂时默认为用户名 admin，密码 admin），单击"确定"按钮登录无线路由器的 Web 管理界面。

（3）进入路由器设置界面后，将看到一个设置向导的对话框，如图 3-19 所示。如果没有弹出，请左键单击页面侧栏"设置向导"。

（4）在如图 3-19 所示的设置向导中，单击"下一步"按钮，打开如图 3-20 所示的页面。在新的页面中，用户需要根据网络情况选择上网类型，在其中指定一种上网方式。

图 3-18　无线路由器登录对话框

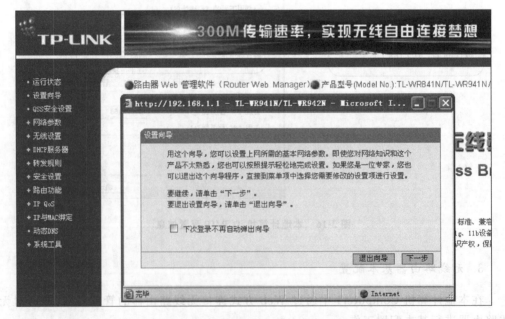

图 3-19　无线路由器 Web 管理界面

TP-LINK 公司的这款无线路由器支持 3 种上网方式，即虚拟拨号 ADSL、动态 IP 以太网接入和静态 IP 以太网接入。因为一般家庭采取的都是 ADSL 虚拟拨号上网，在此选择"ADSL 虚拟拨号（PPPoE）"单选项。

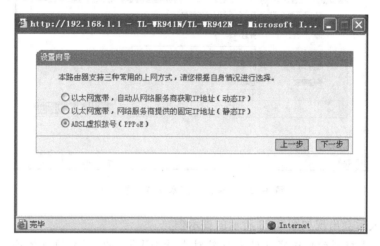

图 3-20　选择上网方式

（5）然后，单击"下一步"按钮，即可打开如图 3-21 所示的页面。在此 ADSL 账号设置页面中，输入申请 ADSL 虚拟拨号服务时网络服务商提供的上网账号及口令。

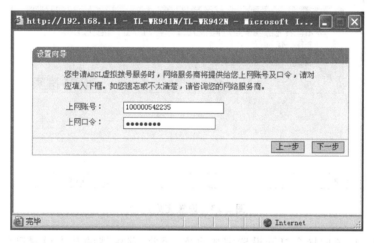

图 3-21　ADSL 账号和口令输入

（6）单击"下一步"按钮，即可打开如图 3-22 所示的路由器无线网络基本参数设置页面。

① 无线状态：开启或者关闭路由器的无线功能设置无线网络参数。
② SSID：设置任意一个字符串来标明所设置的无线网络。
③ 信道：设置路由器的无线信号频段，推荐使用 1、6、11 频段。
④ 信道带宽：设置无线数据传输时所占用的信道宽度，可选项有：20M、40M 和自动。

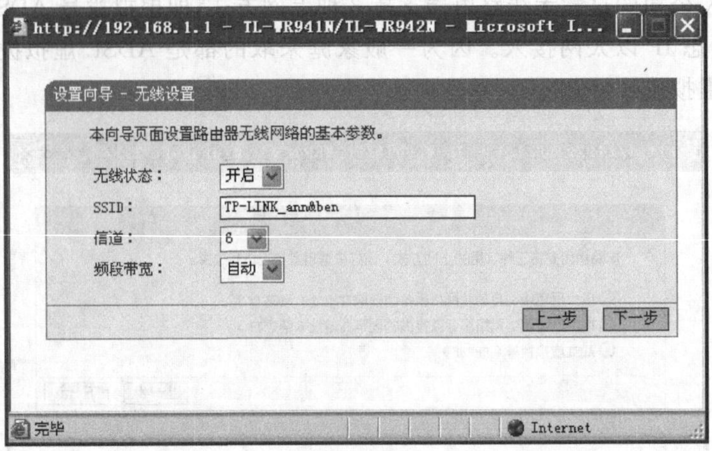

图 3-22 无线网络基本参数设置页面

设置完成后会出现如图 3-23 所示的提示框。

注意：以上提到的信道宽度设置仅针对支持 IEEE 802.11N 协议的网络设备，对于不支持 IEEE 802.11N 协议的设备，此设置不生效。

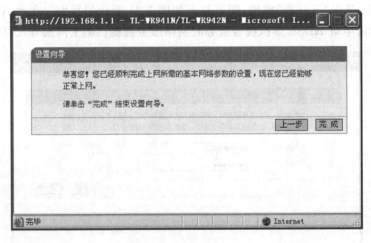

图 3-23 设置完成提示

（7）然后，设置向导会打开设置完成页面，至此，路由器的基本设置已经完成。在路由器管理界面中的"运行状态"中，如果路由器 WAN 口已成功获得相应的 IP 地址、DNS 服务器等信息（如图 3-24 所示），那么就可以打开 IE 浏览器，浏览喜欢的网页了。

无论使用的是有线连接还是无线连接，此安装步骤只需要设置一次，如果局域网中的其他计算机也要上网，只需正确设置计算机的 IP 地址即可。

4．无线路由器高级配置

完成无线路由器的基本配置后，还需要进行一些对后面无线网络客户端配置影响较大的配置选项，如 IP 地址分配方式、无线网络安全认证方式、网络安全配置和管理员口令

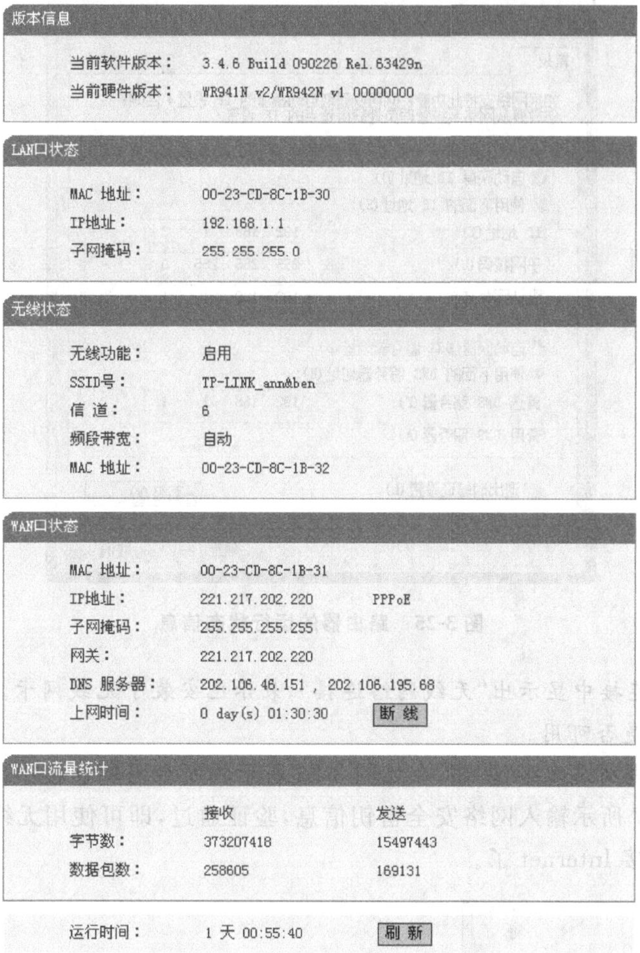

图 3-24 路由器"运行状态"信息

配置等。这些都关系到后面的无线客户端的相关配置,也关系到无线网络的安全,在此不一一细述。请用户根据实际应用的无线路由器产品来进行详细配置。

5. 设置局域网计算机的无线网络连接

【课堂示例 6】 在 Windows 7 中设置无线网络连接。

① 在局域网中的任意计算机中,右击桌面上的"网络"图标,依次选择"属性"→"更改适配器设置"选项。

② 依次选择"无线网络连接"→"属性"→"Internet 协议版本 4(TCP/IPv4)"选项,打开如图 3-25 所示的"Internet 协议版本 4(TCP/IPv4)属性"对话框。此时,只需将 TCP/IP 参数设置为与无线路由器同一网段,并将默认网关及首选 DNS 设置为无线路由器地址即可(如果无线路由器的高级配置选项中,设置了自动分配 IP 地址,则不需要手工设置 TCP/IP 的信息,只需选择"自动获取 IP 地址"即可)。

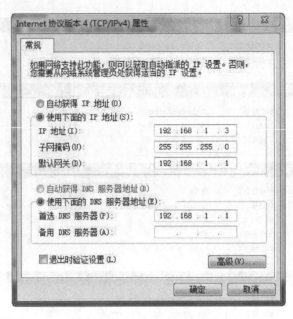

图 3-25 路由器的运行状态信息

提示：网络连接中显示出"无线网络连接"，表示已安装了无线网卡。如果无此连接，请检查无线网卡是否可用。

③ 双击"无线网络连接"按钮，在如图 3-26 所示的所有可用连接中，选择适当的连接名称，在如图 3-27 所示输入网络安全密钥信息，验证通过，即可使用无线局域网，并且通过无线路由器连接 Internet 了。

图 3-26 "连接可用"列表

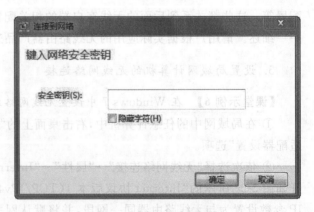

图 3-27 输入安全密钥

3.4 无线接入 Internet

3.4.1 无线接入技术的概念

无线接入技术(Wireless Access Technology)是以无线技术(大部分是移动通信技术)为传输媒介将用户终端与网络节点连接起来,以实现用户与网络间的信息传递的技术。无线接入技术与有线接入技术的一个重要区别在于可以向用户提供移动接入业务。

无线接入技术在当今的社会发挥着巨大的作用,主要应用于电话网、移动通信网、无线通信系统、卫星移动通信系统和个人通信网等。

3.4.2 IEEE 802.11 和 Wi-Fi

IEEE 802.11 或 Wi-Fi 技术致力于解决企业、家庭甚至公共"热点"位置(如机场、酒店及咖啡店)对无线局域网的需要。利用无线网络,用户可以在会议室、走廊、大厅、餐厅及教室中工作并访问网络数据,而无须利用电缆连接到固定网络接口。

Wi-Fi 标准是由美国电子电气工程师学会(IEEE)以及 Wi-Fi 联盟联合制定的,并由业界厂商团体参与测试的。IEEE 802.11 是 IEEE 最初制定的一个无线网络标准,主要用于解决办公室局域网和校园网、用户与用户终端的无线接入问题。业务主要限于数据存取,速率可达 11Mb/s 以上。

由于 IEEE 802.11 在速率和传输距离上都不能满足人们的需要。因此,IEEE 及 Wi-Fi 联盟联合相继推出了 IEEE 802.11b 和 IEEE 802.11a 两个新标准,802.11g、802.11i 等多种版本后来也加入了 Wi-Fi 标准阵营。802.11a 和 802.11b 分别运行在 5GHz 和 2.4GHz 的频段,分别支持 54Mb/s 和 11Mb/s 的速率。

【课堂示例 7】 在 Windows 7 中设置 Wi-Fi 共享。

在没有 Wi-Fi 设备的情况,手机、Pad 无法使用 Wi-Fi 是一件非常郁闷的事,但是可以利用 Windows 7 系统自带的 DOS 命令把笔记本变身为一台无线 AP 发射器。以提供给手机和 PAD 等设备上网。

Windows 7 系统的笔记本电脑的网络连接情况如图 3-28 所示。

(1) 打开"命令提示符"窗口,输入命令 netshwlan set hostednetwork mode=allow ssid=penny key=12345678,启动虚拟 Wi-Fi 网卡,其中 ssid 参数为网络名(可以自定义名称),key 为密钥(设置 8 位以上)。输入命令后,按 Enter 键,会提示启动承载网络,如图 3-29 所示。如果不能启动,则关闭命令提示符,设置以管理员身份运行,再执行 netsh 这条命令。

(2) 接下来,依次选择"网络共享中心"→"更改适配器"选项,会看到一个名叫"无线网络连接 2"的网络连接,如图 3-30 所示,这就是 Windows7 自带的虚拟 Wi-Fi 网卡,接着右击正在连接的"无线网络连接"选择"属性"选项,打开"共享"选项卡,选中"允许其他网

Internet技术与应用教程(第2版)

图 3-28 未设置无线网络连接共享时的网络连接情况

图 3-29 使用 DOS 命令允许承载网络模式

图 3-30 虚拟 Wi-Fi 无线网卡已建立

络用户通过此计算机的 Internet 连接来连接"复选框,并选择"无线网络连接 2"来连接,如图 3-31 所示。

(3)打开"命令提示符"窗口,执行命令 netshwlan start hostednetwork,启动承载网络,如图 3-32 所示。

(4)打开手机的无线局域网络设置界面,会搜到一个刚刚定义的名叫 penny 的网络,如图 3-33 所示,此时输入刚设好的密钥"12345678",即可以享受极速的手机免费Wi-Fi 了。

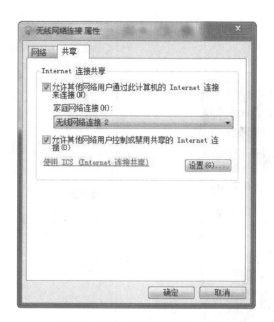

图 3-31　设置共享无线网络连接

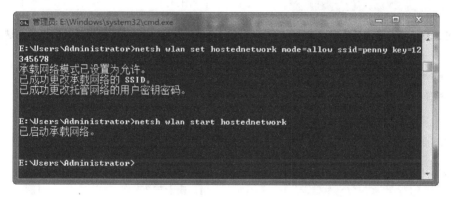

图 3-32　使用 DOS 命令启动承载网络

【课堂示例 8】　通过 iOS 手机的"个人热点"共享接入 Internet。

通过打开"个人热点",用户可以共享 iOS 手机的互联网络,让其他设备连接到 Internet 上。

① 在手机的"设置"界面下,打开手机的移动蜂窝数据(用来连接外网)和无线局域网(用来连接其他设备),如图 3-34 所示。

② 在设置中打开"个人热点",设置"无线局域网"密码,在其他设备连接此个人热点时,需要输入此密码进行验证,方可使用。在图 3-35 中可以看到,其他用户可以通过"无线局域网"查找到这个名为"iPhone(2)"的共享网络。

③ 在一台 Windows 7 的计算机上,如果想使用这一名为"iPhone(2)"个人热点来连接 Internet,只需打开"网络和共享中心",在列出的无线网络列表中,找到这个热点,如图 3-36 所示。

图 3-33 加入虚拟无线局域网

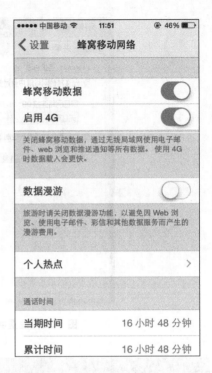

图 3-34 开启手机的移动蜂窝数据和无线局域网

图 3-35 开启个人热点

图 3-36 在 Windows 7 计算机上连接手机的个人热点

④ 单击"连接"按钮，进行这一无线网络连接，如图 3-37 所示。

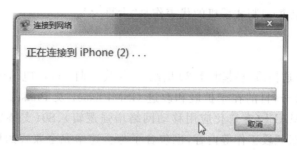

图 3-37　正在连接个人热点

⑤ 第一次连接时，需要输入开户个人热点时设置的无线局域网密码，验证无误后，即可看到如图 3-38 所示的"已连接"状态。此时，计算机就可以借助手机个人热点提供的网络来连接 Internet，使用 Internet 的信息和服务了。

图 3-38　已连接个人热点

另外，在 Android 系统的手机中，系统也自带有让手机变成便携式 Wi-Fi 热点的功能，这样就方便了用户在没有网络的情况下，使用手机流量来提供电脑上网，具体实现方便请读者自行尝试。

3.4.3　移动通信技术

G 是英文 Generation 的缩写，到目前为止，移动通信技术可以分为 4 代，如下所述。

1. 1G 技术

第一代移动通信系统（1G）是在 20 世纪 80 年代初提出的。第一代移动通信系统是基于模拟传输的，其特点是业务量小、质量差、交全性差、没有加密和速度低。1G 主要基于蜂窝结构组网,直接使用模拟语音调制技术,传输速率约 2.4Kb/s。不同国家采用不同的工作系统。第一代模拟制式手机的代表作是"大哥大"。

2. 2G 技术

2G(第二代移动通信系统)起源于 20 世纪 90 年代初期。欧洲电信标准协会在 1996 年提出了 GSMPhase2+,目的在于扩展和改进 GSMPhase1 及 Phase2 中原定的业务和性能。它主要包括 CMAEL(客户化应用移动网络增强逻辑)、S0(支持最佳路由)、立即计费、GSM900/1800 双频段工作等内容,也包含了与全速率完全兼容的增强型话音编解码技术,使得话音质量得到了质的改进;半速率编解码器可使 GSM 系统的容量提高近一倍。在 GSMPhase2+ 阶段中,采用更密集的频率复用、多复用、多重复用结构技术,引入智能天线技术、双频段等技术,有效地克服了随着业务量剧增所引发的 GSM 系统容量不足的缺陷;自适应语音编码(AMR)技术的应用,极大提高了系统通话质量;GPRs/EDGE 技术的引入,使 GSM 与计算机通信/Internet 有机相结合,数据传送速率可达 115/384Kb/s,从而使 GSM 功能得到不断增强,初步具备了支持多媒体业务的能力。尽管 2G 技术在发展中不断得到完善,但随着用户规模和网络规模的不断扩大,频率资源已接近枯竭,语音质量不能达到用户满意的标准,数据通信速率太低,无法在真正意义上满足移动多媒体业务的需求。

3. 3G 技术

3G(第三代移动通信技术)与前两代系统相比,其主要特征是可提供丰富多彩的移动多媒体业务,其传输速率在高速移动环境中支持 144Kb/s,步行慢速移动环境中支持 384Kb/s,静止状态下支持 2Mb/s。其设计目标是为了提供比第二代系统具有更大的系统容量、更好的通信质量,而且要能在全球范围内更好地实现无缝漫游及为用户提供包括话音、数据及多媒体等在内的多种业务,同时也要考虑与已有第二代系统的良好兼容性。

2009 年是我国的 3G 元年,我国正式进入第三代移动通信时代。工业和信息化部为中国移动、中国电信和中国联通发放 3 张第三代移动通信(3G)牌照。中国移动获得 TD-SCDMA 牌照,中国电信获得 CDMA2000 牌照,而中国联通则获得 WCDMA 牌照。

使用具有支持 3G 上网功能的手机,可以访问手机门户网站,使用手机上网业务。

4. 4G 技术

4G(第四代移动通信技术)是集 3G 与 WLAN 于一体,并能够传输高质量视频图像,它的图像传输质量与高清晰度电视不相上下。4G 系统能够以 100Mb/s 的速度下载,比目前的拨号上网快 2000 多倍,上传的速度也能达到 20Mb/s,并能够满足几乎所有用户对于无线服务的要求。此外,4G 可以在 DSL 和有线电视调制解调器没有覆盖的地方部署,然后再扩展到整个地区。很明显,4G 有着不可比拟的优越性。

2013 年 12 月 4 日下午,工业和信息化部向中国联通、中国电信、中国移动正式发放了第四代移动通信业务牌照,此举标志着中国电信产业正式进入了 4G 时代。

思 考 题

1. 请说明以下专用名词的英文全称及中文解释。
   ISP　ADSL　ICS　WAP3G
2. 主要的 Internet 接入技术有哪些？
3. ADSL 有哪些功能特点？请访问当地 ISP 的网站，查看 ADSL 资费方案。
4. 请制订家庭小型局域网接入 Internet 方案，并对这些方案进行比较。
5. 请在网上查询当前无线路由器的主流品牌、产品、价格及功能特点。
6. 通过手机实现移动上网的手段有哪些？
7. 四代移动通信技术各自能达到的最大传输速率是多少？

实 训 项 目

实训环境和条件

（1）网络环境。
（2）2 台以上安装了 Windows 7 以上操作系统的计算机。
（3）ADSL Modem、某种品牌的无线路由器产品。
（4）ISP 的账户和密码。
（5）带有无线网卡的笔记本电脑。

1. 实训 1：通过 ICS 实现 ADSL 共享接入 Internet

（1）实训目标
① 掌握 ADSL Modem 的安装和设置方法。
② 掌握 ICS 共享接入的配置方法。
（2）实训内容
① ADSL 硬件设备的安装及正确连接。
② 局域网设备的连接，包括：集线器、网线、网卡等。
③ 在 Windows 7/Windows8 中安装和设置 ADSL Modem，配置 ICS 服务器端和客户端，从而实现几台计算机共享上网。

2. 实训 2：通过无线路由器实现 ADSL 共享接入 Internet

（1）实训目标
① 掌握无线路由器的安装和设置方法。
② 掌握小型局域网通过 ADSL Modem 无线接入 Internet 的方法。

(2) 实训内容

① ADSL 硬件设备的安装及正确连接。

② 无线路由器的安装及正确连接。

③ 配置无线路由器。

④ 无线局域网设备的连接,包括无线网卡的配置。

⑤ 实现计算机和带有无线网卡的笔记本使用 ADSL 线路共享上网。

3. 实训 3：共享笔记本的 Wi-Fi

(1) 实训目标

掌握共享笔记本 Wi-Fi 的设置方法。

(2) 实训内容

① 使用 DOS 命令允许承载网络模式。

② 建立虚拟无线网卡,并共享无线网络连接。

③ 使用 DOS 命令启动承载网络。

④ 手机搜索 Wi-Fi,并接入 Internet。

4. 实训 4：计算机使用手机的 Wi-Fi 热点共享上网

(1) 实训目标

掌握手机 Wi-Fi 热点的设置方法。

(2) 实训内容

① 开启 iOS 或 Android 手机的 Wi-Fi 热点。

② 计算机搜索手机 Wi-Fi 热点,并接入 Internet。

第二篇　Internet 技术应用

第 4 章
WWW 基础与基本操作

Chapter 4

【学习目标】
(1) 了解：WWW 的发展、工作原理、客户端软件等基本知识。
(2) 掌握：Web 浏览器的功能与基本术语。
(3) 掌握：常用浏览器软件的名称、安装与设置方法。
(4) 掌握：通过 Internet Explorer 搜索信息的技巧。
(5) 掌握：通过"360 安全浏览器"搜索信息的基本技巧。

Internet 是一座装满了各式各样信息文件的宝库，如历史、地理、新闻、气象、旅游、服务、各种专业知识及各类参考资料等，此外还有许多免费的软件、视频、游戏、音频、图像和动画等资源文件，总之，有人们想要的一切。如何才能在这座宝库中快速到自己需要的资源呢？找到后，又如何下载和保存呢？如何打开浏览器就见到自己喜欢的网站？如何保存精彩网站的网址呢？这些都是这章要解决的基本问题。

4.1 WWW 概述

WWW 的出现被公认为是 Internet 发展史上的一个重要的里程碑。在 Internet 的发展过程中，WWW 与之密切结合，推动了 Internet 的广泛应用和飞速发展。

4.1.1 WWW 的发展历史

超文本的概念是特德·尼尔逊于 1969 年前后首先提出的，在随后的每两年举行一次的有关学术会议上，每次都会有百篇左右的超文本方面的学术论文发表，可以谁也没有将超文本技术应用于 Internet 或计算机网络。而蒂姆则及时地抓住了其思想的精髓，首先提出了超文本的数据结构，并把这种技术应用于描述和检索信息，从而实现了信息的高效率存取，从而发明了 WWW 的信息浏览服务方式。因此，蒂姆被认为是 WWW 的创始人。

1989 年 12 月，正式推出 World Wide Web 这个名词。

1991 年 3 月，CERN 向世界公布了 WWW 技术，基于字符界面的 Web 浏览器开始在 Internet 上运行。WWW 的出现，立即在世界引起轰动，并于 1991 年夏天召开了第一次 Web 的研讨会。

1992年开始,一些人开始在自己的主机上研制 WWW 服务器程序,以便通过 WWW 向 Internet 发送自己的信息;另一些人则致力于研制 WWW 浏览器,设计具有多媒体功能的用户使用界面。

1993 年 2 月,用于 X Window 系统的测试版 X Mosaic 问世了。正是这个著名的 Mosaic 使 WWW 迅速风行全世界。

Mosaic 的研制者是美国伊利诺斯大学的美国国家超级计算机应用中心 NCSA 的马克·安德里森。Mosaic 的研制成功使当时才 20 岁的马克在 WWW 领域中成为仅次于蒂姆的著名人物。

随后,WWW 的发展非常迅速,如今 WWW(Web)服务器已经成为 Internet 中最大和最重要的计算机群组。Web 服务器中文档之多、链接之广、超越时空、资源之丰富都是令人难以想象的。可以毫不夸张地说,WWW 不但是 Internet 发展中最具有开创性的一个环节,也是近年来在 Internet 中,发展最快、取得成就最多、最有影响的一个环节。

4.1.2 WWW 相关的基本概念

1. 万维网(World Wide Web,WWW)

WWW 的简称为 Web,也被称为"环球信息网"。Web 是由遍布全球的计算机所组成的网络。Web 中的所有计算机通过 Web 不但可以彼此联系,还可以在全球范围内,迅速、方便地获取各种需要的信息。因此,可以将 Web 理解为 Internet 中的多媒体信息查询平台。它是目前人们通过 Internet 在世界范围内查找信息和实现资源的最理想的途径。WWW 技术包含了 Internet、超文本和多媒体 3 种领先技术。

2. 环球信息网 Web 的基本信息

(1) Web 站点和网页

Web 信息存储于被称为"网页"的文档中,而网页又被存储于名为 Web 服务器(站点)的计算机上。那些通过 Internet 读取网页的计算机,被人们称为"Web 客户机"。在 Web 客户机中,用户通过"浏览器"的程序来查看网页。

总之,万维网是由许多 Web 站点构成的,每个站点又包括有许多 Web 页面。

(2) 网页(Web Page)及其构成

WWW 上的页面通常被称为"网页",又称"Web 页面"。网页包含 4 种基本元素,即文本(text)、图像(image)、表格(table),以及超级链接。

(3) 主页(Home Page)

每个 Web 站点都有自己鲜明的主题,其起始的页面被称为"主页或首页"。如果把 Web 看作是图书馆,Web 站点就是其中的一本书,而每一个 Web 页面就是书中的一页,主页就是书的封面。当人们访问某一个站点时,看到的第一个页面被称为该站点的"主页"(首页),而其他的网络页面则被称为"网页"。

(4) 超链接、超文本和超媒体

① 超链接(Hyperlink)就是已经嵌入了 Web 地址的文字、表格或图形,用来链接各

种 HTML 元素和其他网页,它是 HTML 语言中的重要元素之一。

② 超文本(Hypertext)就是指具有了超级链接功能的文件。通过超文本上的超链接点,可以跳转至其他位置。这些位置可包括硬盘上的其他文件(如 Microsoft Word 文档或 Microsoft Excel 工作表)、因特网或局域网、Internet 地址(如 http://www.microsoft.com)、书签或幻灯片等。超链接的作用域为所提示的文字,一般为蓝色并带下划线,用户单击"超链接"处,就可以跳转至其指定的位置。编辑超文本时,单击"插入"菜单中的"超链接"命令,即可插入超链接。

③ 超媒体(Hypermedia)就是包含有文字(Text)、影像(Movie)、图片(Image)、动画(Animation)、声音(Audio)等多种信息的文件。

(5) Web 站点的地址和协议

每个 Web 站点的主页都具有一个唯一的存放地址,这就是统一资源定位符 URL 地址。URL 不但指定了存储页面的计算机名,而且还给出了此页面的确切路径和访问的方式。

例如,URL 方式的地址 http://www.sina.com.cn/提供了下列信息。

① www.sina.com.cn:中国新浪网站的站点地址。

② http:访问 Web 站点使用的协议是 HTTP,即超文本传送协议。

③ www:表示该 WWW(Web)主机位于名为 sina 的站点上。

④ com:表示该网点是商业机构。

⑤ cn:表示该网点隶属于中国。

3. Web 客户端浏览器的工作过程

① 接入 Internet,如通过 ADSL 拨号连入到 ISP(网通),之后通过该 ISP 连入 Internet。

② 启动客户机上的浏览器(又称导航器),世界上最著名的浏览器工具软件为 IE;使用 Microsoft Windows 各个版本的计算机中,都内置了 IE 程序;当然,也可以使用傲游、火狐等客户端浏览器。

③ 在客户端浏览器的地址栏中,输入以 URL 形式表示的待查询的 Web 页面的地址。按 Enter 键后,浏览器就会接受命令,自动地与地址指定的 Web 站点连通。

④ 在指定的 Web 服务器上,找到用户需要的网页后,会返回给客户端的浏览器程序,并显示要求查询的页面内容。

⑤ 用户可以通过单击 Web 页面上的任意的一个链接,实现与其他 Web 网页的链接,从而达到信息查询的目的。

4.1.3 WWW 的工作机制和原理

从 20 世纪 90 年代中期(1996 年)以后,B/S(浏览器/服务器)结构开始出现,并迅速流行起来。B/S 模式的网络以 Web 服务器为系统的中心,客户端通过其浏览器程序向 Web 服务器提出查询请求(HTTP 协议方式),Web 服务器根据需要向数据库服务器发出数据请求。数据库则根据查询或查询的条件返回相应的数据结果给 Web 服务器,最后 Web 服务器再将结果翻译成为 HTML 或各类脚本语言的格式,并传送给客户的浏览器,用户通过浏览器即可浏览自己所需的结果。从 Web 站点蒋用户需要的信息发送回来,

HTTP 定义了简单事务处理的 4 个步骤,如下所述。

(1) 客户的浏览器与 Web 服务器建立连接。
(2) 客户通过浏览器向 Web 服务器递交请求,在请求中指明所要求的特定文件。
(3) 若请求被接纳,则 Web 服务器便发回一个应答。
(4) 客户与服务器结束连接。

4.1.4 WWW 的客户端常用软件

WWW 的客户端常用软件是浏览器,其中最早普及的就是微软公司的 IE 浏览器。然而,随着信息时代的到来,各种浏览器层出不穷,而且是各具特色,用户一般都会选择一款适合自己的浏览器。随着智能移动设备(手机或平板电脑)的普及,触摸屏大量使用,适用于触摸屏的浏览器也大量出现。

据 CNZZ 2014 年 9 月份的统计数据,中国国内浏览器市场的份额排位见表 4-1。但不同调查机构的同一调查对象结果会有所差异。

表 4-1 CNZZ 统计的国内浏览器市场的份额

排名	计算机市场		智能终端市场	
	浏览器名称	份额/%	浏览器名称	份额/%
1	微软:IE 6~IE 11	36.29	安卓自带手机浏览器	45.14
2	奇虎:360 浏览器系列	27.84	UC 浏览器	23.2
3	谷歌:Chrome	7.74	iPhone 自带的手机浏览器	12.11
4	苹果:Safari	7.46	腾讯 QQ 浏览器	9.65
5	腾讯:浏览器系列	5.86	iPad 自带的浏览器	8.63
6	搜狗:搜狗浏览器	5.47	Opera	0.71
7	2345 浏览器	2.17	塞班自带手机浏览器	0.36
8	猎豹浏览器	2.02	ie_windows phone	0.10
9	傲游:maxthon	1.74	2345 移动浏览器	0.06
10	UC 浏览器	1.5	三星自带手机浏览器	0.02

1. 计算机中常用的浏览器市场份额

在计算机中常用的浏览器份额参见表 4-1 中的左侧两列数据。从计算机市场看:IE、360 浏览器系列和 Chrome 位居前三;其中的 IE 浏览器市场占有率依然排名第一,雄霸了 30% 以上的市场份额。

2. 国内智能终端常用的浏览器市场份额

在智能终端(如手机)中,常用的浏览器份额参见表 4-1 中的最右侧的两列数据;从智能终端市场上看,浏览器方面,安卓自带手机的浏览器占据第一的位置,这主要得益于中国智能设备的不断推新和普及;位列第 2 位的是 UC 浏览器;苹果旗下的 iPhone、iPad 在全球市场的份额虽然坚挺,但在中国的市场份额仅占有 12.11% 和 8.63%。

如今,计算机和各种智能终端设备不断推陈出新,浏览器软件极为普及,每个人都会选择一款自己喜欢且方便使用的浏览器。由于普通用户对浏览器的使用较为熟悉,因此,本书仅以计算机中使用最多的 IE 浏览器为例,介绍浏览器的一些简单应用。

4.2 IE 浏览器的简介与基本操作

4.2.1 IE 浏览器简介

1. IE 浏览器(Internet Explorer,IE)

早期,微软的 IE 浏览器常被集成在微软的操作系统中,如 Windows XP/2003 中集成了 IE 6.0,Windows Vista/2008 中集成了 IE 7.0,Windows 7 中集成了 IE 8,Windows 8 中集成的是 IE 10 和 IE 11。微软在 2014 年 8 月表示终止对老版本浏览器的支持;之后,微软确认于 2015 年 3 月放弃 IE 的品牌,但 IE 仍会存在于某些版本中,如 Windows 10。但使用过 IE 的用户数目之多、普及之广是其他浏览器无可比拟的。随着触摸操作的大量应用,IE 11 与 Windows 10 一样,在外观上与操控上,将更加适应触摸操作。

IE 除了作为微软操作系统 Windows 的默认浏览器外,IE 2~IE 6 均支持苹果 Mac OS/OS X;而 IE 4 和 IE 5 还支持过 X Window System、Solaris 和 HP-UX UNIX;然而,自 IE 7 以后仅支持 Windows 系统。

据 CNZZ 于 2014 年 9 月份发布的最新数据表明,在 IE 的各版本中,位列第一位的是 IE 8.0,其市场份额为 36.29%;位列第二位的是 IE 6.0,其市场份额为 14.6%;位列第三位的是 IE 7.0,其市场份额为 7.05%;而 IE 9.0 的市场份额仅为 3.94%。

微软公司与 2013 年 11 月 8 日正式面向 Windows 7 平台发布了 IE 11 浏览器的正式版,其对系统的要求是 Windows 7 SP1(32/64 位)及 Windows Server 2008 R2 SP1(64 位)。IE 11 支持 95 种语言,加快了页面载入与响应速度,JavaScript 执行效果比 IE 10 快 9%,比同类浏览器快 30%,继续降低 CPU 使用率,减少移动设备上网电量,主打快速、简单和安全功能。本章将以 IE 11 浏览器为示例进行介绍,其特点如下。

(1) 内置的 GPU 可以用来处理一些手势,如缩放、滑动等,触摸响应很灵敏。GPU 优化了图片解码技术可以强化电池续航时间,腾出 CPU 处理动态页面内容,其在 Windows 的移动设备上消耗的电能更少。

(2) 进一步优化了地址栏触摸,便于使用触摸屏的用户更快地获得常用网址。另外还可以获得一些附加即时信息,如天气、股价等。

(3) 最高支持高达 100 个独立窗口标签运行方式,可在标签中自由切换浏览器。

(4) 界面简洁,并具有精美的收藏夹页面。

(5) 触摸化的导航,支持页面预渲染,进一步优化了用户界面。

(6) 硬件加速 3D 网页图形。

(7) 现有网页仍然可以在 IE 11 中运行,且运行的效果更好。

2. 启动 IE 浏览器

双击任务栏或桌面上的 IE 浏览器图标 ,都可以打开图 4-1 所示的 IE 11 浏览器工作窗口。

3. IE 浏览器窗口简介

【课堂示例1】 熟悉 IE 浏览器的窗口。

图 4-1 所示的 IE 11 浏览器，就是用户在 WWW 上浏览、查询信息时的主要工作窗口。图 4-1 所示的 IE 的工具栏主要包含了以下几个常用的部分或按钮。

图 4-1 　 IE 11 浏览器窗口

（1）菜单栏

菜单栏包含了基本的菜单命令。使用鼠标指向菜单命令处并单击，将激活该菜单命令的下拉菜单，可以进一步选择该菜单的子命令。

（2）命令栏

命令（即工具）栏中包含了经常使用的一些菜单命令，它们均以按钮的形式出现。这些按钮的对应功能在菜单中均可以找到。此外，用户还可以根据需要增减工具按钮的数量。由于是全中文界面，各按钮的使用及其含义就不再一一介绍。需要帮助时，用户可以在图 4-1 中，依次选择"帮助→目录和索引"选项，即可对有关主题寻求帮助。

（3）地址栏

地址栏是用户使用最多的栏目。在该栏中键入希望浏览的 URL 地址后，按 Enter 键后 IE 浏览器将会自动地链接到相应的站点，例如当用户输入 http://news.sina.com.cn 地址后，就可以访问图 4-1 所示的"新浪新闻"网站首页。当前的浏览器，很多都支持地址栏搜索功能，即浏览器的地址栏不仅可以用来搜索网站，也可以用来搜索信息。显然这是很实用的功能，IE 11 也具有地址栏搜索功能。

（4）标签栏

如图 4-1 所示，标签栏位于地址栏右侧，主要用于对打开的选项卡进行切换和选择。使用好标签栏，将给用户带来极大的方便。

（5）收藏夹栏

收藏夹栏用于收藏常用网站的链接地址，便于用户快速链接到自己喜欢的网站。建议分类进行设置,用好收藏夹,将获得事半功倍的效果。

4.2.2 IE 浏览器的基本操作

千里之行始于足下,若想熟练掌握 IE 浏览器,还要从最基本的操作开始。

1. IE 11 浏览器工具栏的设置

图 4-1 所示窗口的各种工具栏是可以设置成显示或隐藏。对菜单栏、收藏夹栏、命令栏和状态栏等的设置操作方法如下所述。

(1)方法 1:将鼠标指针指向图 4-1 窗口右上角的空白处并右击,出现图 4-1 中间所示的"工具栏快捷菜单"菜单,可根据需要随时设置要显示或隐藏的工具栏。

(2)方法 2:依次选择"查看→工具栏"选项,展开与方法 1 类似的下拉菜单,并根据自身的需要进行所需工具栏的设置。

2. 打开历史记录或收藏栏

在浏览 Internet 时,用户经常会留下访问的历史足迹,如今天都浏览过哪些网页。通常,没有特殊设置的状态下,浏览记录会存储在"历史记录"中。当用户需要重复访问某个网址时,用好"历史记录"会获得事半功倍的效果。

说明:无论是历史记录中的记录,还是下面收藏夹的收藏,都是指某个 Web 页面在 Internet 上的地址,而不是当时记录或浏览过的内容。由于各个 Web 网站的页面会经常更新,因此之后再次打开这个网址时,网页的内容通常会有所变化。

【课堂示例 2】 访问曾浏览过的 Web 地址。

(1)方法 1:在图 4-2 所示的 IE 11 中,依次选择"查看"→"浏览器栏"→"历史记录(收藏夹、源)"选项,选中菜单中的"历史记录"。

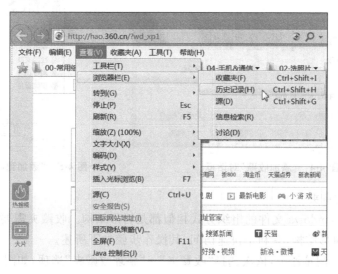

图 4-2 IE 11 中打开"历史记录"方法 1

Internet技术与应用教程（第2版）

（2）方法2：在图4-3所示的IE 11窗口，即可见到浏览器左侧打开的"历史记录"（收藏夹、源）侧边栏；历史记录中记载了曾经浏览过的网页信息，如今天、星期一、上周等；用户可以选择打开某天的文件夹，选中曾经访问过的某个链接，进行再次访问。

（3）方法3：单击图4-1中"地址栏"最右侧的图标 ★ ，便可在浏览器的右侧显示类似于图4-3的侧边栏，如收藏夹、源、历史记录等。

3. Web页面的收藏与收藏夹的管理

图4-3　IE 11左侧边栏的"历史记录"标签

【课堂示例3】　管理和收藏网站的Web网址。

（1）收藏Web网址

为了快速链接到某个网站或网页，如将网址添加到收藏夹栏，操作如下所述。

① 方法1：依次选择"收藏夹"→"添加到收藏夹"选项，打开图4-4所示的"添加收藏"对话框。第一，确定存储位置，如"股票"文件夹，如果需要创建新的文件夹，则应单击"新建文件夹"按钮，创建一个新文件夹进行存储；第二，单击"添加"按钮。

② 方法2：第一，单击"地址栏"后，窗口右上角的 ★ 图标，展开图4-5所示的右侧边栏；第二，选中"收藏夹"标签；第三，选择要存储的位置，如"新闻"；第四，单击"添加到收藏夹"按钮，打开图4-4，按"方法1"中的步骤完成添加任务。

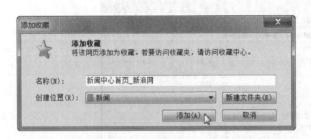

图4-4　"添加收藏"对话框

图4-5　"添加到收藏夹"对话框

（2）管理收藏夹

收藏夹与Windows文件的组织方式相似都是树形结构。收藏夹需要经常进行整理，以保持较好的树形结构，有利于快速访问，其操作步骤如下所述。

① 在IE 11浏览器中，依次选择"收藏夹"→"整理收藏夹"选项，如图4-6所示。

② 在打开的图4-6所示的"整理收藏夹"对话框，选择需要整理的目录。

③ 在整理收藏夹的对话框下部，单击"新建文件夹"按钮，可以新建一个文件夹。

④ 在整理收藏夹的上部对话框中,第一,选中管理对象,如网址或文件夹;第二,单击对话框下部的"新建文件夹""移动""重命名""删除"按钮完成相应的功能,如单击"删除"按钮,删除选中的网址;第三,单击"关闭"按钮,完成管理收藏夹的任务。

(3) 导入和导出收藏夹

【课堂示例4】 Web 网址的存储(导出)与共享(导入)。

计算机重装操作系统后或需要在多台计算机上使用已收藏的网址时,通过收藏夹的导入和导出功能即可快速实现上述目的。存储(导出)与共享(导入)网址的操作步骤如下。

① 导出操作:在已收藏多个网址的计算机中,打开图 4-1 所示的 IE 11 浏览器,依次选择"文件→导入和导出"命令选项,打开如图 4-7 所示的对话框。在随后出现的"导入/导出设置"向导对话框中选择"导出收藏夹"选项后,跟随图 4-8~图 4-11 所示的操作步骤依次进行,即可完成任务。

图 4-6　IE 11 的"整理收藏夹"对话框

图 4-7　IE 11 的导入和导出操作

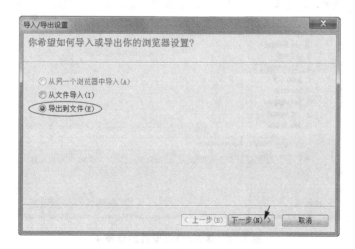

图 4-8　导入/导出设置的步骤 1

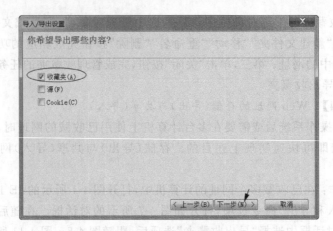

图 4-9 导入/导出设置的步骤 2

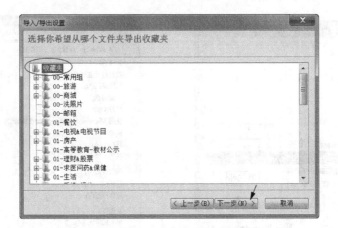

图 4-10 导入/导出设置的步骤 3

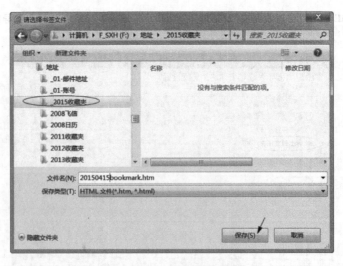

图 4-11 导入/导出设置的步骤 4

② 导入操作：在需要使用收藏网址的计算机中，进行与上述步骤相似的步骤。如在图 4-8 所示的对话框中，选中"从文件导入"选项，随后，跟随向导完成将已保存的收藏夹文件，导入到新计算机的任务。

注意：需要在同一计算机的不同浏览器中共享某浏览器收藏的网址时，在图 4-8 中就应当选择"从另一个浏览器中导入"单选项。

4．通过"收藏夹栏"快速链接到网站

使用链接栏时，在图 4-1 所示的窗口中，在"收藏夹栏"中，单击已收藏的链接目录，如"00-常用组"，便会显示出选中已收藏的链接项目，从中选择需要链接的网站，如"新浪竞技风暴_新浪网"，即可快速链接到该网页，如图 4-5 所示。

5．IE 浏览器的基本应用

对于 IE 浏览器的基本操作，用户都不生疏。一般包括输入网址、前进与后退、中断链接、刷新当前网页等简单操作。

【课堂示例 5】 IE 浏览器的基本操作。

（1）输入网址

在浏览网页时，如果需要输入新的网址，先单击地址栏末端的"停止"图标 ✖；然后，在图 4-1 所示的 IE 11 浏览器的地址栏中，输入新的网页（网站）地址后，按 Enter 键，开始与新网站建立链接。

（2）新建选项卡与多选项卡操作

为了提高上网效率，用户应当多开几个浏览窗口，同时浏览不同的网页。这样可以在等待一个网页的同时浏览到其他网页。不断切换浏览窗口可以更有效地利用网络带宽。

① 快速新建选项卡：在图 4-1 所示的 IE 11 窗口中，单击最后一张选项卡后面的"新建选项卡(Ctrl+T)"按钮 ▫ 或按 Ctrl+T 键，均可新建一个选项卡，如图 4-12 所示；在新的选项卡窗口地址栏中输入网址后，即可浏览到新的网页。

② 命令新建选项卡：依次选择"文件→新建选项卡"选项或者在图 4-7 所示的下拉菜单中，选择"新建选项卡"选项；也可以在 IE 11 窗口增加一个新的选项卡窗口，如图 4-13 所示。

图 4-12　IE 11 的"新建选项卡"按钮

（3）前进与后退

前进和后退操作使得用户能在自己的 IE 11 中，可以在以前浏览过的网页中自由跳转。其操作步骤如下所述。

① 单击工具栏中的"后退"按钮 ⬅，可以返回到当前网页的上一个网页。

② 单击工具栏中的"前进"按钮 ➡，可以浏览当前网页的下一个网页。

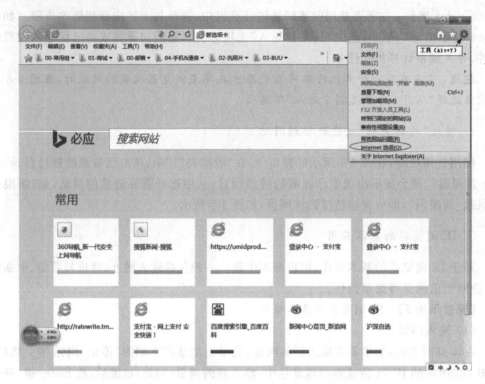

图 4-13 IE 11 的"新建选项卡"对话框

(4) 关闭当前网页

关闭选项卡:单击选项卡的"关闭选项卡 Ctrl+W"按钮 ✗ 或按 Ctrl+W 键,即可关闭当前的选项卡,停止与当前网站器的联系。

(5) 刷新当前网页

在 IE 11 的地址栏中单击末端的按钮 ↻ 或按 F5 键,浏览器会与当前网页的服务器再次取得联系,并显示当前网页的内容。

(6) 返回首页

单击 IE 11 浏览器窗口地址栏右侧的主页按钮 ⌂,或按 Alt+Home 键,IE 11 浏览器都会自动与定义的主页服务器联系,并显示主页的内容。

6. 在 IE 浏览器中定义主页与浏览方式

【课堂示例 6】 IE 浏览器的首页与浏览方式。

(1) 定义主页

如果希望每次进入 IE 11 浏览器时都能自动链接到某一个网址,请按如下步骤进行。

① 在图 4-1 中,单击菜单命令"工具→Internet 选项"选项,或单击地址栏最右侧的 ⚙ 按钮,或按 Alt+T 键,都可以打开如图 4-14 所示。

② 在图 4-14 所示的"常规"选项卡中的"若要创建多个主页选项卡"下面的"地址"文本栏中,输入自己喜爱的网址,如 http://hao.360.cn,单击"应用"按钮,单击"确定"按钮,

完成设置。以后再启动 IE 11 浏览器时,将首先链接到自己定义的主页。

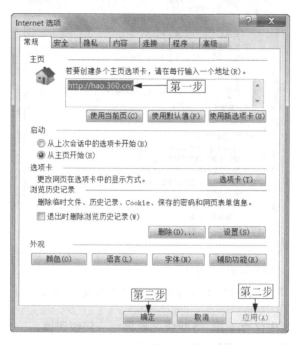

图 4-14　IE 11 的"Internet 选项—常规"选项卡

说明:在图 4-14 的可更改主页栏目,共有以下 3 个可供用户选择的按钮。
- 使用当前页:在打开浏览器时,链接到浏览器设置时所显示的页面。
- 使用默认值:在打开浏览器时,链接到 MSN 中文网的主页面。
- 使用新选项卡:在打开浏览器时,打开一个新的选项卡,显示图 4-13 所示的微软公司的搜索程序"必应"页面。

说明:如果计算机中已安装了安全类软件,如 360 或金山等。由于这些软件通常都有锁定主页的功能,因此可能遇到主页不能更改的情况。此时,建议在安全软件来更换、解锁/锁定、修复 IE 浏览器的主页。这样,既可以拥有自己喜欢的主页,又可以避免木马或其他恶意软件肆意更改你所设定的主页。

(2) 设置打开网页的方式

每个人喜欢的浏览网页时的打开方式是不同的,可以根据自身喜好对 IE 11 进行设置。

① 在图 4-14 所示的"常规"选项卡中,单击"选项卡"按钮。

② 在图 4-15 所示的"选项卡浏览设置"对话框,根据需要进行选择,如选中"始终在新选项卡中打开并弹出窗口"前面的单选按钮,单击"确定"按钮返回上一状态。

③ 在图 4-14 先单击"应用"按钮,再单击"确定"按钮;有的项目有提示,如"在重启计算机后生效",则应当根据提示进行,完成设置。

7. 在浏览器中保存 Web 页面、表格、文字或图片

上网时,有时遇到精彩的页面想要保存;有时为了在有限的上网时间内可以浏览到

Internet 技术与应用教程（第2版）

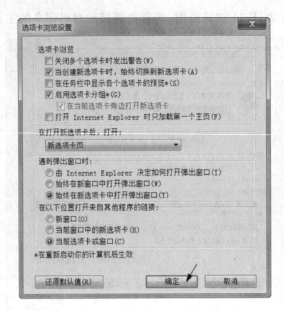

图 4-15　IE 11 的"选项卡浏览设置"对话框

更多的内容，而将页面先保存下来，待断线之后再一一仔细阅读。

【课堂示例 7】　各种类型 Web 页面的保存。

（1）Web 页面的保存与脱机浏览

① 需要保存网页时，只需在图 4-1 所示的 IE 11 浏览器中，选择"文件"→"另存为"选项，打开如图 4-16 所示的对话框。

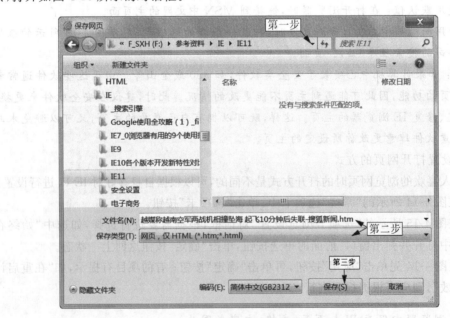

图 4-16　IE 11 的"保存网页"对话框

② 在图 4-16 所示的"保存网页"对话框中,第一,确定保存位置;第二,对文件的"保存类型"与"文件名"进行选择和设置;第三,单击"保存"按钮,完成本项任务。

说明:保存之后,在脱机状态下,双击所保存的文件名即可打开该 Web 页面进行浏览。

(2) 保存 Web 页面上的表格、文字或图片

① 保存 Web 页面上的表格

当用户需要保存网页上的表格信息时,如存储手机通话清单,可按以下步骤进行。

a. 选择网页中要保存的表格:如图 4-17(左)所示,在要保存表格的起始部分,按住鼠标左键,将鼠标拖动到要选择文字的末尾,松开鼠标左键,所选择区域变为深蓝色。

b. 复制:右击后在弹出的快捷菜单选择"复制"选项,如图 4-17(右)所示;或直接按 Ctrl+C 键;或依次选择"编辑"→"复制"选项,均可将所选的内容复制到剪切板中。

c. 粘贴:在 Microsoft Excel 表格处理程序中,打开一个表格。右击后在弹出的快捷菜单选中"粘贴"选项,即可将剪切板中复制的内容"粘贴"到中表格中;最后,在"文件"菜单中,选择"保存"选项,跟随对话框提示即可完成任务。

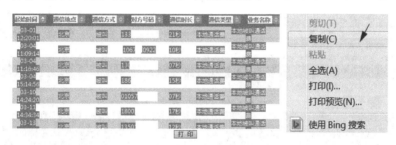

图 4-17　在 IE 11 中保存表格

② 保存 Web 页面上的文字

当用户需要保存网页上少量的文字信息,可以按照以下的步骤进行。

a. 选择要保存的内容:在要保存文字的起始部分,按住鼠标左键拖动到要选择文字的末尾,松开鼠标左键。这时,所选择区域的文字变为深蓝色。

b. 右击:在所选择的文字中右击,弹出快捷菜单。

c. 复制:在激活的快捷菜单中,选择"复制"选项。

d. 粘贴:将所复制的内容"粘贴"到记事本或 Microsoft Word 等文字处理程序中去;然后,在"文件"菜单中,选择"保存"选项,跟随对话框提示即可完成任务。

③ 保存 Web 页面上的图片

a. 选择需要保存的图片后右击,激活快捷菜单。

b. 在激活的快捷菜单中,选择"图片另存为"选项,跟随对话框提示即可完成任务。

4.3　安装和启用 360 安全浏览器

除微软的浏览器 Internet Explorer 外,当前比较流行的浏览器有很多,如 360 安全浏览器、谷歌、世界之窗等多种。用户使用较多和评价较好的是 360 安全浏览器。无论哪种

浏览器,基本操作都是相似的,其他的可以说各具特色,用户可以根据自己的喜好进行选择。

1. 下载和安装 360 安全浏览器

由于 360 有大量的恶意网址库,因此,选择 360 安全浏览器的最大理由是安全。它不但可以即时、有效地拦截有木马的网站,并即时扫描浏览器所下载的文件,使用户减少中毒的可能性。此外,它通过整合在一起的 360 安全卫士、360 杀毒、360 云盘等多种强大的安全防护与应用工具,确保了用户计算机的安全。

【课堂示例 8】 安装 360 安全浏览器。

(1) 打开任意浏览器,如 IE 11,输入网址 http://www.360.cn/,打开如图 4-18 所示的界面。

(2) 在图 4-18 所示的"360 互联网安全中心",选中"360 安全浏览器"→"下载"选项;单击成功下载的软件图标并完成安装过程。

图 4-18 IE 11 的"360 安全中心—下载"页面

2. 360 安全浏览器的基本设置

【课堂示例 9】 360 浏览器的基本设置。

(1) 首页与选项卡的设置

① 双击桌面的 360 安全浏览器图标,在地址栏输入网址即可开始浏览。

② 在"查看"菜单中可以设置自己喜欢的工具栏。

③ 在图 4-18 所示的标题栏中，依次选中"个人服务"→"360 导航"选项，打开如图 4-19 所示的界面。

④ 在图 4-19 所示的 360 安全浏览器中，选择"工具"→"Internet 选项"选项，打开与图 4-14 类似的"Internet 选项"→"常规"选项卡。

图 4-19 360 安全浏览器的"查看"→"Internet 选项"选项

⑤ 将 http://hao.360.cn 设置为 360 浏览器的首页。

⑥ 对 360 安全浏览器的选项卡进行设置。

⑦ 其他设置：360 安全浏览器各种栏目的显示，以及网页显示比例的设置，参见图 4-20。

（2）设置下载文件的默认存储位置

无论使用哪种浏览器，用户都需要设置浏览器下载文件的存储位置。360 浏览器中设置下载文件存储位置与查看已下载文件的操作如下所述。

① 在图 4-19 所示的 360 安全浏览器窗口，依次选择"工具"→"选项"选项。在打开的图 4-20 中，首先选择"基本设置"选项；其次，在"下载位置"项目中，确认浏览器的下载位置，以便找到已下载文件，如需更改，则单击"更改"按钮，重新设置存储位置。

② 在 360 安全浏览器的窗口，单击窗口下端状态栏中的"下载"按钮；在打开的"下载"对话框，既可以查看已下载的文件，也可以转到下载文件所在的目录进行操作；当然，在图中单击"设置"按钮 设置，则可以打开如图 4-20 所示的设置页面，可以进行查看或

修改设置。

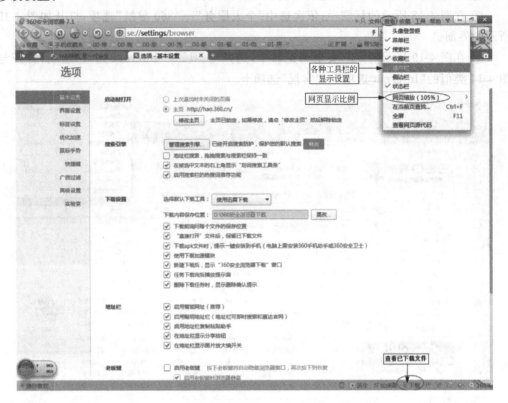

图 4-20　360 安全浏览器的"工具—下载"设置页面

4.4　在 360 安全浏览器浏览 Web 的方法

快速浏览 Web 内容的方法有很多种,本节仅介绍使用较多的几种。

1. 在浏览器的当前页面中搜索指定的文字

【课堂示例 10】　搜索文字。

在网页中搜索文字是经常性的操作,如在 360 安全浏览器的"百度"搜索栏,搜索"如何创建微信群"的步骤如下。

① 输入关键词"如何创建微信群",按 Enter 键,搜索结果如图 4-21 所示。

② 在网页下面,显示了搜索到的信息数量,如搜索出符合要求的结果 717000 条。

③ 在页面单击感兴趣的信息,可以展开进一步阅读。

④ 单击搜索工具符号 ▽搜索工具 ,该行将显示出多种搜索工具 时间不限▼　所有网页和文件▼　站点内检索▼　　　　　　　　∧收起工具 ,用户可以选择使用需要的工具,单击下箭头符号,选择检索方法,如展开图 4-22 所示的"所有网页和文件",可以进一步检索出所需的内容,如选中"微软 Word(.doc)"选项,则只选择 Word 文件;单击"收起工

具"按钮,则还原为图 4-21 的状态 ▽搜索工具 。

图 4-21　360 安全浏览器的"查找—指定内容"的 Web 页面

2. 使用历史清单

【课堂示例 11】　历史清单的在线使用。

当需要查看以前去过的网站时,使用历史清单可以方便、快捷地实现目标。其操作步骤如下。

① 拨号上网,打开图 4-21 所示的 360 安全浏览器。

② 在图 4-23 所示的窗口中,依次选择"工具"→"历史"选项,打开如图 4-24 所示窗口。

图 4-22　"所有网页和文件"下拉菜单

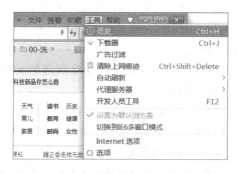

图 4-23　360 安全浏览器的"工具"→"历史"选项

③ 在图 4-24 所示的"历史记录"页面下方,第一行,有"清除此页""清除更多"和"搜索记录"3 个按钮及搜索框,用户可以根据需要进行整理或搜索;第二行,有历史记录的"日期",以及可选择的"按浏览时间排序(默认选项)"和"按站点名称排序"2 个单选按钮。例如,首先选择了具体日期 8 月 26 日;其次,在列出的"标题"中,选择了要重新查看的内

容标题"RSS 订阅";最后,双击该标题即可浏览选定的网址页面。

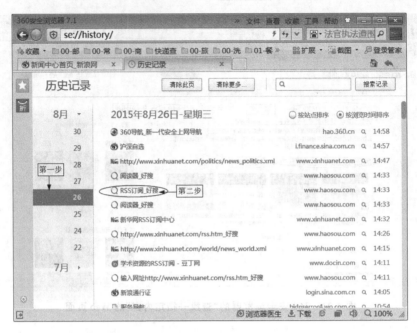

图 4-24　360 安全浏览器中的"浏览历史记录"页面

3. 保存网页

无论是历史记录,还是收藏夹,其中存储的都是 Web 页面或网站的网址,而不是具体的内容。因此,如果遇到自己心仪的 Web 网页或网站,可以先将其存储到本地的文件夹中,以后有时间则可以对以前浏览过的内容再次进行仔细地阅读。

(1) 保存网页的类型

不同浏览器支持的保存网页的类型不同,如图 4-26 所示,360 安全浏览器的保存类型仅有两种;而 IE 11 浏览器保存类型有 4 种之多,如图 4-28 所示。各种保存类型参见下面简单介绍。

①"网页,仅 HTML":仅保存所选的文字与格式,不会保存上面的全部图片,只生成一个 HTML 文件。

②"网页,全部":能够网页上的所有元素都保存。用此方法保存后,在保存位置上除了一个网页文件外,还有一个同名的文件夹,其中包括网页各类元素,如图片等。但是,网页链接的视频和音频是不能保存下来。

③"Web 档案,单一文件":这种类型是尽可能多的保存网页上的所有元素。保存后,保存位置出只生成一个文件,Web 档案是可编辑的文件。

④"文本 TXT":保存位置上,仅生成一个仅包含了网页文字的网件。

(2) 保存网页的操作

【课堂示例 12】　360 安全浏览器中保存 Web 页面。

① 在 360 安全浏览器窗口,打开自己需要存储的 Web 页面,如图 4-25 所示。

② 在图 4-25 所示的窗口，依次选择"文件→保存网页→另存为"选项，打开如图 4-26 所示的对话框。

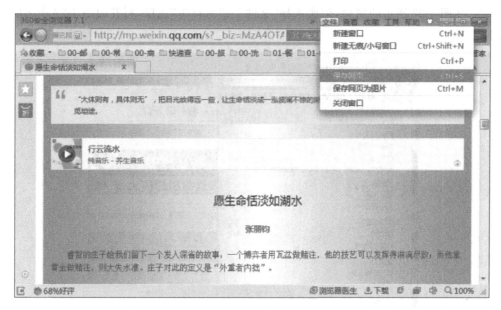

图 4-25　360 安全浏览器的"保存网页"选项

③ 在图 4-26 所示的"另存为"对话框中，第一，用鼠标定位存储位置名；第二，选择保存类型，如选择"网页，仅 HTML"；第三，接受默认的文件名后，单击"保存"按钮，完成 Web 页面的保存。

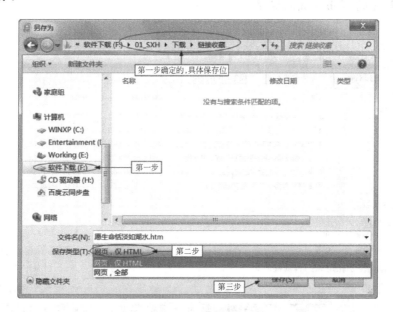

图 4-26　360 安全浏览器的网页"另存为"对话框

【课堂示例 13】 IE 11 浏览器中保存 Web 页面。

① 在 IE 11 浏览器窗口,打开自己需要存储的 Web 页面,如图 4-27 所示。

② 在图 4-27 所示的窗口,依次选择"文件"→"另存为"选项,打开如图 4-28 所示的对话框。

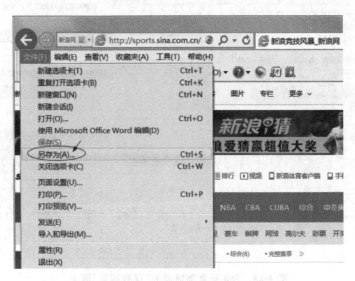

图 4-27　在 IE 11 中保存网页

③ 在图 4-28 所示的"保存网页"对话框中,第一,用鼠标定位存储位置名;第二,选择保存类型,如,选择"Web 档案,单一文件(*.mht)";第三,接受默认的文件名后,单击"保存"按钮,完成 Web 页面的保存。

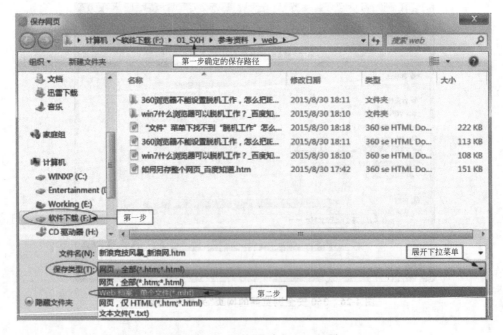

图 4-28　IE 11 的"保存网页"对话框

提示：在某些浏览器中，脱机浏览所保存的网页时，当出现了"脱机下网页不可用"提示框，则表示该网页以前没有访问过，或者是已经清理掉了，因此不能脱机浏览。如果需要浏览该网页，应当先接入 Internet，再单击提示框中的"连接"按钮，即可浏览到选定的内容。

思 考 题

1. 谁是 WWW 的创始人？
2. 什么是 WWW 和 Web？两者有区别吗？
3. WWW 的工作模式（结构）是什么？HTTP 定义的 4 个事务处理步骤是什么？
4. WWW 的客户端软件是什么？常用的有哪些？
5. 什么是主页（Home Page）、网页（Web Page）和超链接（Hyperlink）？在 WWW 浏览器中它们是如何联系在一起的？
6. 如何启动 Internet Explorer 9.0 浏览器运行窗口？IE 11 浏览器中的主要设置有哪些？
7. IE 浏览器的工具栏和菜单栏的作用是什么？
8. 如何在 IE 浏览器中定义主页（首页）？
9. 在 IE 浏览器中，如何将当前页面的地址加入到收藏夹？
10. 如何在其他计算机上使用本机收藏的网址？
11. IE 浏览器中，如何在当前页面搜索指定的文字？
12. 什么是历史清单？如何在 IE 浏览器中，使用历史清单？
13. 在 IE 浏览器中，如何保存当前页面、表格和图片？
14. 什么是标签式浏览？什么是窗口式浏览？当前主流浏览器使用的是什么方式？
15. 在 IE 11 中保存网页的选择类型有哪几种？请简要说明各类存储类型的区别。
16. 经过上网查询和自己测试，请回答以下问题：当在网页上遇到好听的音乐或影视作品时，可以用保存网页的方式保存下来吗？所保存的信息能够进行离线（脱机）欣赏吗？

实 训 项 目

实训环境和条件

（1）有线或无线网卡、路由器、Modem 等接入设备，及接入 Internet 的线路。
（2）ISP 的接入账户和密码。
（3）已安装 Windows 7 操作系统的计算机或安装了操作系统的智能移动设备。

1. 实训 1：浏览器基本操作实训

（1）实训目标

掌握 Internet 中使用 IE 浏览器进行 WWW 信息浏览的基本技术。

(2) 实训内容

完成课堂示例 1～课堂示例 7 中信息浏览基本技术的各项操作。

2. 实训 2：安装和使用 360 安全浏览器

(1) 实训目标

掌握安装和使用新浏览器的技巧。

(2) 实训内容

① 进入一个软件网站。

② 下载和安装 360 安全浏览器。

③ 用 360 安全浏览器实现课堂示例 1～课堂示例 7 中信息浏览的各项基本技术。

④ 用 360 安全浏览器实现课堂示例 8～课堂示例 14 中各项内容。

3. 实训 3：浏览器的高级操作实训——收藏夹的使用

(1) 实训目标

掌握 Internet 中使用收藏夹的技巧。

(2) 实训内容

参照课堂示例 3 完成 IE 11 与 360 安全浏览器中，收藏夹的导出和导入任务，其要求如下所述。

① 在一台计算机上收藏 5 个 Web 站点的网址，通过浏览器的收藏夹导出，并存储到 U 盘上。

② 在另一台计算机上使用 IE 浏览器，导入在①中从 IE 导出并存储在 U 盘的网址。

4. 实训 4：浏览器的高级操作实训——Web 网页的保存

(1) 实训目标

掌握浏览器中，保存和使用 Web 网页的技巧。

(2) 实训内容

参照课堂示例 13 和课堂示例 14 完成 360 安全浏览器和 IE 11 浏览器中，网页保存与离线浏览的任务，其要求如下所述。

① 在一台计算机的 IE 11 浏览器中，搜索到有多种媒体类型的网页，至少包含：文件、图片、声音和视频 4 种类型的 Web 页面；通过浏览器的保存网页的功能，存储到计算机上。

② 断开与 Internet 的连接，使用 IE 浏览器分别打开所存储的不同类型的 Web 页面，写出 4 种（360 浏览器为 2 种）类型的网页，4 种媒体（文字、图像、音频、视频）的 Web 页面在离线访问时的区别；经过上网搜索，总结出各种媒体的保存方法是什么。

第 5 章
信息快速浏览与系统安全维护

Chapter 5

【学习目标】
(1) 了解：搜索引擎的基本知识。
(2) 掌握：常用搜索引擎的使用方法。
(3) 掌握：上网安全与计算机系统维护技术。
(4) 掌握：通过订阅 RSS 源快速获取和浏览网络新闻的技术。
(5) 掌握：通过浏览器的设置加快网页浏览的技术。
(6) 掌握：利用专用软件进行计算机系统维护与上网的安全保护。
(7) 掌握：通过导航网站快速获取有用信息的方法。

当进入 Internet 的时候，面对五光十色的知识宝库，只有基本搜索技术往往是不够的。作为当代大学生，在信息时代，必须掌握快速搜索信息的技能。那么什么是搜索引擎？你听说过 RSS 吗？什么是导航网站？此外，各种黑客往往是无孔不入，当计算机的浏览器被损坏、系统中存在系统漏洞、木马和恶评插件时又该怎么办？上网时应采用哪些基本的安全保护措施？这些都是本章要解决的问题。

5.1 搜索引擎

本节将要介绍知搜索利器"搜索引擎"的使用技巧及相关知识。

5.1.1 搜索引擎简介

1. 搜索引擎(Search Engine)

网上的信息浩如烟海，获取有用的信息则类似于大海捞针，因此，用户需要一种优异的搜索服务，它能够随时将网上繁杂无序的内容，整理为可以随心使用的信息，这种服务就是搜索引擎。从理论角度看，搜索引擎就是指根据一定的策略、运用特定的计算机程序搜集互联网上的信息，在对信息进行组织和处理后，为用户提供检索服务的系统；其代表性产品有 Baidu(百度)、Google(谷歌)、360 搜索、Sogou(搜狗)等。

总之，搜索引擎是对互联网上专门用于检索信息的网站的统称，它包括信息搜集、信息整理和用户查询 3 部分。

2. 搜索引擎的类型

(1) 信息收集方法分类

按照搜索引擎对信息收集方法和提供服务方式进行分类时,可以把搜索引擎分为以下几种。

① 全文搜索引擎。

② 目录索引搜索引擎。

③ 元搜索引擎。

(2) 根据应用领域分类

根据领域的不同,搜索引擎的主要类型有:中文搜索引擎、繁体搜索引擎、英文搜索引擎、FTP 搜索引擎和医学搜索引擎等多种,其中中国用户最常用的还是中文搜索引擎。

(3) 根据工作方式分类

① 目录型搜索引擎。

② 关键词型搜索引擎。

③ 混合型搜索引擎。

3. 常用搜索引擎的名称和网址

随着互联网的普及,各种搜索引擎层出不穷,但搜索引擎的基本功能都相似。在国内外搜索引擎中,用户可以选择自己习惯使用的一种。使用时需注意的是,默认搜索引擎通常与使用的浏览器相关。

(1) 国内搜索引擎

在浏览器中输入 http://engine.data.cnzz.com/,打开 CNZZ 数据中心(中文互联网数据统计分析服务提供商),从中单击于 2014 年 8 月发布的"中国国内搜索引擎市场的占有份额"链接,可以看到各搜索引擎所占的市场份额,排名如下所述。

① 百度:http://www.baidu.com/,市场份额 54.03%。

② 360 搜索:http://www.so.com/,市场份额 29.24%。

③ 新搜狗:http://www.sogou.com/,市场份额 14.71%。

④ 微软必应:http://cn.bing.com/,市场份额 0.95%。

⑤ 谷歌:http://www.google.com/,市场份额 0.34%。

近两年,继谷歌淡出中国市场后,搜索引擎格局出现了较大的变化。据 CNZZ 的最新数据显示,位于市场份额前三位的分别是:百度、360 搜索和新搜狗。可见,目前中国的搜索市场是三强与多极竞争的格局。

(2) 全球搜索引擎排名

根据 2014 年 4 月 22 日的资料显示全球的搜索引擎前 10 名的排名如下所述。

① Google 谷歌:http://www.google.com/,份额 62%。

② 雅虎:http://www.yahoo.com/,份额 12.8%。

③ 百度:http://www.baidu.com/,份额 5.2%。

④ 微软:http://www.bing.com/,份额2.9%。

⑤ NHN(韩国搜索引擎):http://www.naver.com/,份额2.4%。

⑥ eBay:http://www.ebay.com,份额2.2%。

⑦ 时代华纳:http://www.timewarner.com/,份额1.6%。

⑧ Ask.com:http://www.ask.com/,份额1.1%。

⑨ Yandex(俄罗斯搜索引擎):http://www.yandex.com/,份额0.9%。

⑩ 阿里巴巴:http://www.alibaba.com/,份额0.8%。

(3) 国外、港澳台著名的搜索引擎

据资料显示,国内外一些国家使用搜索引擎的份额从高至低的排序如下所述。

① 美国:谷歌(6%)、雅虎(12.8%)、微软必应(15%)。

② 俄罗斯:YANDEX(47%)、谷歌(31%)、RamblerMedia。

③ 阿根廷:谷歌(89%)、facebook、微软必应、雅虎。

④ 中国香港:雅虎(59%)、谷歌、MSN、新浪、LYCOS、GLOBEPAGE。

⑤ 中国台湾:雅虎奇摩(65%)、谷歌、番薯藤、新浪、PCHOME、FORMOSA。

⑥ 日本:雅虎(51%)、谷歌(38%)、RAKUTEN、微软必应、NTT。

⑦ 韩国:NHN(62%)、DAUM(20%)、谷歌、DAUM、谷歌、雅虎。

⑧ 欧洲:谷歌(79%)、易趣、YANDEX、雅虎、微软必应。

(4) 全球著名的搜索引擎

从全球角度看,使用搜索引擎的份额从高至低的排序分别为:谷歌(67%)、雅虎(7%)、百度(7%)、微软必应、易趣、NHN。3大搜索引擎分别是谷歌、雅虎、百度。

5.1.2 常用搜索引擎的特点与应用

面对各种功能强大的搜索引擎时,用户应该如何选择?人们常使用的中文搜索引擎有谷歌、百度、360搜索和搜狗等。下面仅就其中的几个搜索引擎做如下简单介绍。

1. 百度(Baidu)搜索引擎(www.baidu.com)

百度搜索引擎是全球领先的中文搜索引擎,百度公司于2000年1月,在中国成立其分支机构"百度网络技术(北京)有限公司"。

(1) 百度搜索引擎的组成与特点

百度致力于向人们提供"简单,可依赖"的信息获取方式,其搜索引擎由蜘蛛程序、监控程序、索引数据库、检索程序等4部分组成。门户网站只需将用户查询内容和一些相关参数传递到百度搜索引擎服务器上,后台程序就会自动工作并将最终结果返回给网站。

百度在中国各地和美国均设有服务器,搜索范围涵盖了中国内地、中国香港、中国台湾、中国澳门、新加坡等华语地区以及北美、欧洲的部分站点。百度搜索引擎拥有目前世界上最大的中文信息库,总量达到6000万页以上,并且还在以每天几十万页的速度增长。其特点如下所述。

① 百度搜索分为新闻、网页、MP3、图片、Flash和信息快递六大类。

② 都可以转换繁体和简体。
③ 百度支持多种高级检索语法。
④ 百度搜索引擎还提供相关检索。

百度是优秀的中文信息检索与传递技术供应商,在中国所有具备搜索功能的网站中,由百度提供搜索引擎技术支持的超过80%。

（2）使用百度搜索引擎搜索"百度特点"与进入百度产品中心

【课堂示例1】 百度搜索引擎的基本应用与文献检索。

① 打开 IE 11,在地址栏输入 http://www.baidu.com,打开如图 5-1 所示的百度首页。

② 在各搜索引擎中通常都设有网址库,通过网址库可以快速、便捷地搜索到需要的信息。如在图 5-1 中,单击 hao123 选项或在地址栏输入 http://www.hao123.com/,均可打开"百度—hao123 网址之家"页面。在其中单击感兴趣的网址,即可直接进入选中的网站。

③ 在图 5-1 的搜索框中输入关键字"搜索引擎",单击"百度一下"按钮,将显示搜索到的相关的文章,如图 5-2 所示,在窗口右侧显示了其他常用的搜索引擎。

④ 在图 5-2 中的"搜索框"下面一行,单击"更多"选项,即可打开"百度产品大全"页面,如图 5-3 所示。

⑤ "产品大全"涵盖了百度的各种产品,如单击"百度学术"选项,将切换至图 5-4 的"百度—学术"页面,可以提供海量的中英文文献检索。第一,输入要查询的类型和内容,如"学术检索"和"物联网技术";第二,选择要检索文献的时间,如"2015 以来";第三,单击检索图标 ；最后,在检索结果中浏览自己感兴趣的文献。

图 5-1　百度首页

第5章 信息快速浏览与系统安全维护

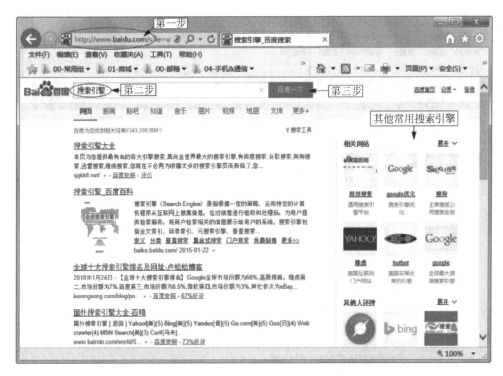

图 5-2 百度搜索结果

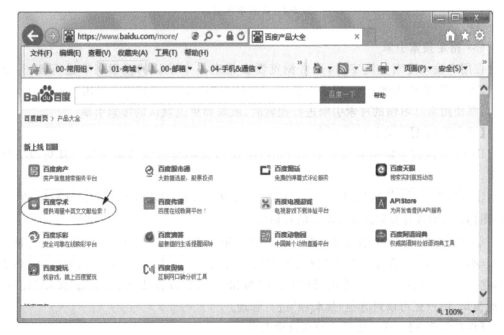

图 5-3 百度"产品大全"页面

图 5-4 百度学术页面

(3) 指定搜索引擎

在用户输入搜索关键字时,通常浏览器会指定一个默认的搜索引擎进行搜索,如 360 安全浏览器的"好搜(360 搜索引擎)";IE 11 的"Bing(必应)"等。当用户希望每次搜索时,都使用自己习惯的搜索引擎进行搜索时,就需要更改默认的搜索引擎。

【课堂示例 2】 更换默认搜索引擎。

IE 11 默认的搜索引擎是微软的 Bing(必应),而不是百度搜索引擎。其更改方法如下。

① 在 IE 11 中,依次选择"工具"→"管理加载项"命令选项,或单击工具栏中的"设置"图标,均可打开如图 5-5 所示的对话框。

② 在图 5-5 所示的"管理加载项"对话框中,可以看到 IE 11 的当前默认搜索引擎是 Bing(必应)。第一,在左侧选中"搜索提供程序";第二,在右侧"搜索提供程序"的列表中,选中"百度"选项;第三,单击"设为默认"按钮;第四,设置成功后,单击"关闭"按钮。在此窗口,用户还可以对其他"加载项"进行管理。

【课堂示例 3】 临时选择非默认搜索引擎。

假定 IE 11 默认的搜索引擎已经设置为"百度",在搜索某些信息时,临时需要使用是微软的 Bing(必应)搜索引擎进行搜索的。其方法如下:在 IE 11 浏览器中,第一,在地址

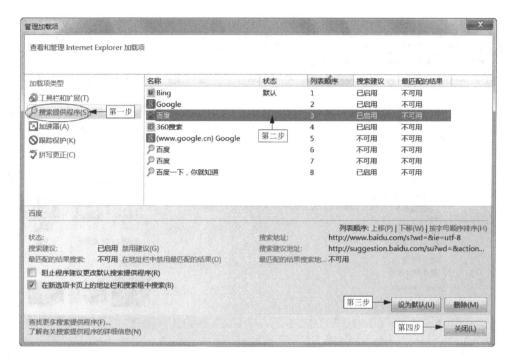

图 5-5　IE 11 的"管理加载项—搜索提供程序"对话框

图 5-6　在 IE 11 中指定搜索程序 Bing

栏输入拟搜索的关键字,如"云技术";第二,单击地址栏后边的下三角按钮▼;第三,展开后单击 Bing(必应)图标,如图 5-6 所示。搜索结果如图 5-7 所示。

(4) 百度搜索引擎的主要特点

① 基于字词结合的信息处理方式:巧妙解决了中文信息的理解问题,极大地提高了搜索的准确性和查全率。

② 支持主流的中文编码标准:包括 GBK(汉字内码扩展规范)、GB2312(简体)、BIG5(繁体),并且能够在不同的编码之间转换。

③ 智能相关度算法:采用了基于内容和基于超链分析相结合的方法进行相关度评价,能够客观分析网页所包含的信息,从而最大限度保证了检索结果相关性。

图 5-7 IE 11 中使用 Bing 查询的结果

④ 检索结果能标示丰富的网页属性：如标题、网址、时间、大小、编码、摘要等，并突出用户的查询串，便于用户判断是否阅读原文。

⑤ 相关检索词智能推荐技术：在第一次检索后，会提示相关的检索词，帮助用户查找更相关的结果，更有利于用户在海量信息中找到自己真正感兴趣的内容。

⑥ 运用多线程技术和高效的搜索算法，基于稳定 UNIX 平台和本地化的服务器，保证了最快的响应速度。

⑦ 检索结果输出支持内容类聚、网站类聚、内容类聚＋网站类聚等多种方式。

⑧ 支持用户选择时间范围，提高用户检索效率。

⑨ 基于智能性、可扩展的搜索技术保证了百度可以快速收集更多的互联网信息。

⑩ 百度拥有目前世界上最大的中文信息库，能够为用户提供最准确、最广泛、最具时效性的信息。

⑪ 具有百度网页的快照功能。

⑫ 支持多种高级检索语法：可以支持与、非、或等逻辑操作，如，＋（AND）、−（NOT）、|（OR）等，使用户查询的效率更高、结果更准。

提示：如果是搜索中文网页，推荐使用"百度"进行搜索；然而，如果搜索的是英文网页，则建议使用"谷歌"进行搜索；实际上，一般的搜索两者差别不大。

2. 谷歌（Google）搜索引擎（www.google.com）

美国斯坦福大学的博士生 Larry Page 和 Sergey Brin 在 1998 年创立了 Google，并于

1999成立Google私人控股公司。近些年来Google已经淡出中国市场,它有个好听的中文名"谷歌"。然而,谷歌搜索引擎目前已退出中国,在中国是不能使用谷歌进行搜索的,如果去国外建议使用谷歌搜索引擎进行搜索。为此,本节仅作简要介绍。

Google每天通过对多达几十亿以上网页的整理,来快速地为世界各地的用户提供搜索结果,其搜索时间通常不到半秒。目前,Google每天提供高达数亿次以上的查询服务。是世界应用最多的搜索引擎,其主要特点如下所述。

(1) 特有的PR技术:PR能够对网页的重要性做出客观的评价。

(2) 更新和收录快:Google收录新站一般在10个工作日左右,是所有搜索引擎收录最快的;其更新频率比较稳定,通常每周都会有大的更新。

(3) 重视链接的文字描述和链接的质量:在谷歌排名好的网站,通常在描述中匀含有关键词,而且有些重复两次,因此,网站建设时,应加强重视描述。

(4) 超文本匹配分析:Google的搜索引擎不采用单纯扫描基于网页的文本的方式,而是分析网页的全部内容以及字体、分区及每个文字精确位置等因素。同时还会分析相邻网页的内容,以确保返回与用户查询最相关的结果。

说明:PR(PageRank)是Google用于评测网页"重要性"的一种方法。PR值是用来表现网页等级的标准,其级别取值为0~10。网页的PR值越高,说明网页的受欢迎程度越高,如PR值为1的网站表明该网站不太受欢迎;而网站的PR值在7~10时,则表明该网站非常受欢迎(即极其重要)。

3. 搜狗搜索引擎(http://www.sogou.com)

搜狗搜索引擎是搜狐公司强力打造的第三代互动式搜索引擎,它通过智能分析技术,对不同网站、网页采取了差异化的抓取策略,充分地利用了带宽资源来抓取高时效性信息,确保互联网上的最新资讯能够在第一时间被用户检索到。此外,在网页搜索平台上,搜狗服务器集群每天的并行更新超过5亿网页。在强大的更新能力下,用户不必再通过新闻搜索,就能获得最新的资讯。此外,搜狗网页搜索3.0提供的"按时间排序"功能,能够帮助用户更快地找到想要的信息。

4. 360搜索引擎(http://www.so.com)

360搜索引擎就是集合了其他搜索引擎,将多个单一的搜索引擎放在一起,提供了统一的搜索页面。当用户搜索关键词时,360搜索会将从百度、谷歌等其他搜索引擎上搜索到的资源进行二次加工,去掉重复的重新排序,经过整理后在给用户呈现。

(1) 360综合搜索的技术特点

① 工作原理:360搜索引擎有自己的网页抓取程序(spider),其顺着网页中的超链接,连续地抓取网页(即网页快照)。由于互联网中超链接的应用很普遍,理论上,从一定范围的网页出发,能搜集到绝大多数的网页。

② 处理网页:360搜索引擎抓到网页后,在进行的预处理工作中,最重要的就是提取

关键词,建立索引文件。此外,还包括去除重复网页、分词(中文)、判断网页类型、分析超链接、计算网页的重要度/丰富度等。

③ 提供检索服务:用户输入关键词进行检索,搜索引擎从索引数据库中找到匹配该关键词的网页。为便于判断,除网页标题和 URL 外,还会提供一段网页摘要及其他信息。

(2) 360 综合搜索的应用

【课堂示例 4】 使用 360 搜索引擎进行公交查询。

① 打开图 4-19 所示的 360 安全浏览器的综合搜索栏目,选择"地图"选项,打开如图 5-8 所示的页面。

图 5-8 360 安全浏览器的"好搜地图—公交线路搜索"页面

② 第一,输入起点位置,如"北京联合大学";第二,输入终点位置;第三,确定线路类型和搜索条件,如"公交"和"较快捷";第四,单击"好搜一下"按钮;第五,选择多方案中的一个,页面右侧会显示出所选路线的地图;单击"发送到手机"按钮,填写手机号码后,可将结果发送到指定的手机上。

5.1.3 搜索引擎的应用技巧

在纷繁的网络信息世界里,保持清晰的思路,正确使用搜索引擎,才能使自己逐步成为一名网络信息查询的高手。搜索引擎可以帮助用户在 Internet 上找到特定的信息,同时也会返回大量无用的信息。当用户采用了下面一些应用技巧后,则能够花较少的时间,找到自己需要的确切信息,取得事半功倍的效果。

此处仅以百度搜索引擎为例:打开浏览器,在地址栏中输入 http://www.baidu.com,进入百度首页。单击"更多"选项,打开百度产品大全页面,其中涵盖了百度搜索相关的各种产品。在产品大全中,排列的九大服务栏目分别是:新上线、搜索服务、导航服务、导航服务、社区服务、游戏娱乐、移动服务、站长与开发者服务、软件工具和其他服务;栏目中的某个功能模块的下方都会有明显的提示信息,如,搜索服务栏目中的"音乐"模块的提示是"搜索试听下载海量音乐"。

各搜索引擎的基本技巧有:类别定位、关键词优化、细化搜索条件、用好布尔逻辑符和强制搜索等。实际应用时,往往是一种或几种技巧同时使用。下面仅介绍几种的常用应用技巧,更多的收获将来源于自己的实践。

1. 类别搜索

很多搜索引擎都提供了类别目录,建议先在搜索引擎提供的众多类别中选择一个,再使用搜索引擎进行搜索。因为,选择搜索一个特定类别比搜索整个 Internet 耗费的时间少得多,从而可以避免搜索大量无关 Web 站点。这是快速得到所需参考资料的基本搜索技巧。

【课堂示例 5】 类别搜索——计算机硬件技术资料。
① 打开 IE 11,输入网址 http://www.baidu.com/more/,打开百度产品大全页面。
② 在"社区服务"栏目下单击"文库(阅读、下载、分享文档)"选项。
③ 在 IE 11 的"百度文库"页面中,第一,选中检索资料的大分类,如依次选择"专业资料"→"IT/计算机"选项;第二,进一步选择小分类,如"互联网";第三,选中"文辑"标签;第四,在文辑中检索、阅读自己需要的文档,如双击"移动互联网"专辑,将打开与该主题相关的多个文档;还可以进一步阅读文辑中的某个文档,如图 5-9 和图 5-10 所示。

2. 关键字(Keywords)搜索

关键词是用户输入搜索框、打算通过搜索引擎查找信息的代表用语;它可以是字、词、句、数字、符号等任何能够输入到搜索框中的信息。所以,关键词就是用户向搜索引擎发出的指令。

使用关键字搜索时,包含单个"关键字"的搜索被称为基本(初级)搜索。人们在使用单个关键字一段时间后,会发现在搜索引擎中搜索到的结果信息浩如烟海,而绝大部分并不符合自身的要求。于是,网民需要学习进一步缩小搜索的范围和结果的方法。值得初学者注意的是:所提供的关键字越具体,搜索的范围就越狭窄,搜索引擎返回的无用信息的可能性也就越小。

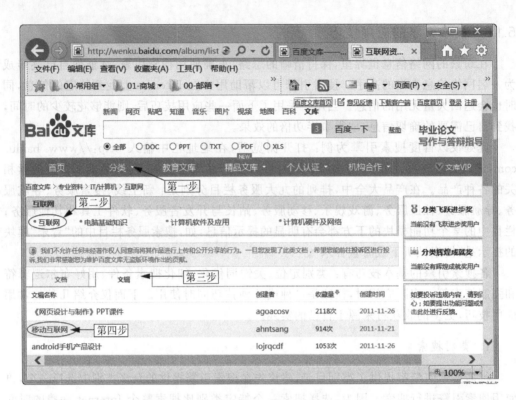

图 5-9　IE 11 中"百度文库—分类检索"页面

图 5-10　"移动互联网"检索结果

(1) 基本搜索：使用单个关键字

第一，输入需要查询的内容（关键词），如"分类检索"，按 Enter 键，或地址栏尾部的 按钮，均可得到默认搜索引擎的处理，如百度处理后的结果如图 5-11 所示共有 7990000 项符合的项目。

(2) 高级搜索：使用多关键字缩小搜索范围

通过使用多个关键字可以极大地缩小搜索范围，如北京用户想了解本地手机流量的收费情况，使用百度搜索多关键字搜索的结果："流量收费"（18100000 个）"手机流量收费"（343000 个）"北京手机流量收费"（135000 个）3 种关键字搜索来说，显然搜索"北京手机流量收费"可以将范围缩至最小，搜索效率最高，也最接近用户的搜索需求。多关键词中空格的作用相当于后边要介绍的布尔逻辑"与"的作用。

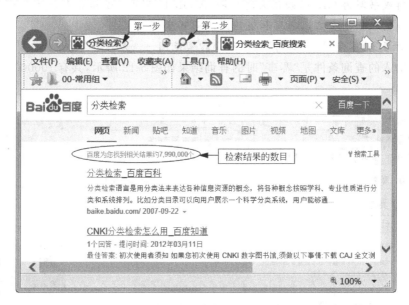

图 5-11 百度检索窗口

(3) 布尔运算符 AND、OR 的应用

搜索引擎大都允许使用逻辑运算符"与（and、AND）""或（or、OR）""非（not、NOT）"作为搜索条件。这 3 种逻辑关系，也可以用＋、OR、－表示，也被称为布尔逻辑符或逻辑运算符；其中逻辑与用来缩小搜索范围，而逻辑或用来扩大搜索范围。

① 逻辑"与"的关系用符号 AND/and 表示，有时也用 & 表示；通常大部分的搜索引擎都将词间的空格默认为 and 运算，如"与"关系表示为"A B"形式，其含义是：搜索 A 和 B 同时出现的所有网页。

② 逻辑"或"的关系多以 OR 表示，如，A 与 B 的"或"关系表示为"A OR B"，其含义是：搜索包含 A，或者包含 B，或者同时包含 A 和 B 的所有网页。

③ 逻辑"非"的关系用 NOT、not、！符号表示。在搜索引擎中"非"关系用 not 或减号"－"表示；如，A 与 B 的"非"关系表示为"A－B"形式，其含义是搜索满足关键词 A 但不

包含 B 的所有网页,即搜索结果中不含有"NOT"后面的关键词。应用时,减号"—"为英文字符。在减号前应留一空格,但"—"和检索词之间不留空格。

说明:每个搜索引擎可以使用的布尔运算符是不同的,有的只允许使用空格,有的只允许大写的 AND、NOT、OR 运算符,有的则大小写通用;有的支持 &、|、! 符号的操作,有的则部分支持其中的符号。因此,对自己习惯的搜索引擎建议查询后再使用,常用的百度和 Google(谷歌)搜索引擎对这 3 种逻辑运算符的使用和表示方法如下所述。

- 百度的使用方法:"逻辑与"的书写符号为"空格",即"A B";"逻辑或"的书写符号为"|",即"A|B"形式;"逻辑非"的书写符号为"—",注意"—"前必须有一个空格,即"A—B"的形式。
- Google 的使用方法:AND(逻辑与)优先,逻辑与书写为空格,使用方法同百度;逻辑或书写为 OR(必须用大写),即"A OR B"形式;逻辑非表示为"—"(注,—前必须输入一个空格),书写和使用方法同百度。

【课堂示例 6】 使用"逻辑与"关系缩小搜索范围——足球赛事。

① 当输入的查询条件是"赛事"时的查询结果如图 5-12 所示,共有 100000000 个搜索结果。

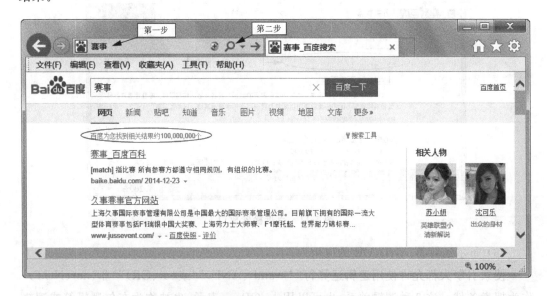

图 5-12 百度单关键字"赛事"的搜索结果

② 当输入的查询条件是"足球 赛事"的查询结果如图 5-13 所示,共有 13600000 个搜索结果;与(1)中比较,明显可见通过"与"的操作缩小了搜索范围,搜索出的信息也会更接近需要查询的内容,用时也会更短。

【课堂示例 7】 使用"逻辑或"扩大搜索范围——篮球或足球赛事。

① 输入的查询条件是"篮球赛事"时,相关的查询结果共有 13500000 条搜索结果。

② 输入的查询条件是"篮球赛事 or 足球赛事"时,共有 29800000 条搜索结果;与(1)中比较,明显可到通过 or 增加了搜索范围。

图 5-13　百度多关键字"足球赛事"的搜索结果

【课堂示例 8】　使用高级搜索工具实现逻辑"非"进行百度搜索。

要查询的是"地图软件谷歌",搜索在"地图软件"中不包含"谷歌地图"的所有网页。

① 输入"地图软件"时,其查询结果有 100000000 个搜索结果。

② 输入"地图软件—谷歌地图"时,其查询结果如图 5-14 所示,共有 20800000 个搜索结果,这些网页中应当都不包含关键字"谷歌地图"。

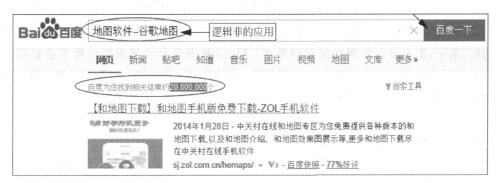

图 5-14　百度中的"逻辑非"搜索结果

3. 其他搜索技巧

（1）使用通配符

通配符包括星号（*）和问号（?）,前者表示匹配的数量不受限制,后者匹配的字符数要受到限制,常用在英文搜索引擎中；如输入"netwo*",就可以找到 network、networks 等单词,而输入"comp？ter",则只能找到 computer、compater、competer 等单词。

【课堂示例 9】　使用通配符"*"进行百度搜索。

搜索"一*当先",表示搜索"一*当先"的四字短语,中间的"*"代表任何单个字符。其操作如下：打开浏览器,在搜索栏目输入字符串"一*当先"后,单击"百度一下"按钮,搜索的结果如图 5-15 所示。

图 5-15 百度中"通配符 * "应用的搜索结果

（2）英文字母大小写是否影响查询结果

很多搜索引擎搜索时，不区分英文字母大小写。所有的字母均被当作小写处理。例如在百度中，输入 Book、book、或是 BOOK，查询的结果都是一样的。

（3）精确匹配—双引号和书名号的应用

大多数搜索引擎会默认对检索的关键词进行拆词搜索，并会返回大量无关信息。然而，很多搜索引擎，如果将查询的关键词用双引号或书名号引起来，则能够得到更精确、数量更少的结果。

① 引号的使用：有些搜索引擎使用中英文形式的引号搜索的结果会有所不同。

② 书名号的使用：查询的关键词加书名号与否，将直接影响搜索结果，它有两层特殊功能，第一，书名号会出现在搜索结果中；第二，被书名号扩起来的内容不会被拆分。在某些情况下是否加书名号结果将显著不同。如查电影《手机》时，如果不加书名号，查出来的信息多数是与通信工具手机相关的，而加上书名号后，《手机》就与电影《手机》十分接近了。

【课堂示例 10】 使用双引号进行精确查找。

① 在百度中查询条件不使用双引号查询"中超足球赛事"时，相关的查询结果共有 9860000 个搜索结果。

② 在百度中查询条件使用双引号查询"中超足球赛事"时，相关的查询结果共有 29200 个搜索结果。与①中比较，明显可见通过双引号的使得结果更加精确。

③ 在好搜在中查询条件使用双引号查询"中超足球赛事"时，相关的查询结果共有 1320 个搜索结果。可见通过双引号结果将更加精确。

④ 在搜狗在中查询条件使用双引号查询"中超足球赛事"时，相关的查询结果共有 3100 条搜索结果。可见通过双引号的结果将更加精确。

【课堂示例 11】 使用书名号进行精确查找。

① 打开 IE 11，在地址栏输入"计算机网络基础"，打开如图 5-16 所示的页面；在图中查找到的是关键词拆分后的所有结果，所以其数量比不使用书名号时多很多。

② 打开 IE 11，在地址栏输入"《计算机网络基础》"，打开如图 5-17 所示的页面；在图中可以准确地找到包含书名号的关键词的所有信息。

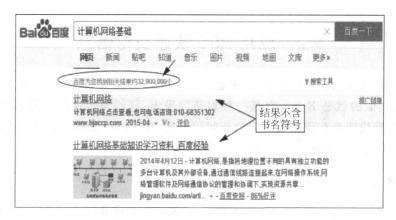

图 5-16　百度中不使用书名号进行查找

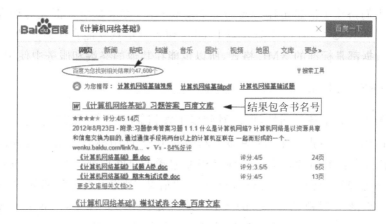

图 5-17　百度中使用书名号进行精确查找

当检索的是计算机网络、网络基础、网络技术基础等相关知识或信息时,可以采用没有书名号的方式;而当查询某本图书资料时,就应当以有书名号方式进行精确查找。

(4) 优化技巧

关键字在搜索引擎中是非常重要的一项,搜索引擎对于关键字的排名是有自己的规则的,而搜索引擎优化,其中的一项主要内容就是对于关键字的建设。搜索引擎优化又称SEO,其主要工作就是将目标公司的关键字在相关搜索引擎中利用现有的搜索引擎规则进行排名提升的优化,使与目标公司相关联的关键字在搜索引擎中出现高频率点击,从而带动目标公司的收益,达到对目标公司进行自我营销的优化和提升。

【课堂示例 12】　提高关键字在百度上排名的技巧。

若想提高某关键字在百度上的知名度,就要充分利用百度知道、百度百科、百度贴吧、百度空间等免费模块。由于百度搜索引擎会优先抓取自己网站中的信息,因此在推广时,第一,选择好关键词,并将其用在所写的文章中;第二,写好与关键字相关的文章,每篇无须太长,100~200 字即可;第三,文章标题应当与选定的关键词匹配;第四,经常更新文章;第五,持之以恒,做好这几点就会提高该关键字的排名。

5.2 应用 RSS 快速获得信息

很久以来，为了获取最新的新闻、消息，人们习惯于订阅报纸和杂志。在互联网上，与报纸和杂志类似的就是 RSS。它是一种集新闻采集、订阅与传递的渠道或工具。通过 RSS，可以准确快速地获取自己订阅的新闻和信息，对于那些依赖互联网的人，RSS 已经成为一种不可缺少的快速获取信息的方式。

1. 什么是 RSS

RSS（Really Simple Syndication，新闻聚合）是一种描述和同步网站内容的格式，也是目前使用最广泛的 XML 应用。

RSS 是人们搭建了信息迅速传播的一个技术平台，使得每个人都成为潜在的信息提供者。发布一个 RSS 文件后，这个 RSS Feed 中包含的信息就能直接被其他站点调用，而且由于这些数据都是标准的 XML 格式，所以也能在其他的终端和服务中使用。

2. 认识 RSS 的标记

在许多新闻信息服务类网站，可以看到以下按钮 、XML、RSS、XML 中的一种，有的网站使用的图标还不止一个，这些都是网站的 RSS 订阅标志。由于这种图标包含有 URL 地址，因此单击它后通常会链接到 RSS 信息源的订阅地址。当然，有的 RSS 信息源就没有这种标志，却在域名中包含有 RSS 相关的信息，因此也是可订阅的 RSS 信息源网站，如"RSS2.0 网上营销新观察"的 URL 地址是：http://www.marketingman.net/rss.xml，其主页为 rss.xml 也明确表明了它是一个可订阅的 RSS 2.0 网站。

3. RSS 的应用特点

（1）快速：通过 RSS 阅读新闻，没有广告、图片的影响，所以可以快速浏览文章的标题、摘要，极大地提高了阅读的信息量。

（2）及时：RSS 阅读器会自动更新自己所定制的网站内容，以保持新闻的及时性。

（3）自行定制：用户可以根据自身的喜好，定制多个 RSS 频道，快速搜集到自己感兴趣新闻源。

4. 订阅与访问 RSS 源

RSS 的主要功能就是订阅网站，订阅那些支持 RSS 订阅的新闻、博客或自己感兴趣的网站。

【课堂示例 13】 订阅 RSS 源。

① 联机上网，打开 IE 11 浏览器，输入含有 RSS 标志的网址，如 http://rss.sina.com.cn/news/。

② 打开如图 5-18 所示的有 RSS 标志的网站，单击 RSS 标志 ，打开如图 5-19 所

示的页面。

③ 第一，确定显示时的排序方式，如日期；第二，单击"订阅该源"链接；在打开的"订阅该源"对话框中，单击"订阅"按钮，完成 RSS 源的订阅任务。

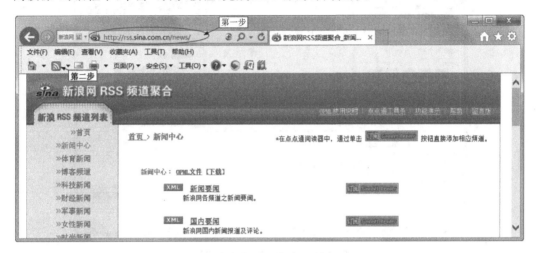

图 5-18　IE 11 中有 RSS 标识的网页

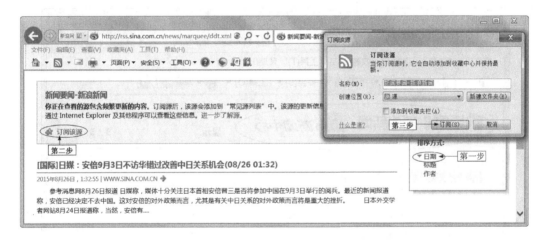

图 5-19　IE 11 中 RSS 网站的订阅页面

【课堂示例 14】　管理和访问已订阅的 RSS 源。

① 联机上网，打开 IE 11 浏览器，第一，在工具栏单击最右侧的"收藏中心"按钮；第二，选中右侧的"源"选项卡；第三，在展开的下拉选项中，可以查看访问或管理已订阅的 RSS 源，如图 5-20 所示。

② 右击要管理和访问的 RSS 源，在弹出的快捷菜单中，可以对已订阅的 RSS 源进行管理，如选择"刷新"选项，可以更新选中的 RSS 源；选择 RSS 项，可以访问订阅的该 RSS，如选择"新闻要闻—新浪新闻"选项，可以打开如图 5-21 所示的页面。

③ 在图 5-21 所示的 RSS（新闻要闻—新浪新闻）窗口，可以阅读到所订阅的新闻，双

击某条新闻可以打开详细新闻窗口,进行仔细阅读。

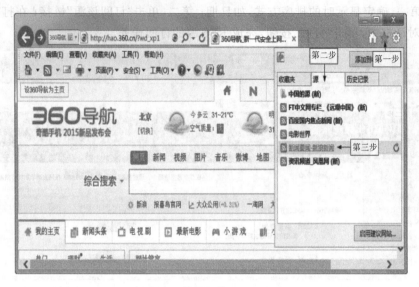

图 5-20　查看和管理 RSS 订阅

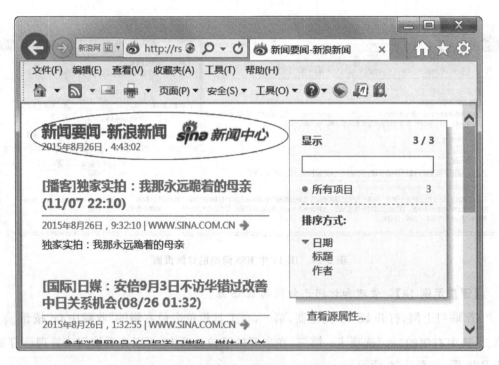

图 5-21　访问订阅的"新闻要闻—新浪新闻"页面

【课堂示例 15】　在 360 安全浏览器订阅一个"新华网"的 RSS 源。

① 联机上网,第一,输入 RSS 源网站的网址,如 http://www.xinhuanet.com/rss.htm,打开图 5-22 所示的页面;第二,选中地址后面的 IE 兼容模式图标 后,按 Enter

键;第三,单击拟订阅 RSS 网站的标志 。注意,如果选择的不是 IE 标志 ,而是默认的"极速"标识 ,则将打开该 RSS 网站的页面源代码。

图 5-22　360 安全浏览器的 RSS 网站的订阅页面

② 在打开的 RSS 网站的订阅页面中,第一,确定显示时的排序方式,如标题;第二,单击订阅该源;在打开的"订阅该源"对话框中,单击"订阅"按钮,完成 RSS 源的订阅任务,参见课堂示例 13 中的步骤(2)、(3)完成所选 RSS 源的订阅。

③ 订阅所选源,成功后如图 5-23 所示,注意提示使用 IE 浏览器或其他可以查看 RSS 的软件查看所订阅的 RSS 源信息,如使用课堂示例 14 的方法可以查看到新订阅的 RSS 源的更新内容。

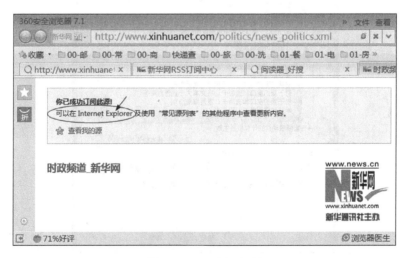

图 5-23　RSS 源已订阅

5.3 提高网页浏览速度

加快网页浏览速度的方法和技巧有很多，概括起来不外乎 3 种：第一，浏览器的设置；第二，通过操作系统的设置；第三，通过网络加速软件。本节仅涉及前两种方法，第 3 种方法将在细节介绍。

5.3.1 通过设置浏览器加速网页浏览

经过操作浏览器、加速软件、操作系统的简单设置后，不但可加快网页浏览、提高网页浏览和网络访问的速度，并进一步提高上网计算机或设备的系统性能与安全。

1. 优化打开网页的内容

如果网速较慢，在浏览网页的一般信息时，为了加快浏览速度，可以只显示文本内容和一般图片，而不下载数据量很大的动画、声音、视频等文件。这样可以有效地提高网页的显示速度。各种浏览器大都提供了关闭系统的动画、声音、视频、插件、图片等项目的功能，用户可以根据自身喜好进行设置，以便改善网页的浏览速度。

【课堂示例 16】 IE 11 浏览网页时仅显示文字和图片。

① 在 IE 11 中，依次选择"查看"→"Internet 选项"选项。

② 在打开的"Internet 选项"对话框中，选择"高级"选项卡。

③ 在"高级"选项卡中，选择"多媒体"选项，清除"在网页中播放动画""在网页中播放声音"等全部或部分多媒体选项中复选框已选中的"√"标记，如图 5-24 所示。

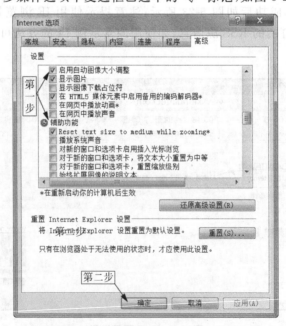

图 5-24 Internet 选项的"高级"选项卡

2. 增加网页缓冲区

增大保存 Internet 临时文件的磁盘空间，可以提高网络浏览的速度。因为临时文件夹中保存了刚浏览和访问过的网页内容；设置后，当用户需要重复访问刚访问过的网页时，就不必再次从网络上下载，而会直接显示临时文件夹中保存过的部分内容。

【课堂示例 17】 利用网页缓冲区快速显示此前浏览过的网页。

IE 11 与其他浏览器都会将浏览过的网页、图像和媒体的副本保存在"Internet 临时文件夹"中，推荐将临时文件夹的空间设为最大，但最好不设置在 C（系统）盘。

① 在 IE 中，依次选择"查看"→"Internet 选项"选项。

② 在打开的"Internet 选项"对话框中，选择"常规"选项卡。

③ 在"常规"选项卡中的"浏览历史记录"下单击"设置"按钮，如图 5-25 所示，打开如图 5-26 所示的对话框。

④ 在"Internet 临时文件"选项卡中的"要使用的磁盘空间"中，设置保存临时文件的磁盘空间；在"当前位置"区域，可以重新设置临时文件的保存位置。

图 5-25 "常规"选项卡

3. 历史记录的设置与优化

"历史记录"记录了浏览器里曾经浏览过的网页，保存的时间越长，积累的网站信息就多。这样，再次打开同一内容时，部分内容就无须从网络下载，浏览速度就会加快。然而，任何事物都有正反两方面，提高保存天数，就会保存很多当前无用的信息，会占用更多的内存、硬盘等资源。因此，如果连接的 ISP 网速高，或者是上网设备资源紧张，就不必保存许多历史记录。

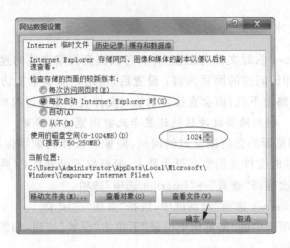

图 5-26　IE 11 的"Internet 临时文件"选项卡

【课堂示例 18】　设置 Internet 历史记录保存的天数。

浏览器使用时,有人经常需要从历史记录中查看曾经访问过的网址,每个浏览器都有默认的保存天数;当访问超过保存天数的记录时,将不再显示。有些用户则不希望别人查看到自己访问的轨迹。此外,计算机的配置一般会比平板电脑、手机高,所以用户应当根据自己设备的情况、应用需求来选择设置历史记录相关的内容。IE 11 历史记录的设置方法如下所述。

① 在 IE 中,选择"查看"→"Internet 选项"选项。

② 在打开的"Internet 选项"对话框中,选择"常规"选项卡。

③ 选中"浏览历史记录"区域中,单击"设置"按钮,打开如图 5-26 所示的对话框。

④ 在图 5-26 中选中"历史记录"选项卡,如图 5-27 所示。

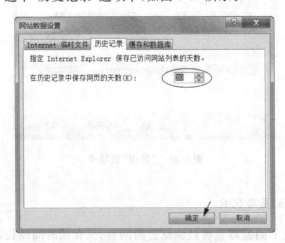

图 5-27　IE 11 的"历史记录"选项卡

⑤ 在图 5-27 将已访问网站的历史记录保持天数设置为 30,单击"确定"按钮。

⑥ 返回图 5-25 所示的"常规"选项卡后,如果选中"退出时删除浏览历史记录"复选

框,则表示不保存浏览的历史记录。设置完成后,单击"应用"按钮完成设置功能;单击"确定"按钮关闭。

5.3.2 通过设置操作系统提高上网的速度

通常上网设备的配置、运行的好坏都会影响到上网的速度。为此,提高了网页浏览速度自然可以加速。用户进行网页浏览时,上网设备打开的窗口过多,或运行的其他程序过多时,系统常常提示虚拟内存不够。加大虚拟内存、关闭无用窗口及内存中运行的程序均可提高上网的速度。

1. 扩大虚拟内存

【课堂示例 19】 设置操作系统的相关选项。

① 右击"计算机"图标,在打开的菜单选中"属性"选项,打开如图 5-28 所示的对话框。

② 在图 5-28 所示的"高级"选项卡中,第一,在"性能"区域,单击"设置"按钮;第二,修改返回后,单击"应用"按钮;第三,单击"确定"按钮,依次关闭各设置对话框;修改参数后,重启计算机后生效。

③ 在图 5-29 所示的"高级"选项卡,第一,在"虚拟内存"区域,单击"更改"按钮,打开"虚拟内存"对话框;第二,修改虚拟内存返回后,单击"应用"按钮;第三,单击"确定"按钮。

图 5-28 "系统属性—高级"选项卡

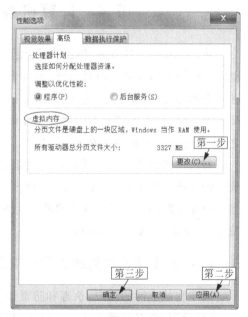

图 5-29 "性能选项—高级"选项卡

④ 在打开的"虚拟内存"对话框中,需要先将管理方式改为"手动",之后更改虚拟内存的位置和大小;最后,单击"确定"按钮。

建议：第一，设置较高的虚拟内存；第二，虚拟内存的存储位置，应尽可能设置在非系统盘（系统盘通常为 C 盘），如 D 或 E 盘。这样下载的程序或文件就可以保存在其他磁盘，这样系统盘 C 盘才能有较大的空间。

2. 适当设置视觉效果

（1）按照课堂示例 19 的步骤(1)～(2)，打开如图 5-29 所示的对话框。

（2）在图 5-29 所示的"高级"选项卡中，第一，选中"视觉效果"选项卡；第二，选中"自定义"前的单选按钮；第三，下面的自定义区域中进行设置，如选中"拖动时显示窗口内容"和"在窗口和按钮上使用视觉式样"前面的复选框。

（3）在各对话框，依次单击"应用"和"确定"按钮；关闭所有对话框，完成设置。

3. 停止不必要的后台服务

（1）右击"计算机"图标，在打开的菜单中选择"管理"选项。

（2）在打开的"计算机管理"窗口中，依次选择"服务和应用程序"→"服务"选项；在右侧窗格中，对于平时不需要的一些后台服务可以设置为禁用、停止或手动，如"传真"及"远程协助服务"等。

（3）在各对话框依次单击"应用"和"确定"按钮，关闭所有对话框，完成设置。

5.4 计算机系统维护与安全防护

随着 Internet 的发展，网络在为社会和人们的生活带来极大方便和巨大利益的同时，也由于网络犯罪数量的与日俱增，使许多企业和个人遭受了巨大的经济损失。利用网络进行犯罪的现象，在商业、金融、经济业务等领域尤为突出，例如，在网络银行和电子现金交易等场合，出现了多起由于网络犯罪而引发的用户严重受损的事件。因此，计算机上网之前，应当考虑到必要的安全防护措施。

如何才能保证上网的计算机免受病毒与黑客的攻击呢？如果维护自己的计算机系统？浏览器损坏了，你该怎么办？如何开启上网时的实时保护措施？什么是系统漏洞，应当如何修补漏洞？下面仅就计算机和上网的安全措施做简单介绍，进一步的安全知识与技术，参见第 10 章的相关内容。

5.4.1 保护上网设备的基本安全措施

对于初始上网的用户，杀毒和防毒是上网之前应当考虑到的。目前，杀毒软件五花八门，各种评测、排名不断推新。全球著名评测机构国际权威评测机构 AV-TEST 于 2015 年 3 月 25 日公布的最新一期杀毒软件的排行榜中，360 杀毒软件首次荣登榜首；卡巴斯基杀毒软件位列第二；BitDefender 杀毒软件位列第三。当然，除了上述几款软件外，中国还有很多不错的杀毒软件，如百度卫士、腾讯电脑管家、金山、瑞星等。

总之,用户上网前,至少要选择一款适合自己的杀毒软件,否则计算机将很快遭到攻击或感染病毒。这里仅以 360 安全卫士和配套的杀毒软件为例,简单介绍安全上网的基本措施。

1. 防病毒感染

(1) 计算机中木马和病毒的区别

① 木马是指隐藏在正常程序中的一段具有特殊功能的恶意代码,是具备破坏和删除文件、发送密码、记录键盘和攻击 DOS 等特殊功能的后门程序。

② 病毒是指编制或者在计算机程序中插入的破坏计算机功能或者破坏数据,影响计算机使用并且能够自我复制的一组计算机指令或者程序代码。

早期的木马和病毒的主要区别是:病毒具有自传播性,即能够自我复制,而木马则不具备这一点。木马的主要目的是盗取密码及其他资料,而病毒的会在不同程度、不同范围内影响电脑的使用。由此可见,早期木马的作用范围是所有使用有木马潜伏的设备中的资料,但不会传染给其他设备;但病毒则会随着 U 盘、邮件、文件等传输媒介传染给其他设备。

在互联网高度发达的今天,木马和病毒的区别正在逐渐减弱或消失,木马为了进入并控制更多的设备,它通常融合了病毒的编写方式。因此,当代木马不仅能够自我复制,还能够通过病毒的手段,来防止专用软件的查杀;而当代病毒有意破坏电脑系统的变种病毒越来越少,基本都采用了后台隐蔽,长期埋伏的木马方式获取用户的信息,感染了病毒的设备常常会定期发作。因此,所以现在的木马和病毒通常是合二而一,为此,通常将二者合称为"木马病毒"。

(2) 安全措施

防止病毒的感染是有效保护自己计算机的最重要的安全策略之一。很多病毒都是利用系统漏洞来感染计算机的,黑客通常是利用给计算机添加的后门,入侵目标计算机中盗取重要信息的。因此,针对性的安全措施主要有以下两点。

① 安装病毒和木马的防火墙。无论何时需要联机上网,都要安装好杀毒和安全防护用的软件。目前,常用的是"360 安全卫士"和配套的杀毒软件组合。

安装杀毒与安全防护软件后,当遇到病毒、木马或攻击时,这些软件就会自动发出报警信号;使得用户可以及时地采取措施,从而可以有效地躲避病毒的感染,以及黑客的攻击。这是因为病毒防火墙可以阻止未经许可的程序运行,防止基于 IP 的攻击,通过监视端口来防止一些非法连接,避免消耗系统的有限资源。

总之,应当经常更新安全防护软件的病毒、木马、恶评软件、恶意插件的信息库,这是最有效的防毒病和木马的方法,也是最经常和最耗时的工作之一。

② 及时下载和安装系统漏洞补丁程序。Windows 操作系统在给大家带来种种方便时,也会由于其自身存在着的某些缺陷(即系统漏洞)而导致病毒的传播,以及黑客的攻击与破坏。因此,为了避免计算机内的电脑重要信息资料遭到致命性的破坏,应该养成定期查看安全公告,及时升级和安装操作系统补丁的良好安全习惯。

2. 防止来自网络上的攻击

(1) 在浏览器中隐藏主机 IP

通过专用软件或者相关设置,可以在使用浏览器访问互联网时,隐藏主机的 IP 地址,从而减少黑客对自己主机的 IP 攻击。

(2) 仅使用 TCP/IP 网络协议

在使用 TCP/IP 技术的 Internet 和 Intranet 网络中,为了加快登录网络的速度,并提高网络安全性,应当关闭除 TCP/IP 协议之外的其他协议。

(3) 在即时工具中隐藏 IP 地址

目前进行网络聊天和即时通信工具很多,这些即时通信软件是很容易被黑客进行恶意攻击的。因此,应当注意在这些软件中,通过设置或其他方法来隐藏自己主机的 IP 地址,从而达到避免和减弱攻击的可能性。如在最流行的网络聊天即时通信工具 QQ 中,就可以通过设置 SOCKS5 代理服务器的方法来隐藏本主机的 IP 地址。

3. 计算机重要信息的备份

在操作系统的注册表和系统文件夹中,记录了 Windows 操作系统的软件、硬件等重要信息。因此,用户应当养成对注册表、系统分区等重要信息进行备份的习惯。这样,一旦系统出现问题,注册表或系统分区等被修改或破坏,可以通过恢复备份的方法迅速恢复系统。有很多软件可以进行注册表和系统分区的备份。如,Windows 或其他上网设备本身的备份工具、超级兔子、Windows 系统优化大师、GHOST 等。

5.4.2 应用计算机的安全防护软件

使用专用的杀毒软件可以有效地防止病毒地侵蚀。在专用安全防护软件中,通过简单的设置,即可自动清理无用插件、使用痕迹、恶评软件、系统垃圾等,从而实现提高上网速度的目的。因此,对于时间和经验都比较少的用户,建议选择和使用一些现成的软件,这样可以带来事半功倍的效果。

当使用互联网时,相信每一位用户都受到过病毒、木马或黑客等的影响,因此,上网安全性的问题是每位用户必须解决的首要问题。通过"360 安全卫士",用户可以进行常规的安全防护和系统修复的工作。其操作界面十分友好,无须太多的专业知识,用户就可以解决好计算机上网的安全问题。360 安全卫士的功能很多,很多操作都是可以自动进行,十分适于普通网络用户使用。

下面仅以几例来说明它在上网安全防护、提高开机和上网速度方面的功能。大家可以举一反三,选择和使用更多的功能,使自己的计算机在上网时能够得到有效的安全保护,并及时清除安全隐患。

【课堂示例 20】 下载和安装"360 安全卫士"软件。

① 打开 IE 11,在地址栏输入网址 http://www.360.cn 后,按 Enter 键。

② 在图 5-30 所示的"360 安全中心—下载"窗口中,选中"360 安全卫士"选项卡。

③ 选中自己需要的软件,如"360 安全卫士"和"360 杀毒"软件后,单击相应的"下载"

按钮;之后,跟随下载向导完成所选软件的下载过程。注意,使用的下载工具不同,自动激活的下载工具将有所不同。

图 5-30　360 互联网安全中心的"360 安全卫士"选项卡

④ 双击已下载的文件"360 安全卫士 10",跟随"360 安全卫士(inst.exe)"和"360 杀毒(360sd_std_5.0.0.5104E.exe)"软件的安装向导,并接受"许可协议",跟随向导,完成安装任务。

1. 进行计算机的"安全体检"

【课堂示例 21】 通过"360 安全卫士"进行计算机的全面体检。

大多数普通用户并不知道如何保护自己的计算机,"360 安全卫士"可以使用户以最简单的方式完成系统的安装体检,一键就可解决系统的漏洞、木马病毒、恶评插件以及潜在的安全隐患等各种安全隐患问题。

① 双击桌面上的"360 安全卫士"图标，打开如图 5-31 所示的窗口。

② 首先应当进行一键式的"立即体检"。查出问题后,可以修复列出的安全隐患,如图中显示了"发现 Guest 未禁用"隐患,通过单击选项后的"禁用账户"按钮,可以修复这个问题;重复这个步骤直到所有安全隐患均被修复。最后,单击"重新检测"按钮进行再次体检,确认修复结果。

2. 查杀木马与计算机体检

(1) 查杀木马

特洛伊木马(Trojan horse),其名称取自希腊神话的特洛伊木马记。木马是一种基于远程控制的黑客工具,具有隐蔽性和非授权性的特点。遭受木马侵袭后,黑客的木马程序可以窃取远程修改文件、修改注册表,控制鼠标、键盘等。因此,清理木马与杀毒一样是一项经常性的工作。经常查杀并清理木马的好处主要有以下几点。

① 可以防止访问恶意网站,进而防止下载其中的木马程序。
② 防止木马程序盗取用户账号和密码。
③ 防止木马程序监控用户的行为,进而获取用户的隐私资料。

(2)计算机体检

上网的很多人并非计算机专家,即使自己的计算机已经不健康,也不会察觉。因此,就像人们需要经常体检以便发现身体的隐患一样,计算机也需要经常体检。这样用户就能够快速、全面地检查计算机存在的风险,检查项目主要包括:盗号木马、高危系统漏洞、垃圾文件、系统配置被破坏及篡改等。发现风险后,通过体检软件通常都能提供修复和优化操作,这样可以及时消除风险和优化计算机的性能。为此,强烈建议每台计算机每周至少体检一次,这样可以大大降低被木马入侵的风险。

【课堂示例22】 通过360安全卫士查杀木马。

① 双击桌面或任务栏的"360安全卫士"图标,打开如图5-31所示的窗口。

② 在图5-31所示窗口中,第一,单击"查杀修复"按钮,打开如图5-32所示的窗口;第二,选择木马查杀的扫描方式,如单击"快速扫描"按钮,即可开始扫描关键区域的木马;如果查到木马,则用单击"查杀"按钮杀死木马。建议至少每周都要做一次全盘扫描。

③ 在图5-31所示的窗口,单击"立即体检"按钮,安全卫士系统将自动对计算机进行故障检测和清理垃圾,检查结果如图5-32所示,单击"一键修复"按钮完成体检。

图5-31 360安全卫士"首页—立即体检"窗口

3. 检测和修复系统漏洞

很多病毒和黑客正是利用Windows操作系统的漏洞来感染和攻击计算机的,而系统补丁就是针对系统漏洞而进行的补救。为此,用户需要及时升级和安装操作系统的补丁;通常默认安装和打开360安全卫士后,系统就会自动检测当前计算机系统是否需要安装系统补丁,如果有需要安装的补丁,会弹出提示窗口。总之,有了"360安全卫士"的帮助,

图 5-32　360 安全卫士"体检与清理垃圾"窗口

对普通用户来说,解决很多安全问题都是自动完成的。

【课堂示例 23】　通过"360 安全卫士"检测和修复系统漏洞。

① 右击通知栏中的"360 安全卫士"图标 ,打开如图 5-33 所示的菜单。

② 单击"设置"按钮,打开如图 5-34 所示的对话框。

③ 在"360 设置中心—漏洞修复"窗口中,根据需要进行选择设置,第一,在"选择目录"选项中确认漏洞补丁文件存放的位置;第二,选中"启用蓝屏修复功能"选项;第三,确定"关闭 Windows Update"选项没有选中;最后,单击"确定"按钮。

提示:Windows Update 是当前大多数 Windows 操作系统都带有的一种自动更新工具,这是基于网络的 Microsoft Windows 操作系统的软件更新服务;通常是用来为漏洞、驱动、软件提供升级。因此,Windows Update 的一项重要功能就是修补系统漏洞。

图 5-33　安全卫士弹出菜单

4. 计算机清理

新计算机或者是重装计算机操作系统后,可以感到系统运行速度快;但是,过了一段时间,计算机运行、启动的速度就会大幅下降。因此,用户要养成定期清理计算机系统垃圾的习惯,以使计算机系统运行更加流畅、快速。

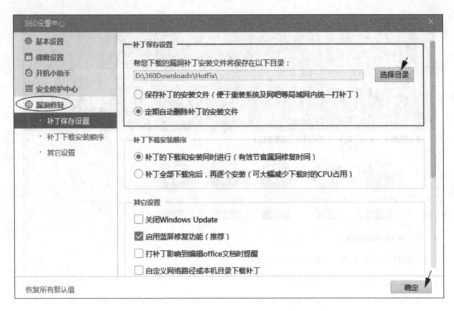

图 5-34 "360 设置中心—漏洞修复"对话框

【课堂示例 24】 通过"360 安全卫士"进行计算机清理。

① 在图 5-33 所示的菜单中,选中"电脑清理"选项,打开如图 5-35 所示的窗口。

② 在图 5-35 所示的"电脑清理"窗口中,"360 安全卫士"会列出计算机中可以清理的选项,如可选的清理项目有垃圾、痕迹、注册表、插件、软件等。第一,勾选需要清理的选项,第二,单击"一键扫描"按钮,系统将自动扫描需要清理的选项,扫描结束后打开如图 5-36 所示的窗口。

③ 在图 5-36 所示的"清理电脑—结果"窗口中,单击"一键清理"按钮,完成清理计算机的任务。

图 5-35 360 安全卫士"清理电脑"窗口

第5章 信息快速浏览与系统安全维护

图 5-36　360 安全卫士"清理电脑—结果"窗口

清理痕迹是很重要的一个选项,当用户访问网站或进行网上商务活动时,很多网站都会要求填用户名、密码,以及其他一些私密信息。对于 IE 等浏览器来说,用户输入的表单信息,访问过的网站历史等都会被自动记录。为了保护自己的账户、密码等私密信息的安全性,就应养成及时清理痕迹的习惯。

5. 开启上网的"实时保护"选项

安全卫士的实时保护功能,可以有效地阻止一些网站、黑客的恶意攻击,极大的提高计算机上网时的安全性。

【课堂示例 25】　通过"360 安全卫士"进行各种实时保护。

① 在图 5-37 的左侧目录中,展开"弹窗设置"选项,选中需要实时保护的项目后,单击"确定"按钮,完成设置。

② 在图 5-38 的左侧目录中,展开"安全防护中心"选项,选中需要实时保护的项目后,单击"确定"按钮,完成设置。

6. 优化加速

进行计算机的优化加速,可以提升计算机系统的运行或启动速度,如,清理不需要随 Windows 启动的项目可以提高计算机的启动速度。

【课堂示例 26】　优化加速。

① 在图 5-33 所示的菜单中,选择"优化加速"选项,打开如图 5-38 所示的对话框。

② 在图 5-39 所示窗口中,第一,选中需要优化的选项;第二,单击"开始扫描"按钮。

③ 在图 5-40 所示的窗口中显示了优化的结果,关闭本窗口,完成任务。

图 5-37 360 设置中心"弹窗设置"对话框

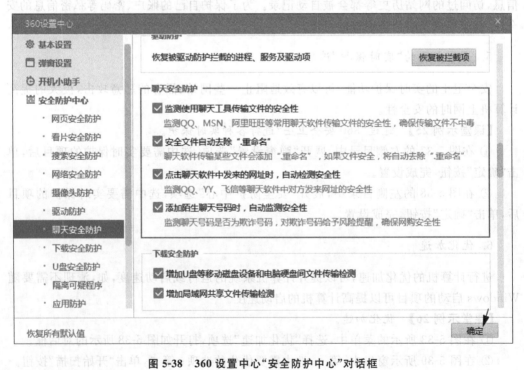

图 5-38 360 设置中心"安全防护中心"对话框

图 5-39　360 安全卫士"优化加速"窗口

图 5-40　360 安全卫士"优化加速—结果"窗口

7. 软件管理

每台计算机都需要安装很多实用软件,管理这些软件是必不可少的操作任务。有了 360 安全卫士,可以简化用户对软件的管理任务,如,升级、卸载应用软件。

【课堂示例 27】　通过"软件管家"管理计算机中安装的软件。

① 右击任务栏的"360 安全卫士"图标 ,打开如图 5-33 所示的菜单。

② 在图 5-33 所示的菜单中,选择"软件管家"选项,打开如图 5-41 所示的窗口。

③ 在图 5-41 所示的窗口中,第一,在工具栏中单击"软件升级"选项卡;第二,单击要升级软件后面的"去插件升级"按钮,之后,等候所选软件的下载和安装结束。

④ 在图 5-41 所示的窗口中,第一,在工具栏中单击"软件卸载",如图 5-42 所示;第

二，单击要卸载的软件后面的"一键卸载"按钮，之后，等候所选软件的卸载结束；最后，关闭窗口完成本任务。

图 5-41　安全卫士"软件管家—软件升级"窗口

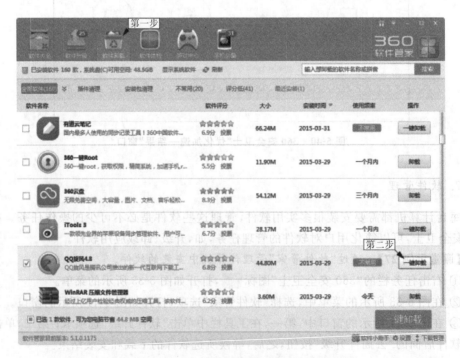

图 5-42　安全卫士"软件管家—软件卸载"窗口

5.5 导航网站的应用

网络上的有很多网站专门提供各类网址信息,找到了这类网站,就像找到了网上浏览的指南针;从而可以轻易地进入到自己需要查询的网站,这就是将要介绍的"导航网站"。

1. 导航网站

导航网站又有网址导航、上网导航、网址中心等称号,实际上就是集合了多个网址,并按照一定条件进行分类的、一种网址集合的网站。

人们为了快速到达自己要进入的网站,而创建了导航网站;这类网站通常将一些热门网站的链接(网址)集中起来,并分类排放,用户通过这类网站的目录,能够快速查找、链接到自己需要的信息及网站。

2. 中国著名的导航网站链接

(1) hao123:http://www.hao123.com,创建于1999年5月,经过10余年的发展,已成为中文上网导航的领先品牌。

(2) 2345网址导航:http://www.2345.com/,该导航站网罗了各种精彩实用的网址,如音乐、小说、NBA、财经、购物、视频、软件及热门游戏网址大全等;此外,还提供了多种搜索引擎入口、实用查询、天气预报、个性定制等实用功能。

(3) 114啦:http://www.114la.com,该网站是最实用的导航之一;它不但提供了多种搜索引擎入口、便民查询工具、天气预报、邮箱登录、新闻阅读等上网常用服务,还提供了快捷、高效的导航帮助,并力求让更多的优秀网站进入网友的视野。

(4) 360安全网址导航:http://hao.360.cn,是最安全的、实用上网导航网站;该网站及时收录了,包括彩票、股票、小说、视频、游戏等多种类型的优秀网站;其服务宗旨是"安全上网,从360开始",其提供的是最简单、便捷的网上导航服务。

(5) 搜狗网址导航:http:// 123.sogou.com/;该网站是上网导航网站中比较权威的一个,它包含音乐、视频、小说、游戏、财经等上百个分类的优秀站点;它提供简单、便捷的网上导航服务,是最受网民欢迎的上网主页之一。

(6) QQ导航:http:// hao.qq.com,是腾讯旗下的导航网站;它是一款与休闲生活密切的优秀导航网站,并为广大用户提供了便捷与安全的网址大全服务。

3. 导航网站的标准与基本要求

(1) 网页设计规范、简洁、美观。
(2) 网站运行稳定,访问速度快。
(3) 收录的网址应精心挑选,所选的网址优秀、覆盖面广,并满足各层次用户的需求。
(4) 收录的网址不得具有反动、色情、赌博等不良内容,不得提供具有不良容的网站链接。
(5) 网站本身不得含有病毒、木马、弹出插件,以及恶意更改他人电脑设置的内容。
(6) 有专人进行维护和定期检查,网站链接应全部有效,并能够链接到符合网站服务目标的内容。

（7）不得使用用户不喜欢的流氓方式进行推广。

（8）网页设计适应互联网发展的需要,尤其是移动互联,手机上网人群的不断增多对于网址导航的要求。这方面主要是网址导航尽可能按照 WAP 标准,少放图片等动态页面。

（9）适应手机浏览器浏览窗口要求,设计对手机用户友好的网址收录页面。

4. 导航应具有的特点

（1）网址导航网站,必须要有一个好的域名,容易让人记住。
（2）设置有让别的站长登录自己网站的接口。
（3）提供免费的内容,且内容全面。
（4）提供多元化的用户体验。
（5）界面简单,因为受众群体大都是初级上网用户。

5. 导航网站应用示例

（1）火车票的查询与订购

随着计算机和智能移动设备的普遍应用,越来越多的旅客逐渐习惯了网上订票的方式。一些专业的软件公司,充分利用了铁路或航空信息管理单位提供的数据,使旅客能够在很多不同的专业网站上,即可进行火车、轮船或飞机票等信息的查询与预定,如达达搜、携程、途牛等。但是,对于火车来说,最权威的应当是中国铁路客户服务中心的 12306 系统;它是铁道部指定的唯一查询网站。12306 庞大的查询及订票功能,使用户可以免除现场排队等待的困扰。而对于飞机票来说,各个航空公司的代理处,应当是用户的首选。

【操作示例 28】 使用 hao123 导航网站搜索火车票价。

① 联机上网,打开 IE 11 浏览器。
② 在地址栏输入 http://www.hao123.com/,打开如图 5-43 所示的主页。

图 5-43 导航网站 hao123 主页

③ 在图 5-43 所示的导航网站 hao123 主页中单击 12306 选项，打开如图 5-44 所示的窗口。

④ 在图 5-44 所示的窗口中单击"票价查询"选项，打开如图 5-45 所示的窗口。

⑤ 在图 5-45 所示的 12306 客户中心页面中，第一，输入出发地/目的地，如"北京/上海"；第二，选择乘坐的列出类型，如"动车"；第三，选择出发日期，如"2015-08-27"；第四，输入验证码；第五，单击"查询"按钮；最后，在窗口的下部将显示出票价。

（2）网上书店购书

传统购书的地点是在书店，而在网上购书时进入的是网上书店。在网上购书时，一般都可以得到折扣，而在大的新

图 5-44 "票价查询"窗口

华书店中购书时，折扣一般很少。因此，通过网络购书，具有便捷、快速和方面的优点。在购书时，快速地找到网络上的书店则是网络购书的关键。

图 5-45 "票价查询—结果"窗口

【操作示例 29】 使用"360 导航"进入当当书店购书。

① 上网后，打开 360 安全浏览器，在地址栏输入 http://hao.360.cn/。

② 在打开图 5-46 所示的"360 导航"页面中，选择"网址管家"→"当当网"选项。

③ 在图 5-47 所示的当当网主页中，第一，在左侧窗格的全部商品详细分类中，选择"图书/..."分类；第二，单击搜索下面的"高级搜索"选项，打开如图 5-48 所示的窗口。

④ 在图 5-48 所示的当当网"图书—高级搜索"页面中，第一，输入搜索条件，如基本条件为作者姓名"尚晓航"，其他条件为"清华大学出版社"等；第二，单击"搜索"按钮，即可获得要购买的书籍；最后，将选定的商品放入"购物车"，并按照屏幕提示完成付款。

（3）在线求职或查询其他实用信息

通过上述操作，用户已经得到了一些有用的启示，这就是无论是网上求职，还是查询

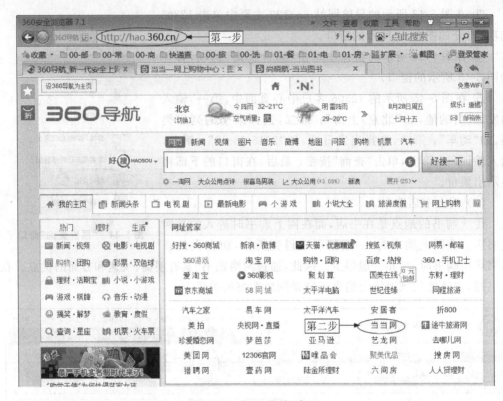

图 5-46 "360 导航"窗口

图 5-47 "当当网—图书—高级搜索"窗口

其他信息的步骤都与生活中的找人类似。在找人时，首先需要地址，日常生活中需要的是住址，而在网络上需要的则是网址，其次，需要查找对象的信息，如姓名等。

【操作示例 30】 在"北京市高校毕业生就业信息网"网站查询。

① 在 IE 浏览器对话框输入网址 http://www.bjbys.net.cn/。

② 在图 5-49 所示的 BJBYS 网站首页中，第一，选择登录身份，如学生；第二，单击"用户注册"选项，跟随向导完成用户注册与登录；第三，选中"简历指导"；在打开的窗口可以得到书写简历的指导；最后，寻求北京就业的用户，还可以查询自己需要的就业信息，以及求职的具体指导。

第5章 信息快速浏览与系统安全维护

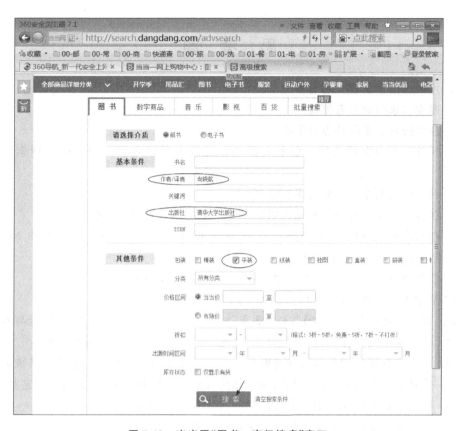

图 5-48 当当网"图书—高级搜索"窗口

图 5-49 BJBYS 北京毕业生就业信息网

思 考 题

1. 什么是搜索引擎？它有哪些功能？
2. 搜索引擎的类型有哪些？
3. 百度搜索引擎的特点有哪些？
4. 国外和国内常用的搜索引擎有哪些？写出中国排名前 3 位的中文搜索引擎的特点。
5. 百度使用的主要搜索技术有哪些？
6. 在百度中是否可以使用通配符"＊"？如果可以，请举例说明。
7. 在百度中，如何实现查询条件的"逻辑与 AND""逻辑或 OR"和"逻辑非 NOT"的操作？请各举一个例子进行说明。
8. 如何通过 IE 浏览器的简单设置来提高网页的浏览速度？
9. 早期木马和病毒是如何定义的？其主要区别是什么？
10. 现在为什么将木马称作"木马病毒"？使用利用 360 安全卫士清除病毒与木马？
11. 什么是木马？什么是恶评插件？使用 360 安全卫士如何清除它们？
12. 上网安全保护的基本措施有哪些？为什么需要及时下载补丁和修复系统漏洞？
13. 为什么要及时清理上网和电脑的使用痕迹？上网查一下，应如何清除这些痕迹？
14. 如何通过 360 安全卫士来提高启动速度和系统的运行速度？
15. 如何通过 360 安全卫士保护浏览器的主页不被修改？
16. 360 杀毒软件有什么作用？
17. 什么是电脑体检？360 安全卫士体检包括哪些项目？
18. 体检有问题如何修复？写出体检可以修复中的 5 项内容。
19. 上网查一下，在 360 安全卫士中如何锁定主页？如何更换锁定的主页？
20. 什么是 RSS？使用 RSS 有什么好处？如何订阅和访问 RSS 源？
21. 当 IE 浏览器被破坏后，如何使用 360 安全卫士修复 IE？写出修复 IE 中的 5 项内容。
22. 断网时 360 安全卫士能够修复网络吗？如果可以，写出具体部件的名称。
23. 如何在网上预定火车票？经过上网查询，写出应当交易时的注意事项。
24. 通过哪个网站，可以帮助了解到与北京大学生就业的相关信息。

实 训 项 目

实训环境和条件

（1）有线或无线网卡、路由器、Modem 等接入设备，及接入 Internet 的线路。

（2）ISP 的接入账户和密码。

(3) 已安装 Windows 7 操作系统的计算机或移动设备。

实训 1：使用搜索引擎

(1) 实训目标

认识和使用搜索引擎查询信息的方法。

(2) 实训内容

① 使用"百度"和"新浪爱问"查询近期北京市宽带网 ADSL 的有关信息。

② 使用"好搜"查询近期有关中超比赛的有关消息。

③ 完成课堂示例 1～课堂示例 12。

实训 2：RSS 的订阅、访问与管理

(1) 实训目标

通过 RSS 的应用快速获得新闻信息。

(2) 实训内容

完成课堂示例 13～课堂示例 15 中的内容。

实训 3：通过 IE 的设置加快浏览速度

(1) 实训目标

通过 IE 的设置提高浏览网页的速度。

(2) 实训内容

完成课堂示例 16～课堂示例 18 中的内容。

实训 4：提升上网速度

(1) 实训目标

通过设置操作系统提高上网的速度。

(2) 实训内容

完成课堂示例 19 中的内容。

实训 5：使用 360 安全卫士

(1) 实训目标

掌握通过 360 安全卫士进行系统维护与上网的安全防护技术。

(2) 实训内容

完成课堂示例 20～课堂示例 27 中的内容。

实训 6：导航网站的应用

(1) 实训目标

掌握通过导航网站进行网上购书、搜索火车、飞机等票务信息；并掌握网上各种实用信息的搜索方法与基本技术。

(2) 实训内容

① 通过关键字"网址大全"的搜索,列出 3 个"导航网站"的网址.

② 完成自己学校地址的查询,如北京联合大学的地址。

③ 完成与从"北京站"至"北京联合大学"的 3 中乘车路线的查询。

④ 完成课堂示例 28～课堂示例 30 中的内容。

实训 7：网上实用信息查询实训

(1) 实训目标

通过关键字"网址大全"进行搜索,列出 3 个导航网站(网址大全)的网址；并利用搜索出的导航网站完成下面的实训。

(2) 实训内容

① 找到网上求职的 5 个网站。

② 进行 2 部手机及 2 部座机的电话号码查询,查出其归属地。

③ 进行 2 个 IP 地址的查询,查出其归属地。

④ 完成 1 个快递单号的"快递信息"的追踪与查询。

⑤ 完成自己喜爱的 mp3 歌曲的查询。

⑥ 在"百度应用"中完成自己身份证的信息查询工作。

第 6 章 电子邮件

Chapter 6

【学习目标】
(1) 了解：电子邮件的有关的基本知识。
(2) 了解：常用电子邮箱的类型。
(3) 掌握：网易闪电邮的使用方法。
(4) 掌握：在移动设备中电子邮件客户端软件的使用方法。
(5) 掌握：电子邮件的应用技术与使用技巧。

在 Internet 中，如何注册邮件账户？什么是邮件服务器，如何获得其地址信息？如何一次收取多个电子邮箱中的电子邮件？如何设置，才能在重装系统后，仍能看到原来邮箱中的邮件？什么是地址簿，如何管理它？总之，有关邮件系统的各种应用技术，已经成为各行各业的人们以及各种专业的学生都需要掌握的一种实用技术。

6.1 电子邮件的基础知识

电子邮件(E-mail)是一种利用电子手段提供信息交换的通信方式，是互联网应用最广的服务。通过网络的电子邮件系统，用户可以以非常低廉的价格、非常快速的方式与世界上任何一个角落的网络用户联系。

电子邮件可以是文字、图像、声音等多种形式。同时，用户可以得到大量免费的新闻、专题邮件，并实现轻松的信息搜索。电子邮件的存在极大地方便了人与人之间的沟通与交流，促进了社会的发展。当代人们已经很少用纸和笔写信了，大部分的人通过网络收发电子邮件。用计算机写信、发信和收信。电子邮件的主要特点如下所述。

(1) 电子邮件是一种高效、省钱、简便和快捷的通信工具，通过邮件客户端程序，仅仅几秒钟即可发送到世界上任何指定的目的地。

(2) 电子邮件与短信息比较起来更加正式，因此，很多正式通知仍然会采用电子邮件，如，购买的保险单，使馆的签证信息等。

(3) 电子邮件与大家熟悉的传真(FAX)相比，既省时又省钱。另外，传真不能存储和修改，而电子邮件却可以存储和修改。

(4) 电子邮件的地址是固定的,但实际位置却是保密的。

(5) 电子邮件具有非常广泛的应用范围使用它不仅可以传递文字,还可以传递语音、图像和其他存储在硬盘上的信息。

6.1.1 电子邮件的工作方式

电子邮件的工作方式是客户/服务器模式。用户感觉是在客户的计算机上,发送之后,电子邮件就会自动到达目的地。实际上,一封电子邮件从发送端计算机发出,在网络的传输过程中,会经过多台计算机(如服务器)和网络设备(如路由器)的中转,最后才能到达目的计算机,并传送到收信人的电子信箱中。

1. 普通邮政系统的工作方式

在 Internet 上,电子邮件系统的这种传递过程与普通邮政系统中信件的传递过程类似。当用户给远方好友写好一封信,首先,要投入邮政信箱;之后,信件会由当地邮局的邮递员接收到当地邮局;之后,还会通过分拣、邮件的转运等,中途可能还会经过一个又一个的中间邮局的转发;最后才能达收信人所在的邮局,目的邮局的邮递员会将邮件投递到收信人手的信箱中。

2. 电子邮件系统的工作方式

电子邮件系统中的核心是接收和发送邮件的服务器,其工作方式如图 6-1 所示。

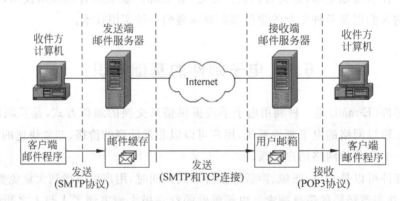

图 6-1 电子邮件系统的工作方式示意图

(1) 发送邮件的服务器

发送邮件的服务器被称为 SMTP 服务器,它负责接收用户送来的邮件,并根据收件人地址发送到对方的邮件服务器中,同时还负责转发其他邮件服务器发来的邮件。

(2) 接收邮件的服务器

接收用户邮件的服务器也被称为 POP3 服务器,它负责从接收端邮件服务器的邮箱中取回自己的电子邮件。

3. 收发电子邮件的条件和基本概念

收发电子邮件的前提条件是计算机已经做好上网的硬件准备工作,并且已经安装和设置好了与 ISP 的连接,如安装和设置好了 ADSL Router 或 Modem。此外,还需要有自己的电子邮件账户,以及收信人的邮件地址。

(1) 邮件账户

发送电子邮件前,首先必须具有自己的电子邮件账号,也称为电子邮件账户或电子信箱,这样才能够收发你的电子邮件。通常一个电子邮件账号应当包括用户名(User Name)和密码(Password)两项主要信息。向不同的电子邮件服务商申请邮件账户后,就会得到在所申请的邮件服务器上的用户名与用户密码。

(2) 电子邮件地址

完整的 E-mail 地址格式由以下 3 部分组成。

USER(登录用户名)@接收邮件服务器的域名地址

① USER:代表用户信箱的账号,对同一个邮件接收服务器来说,此账号必须唯一。

② @:是分隔符,用以分隔用户与服务器的信息。

③ 用户信箱的邮件接收服务器的域名:通常是域名地址,也可以是 IP 地址,用以标志接收邮件服务器的位置。

④ 地址说明。

a. @表示"在"(即英文单词 at)。

b. @的左边为登录用户名,通常为用户申请邮件账户时所取的名字。

c. @的右边为邮件服务商提供的邮件服务器的域名或 IP 地址。

⑤ 书写电子邮件地址时应注意的问题。

a. 千万不要漏掉地址中各部分的圆点符号"."。

b. 在书写地址时,一定不能输入任何空格,也就是说在整个地址中,从用户名开始到地址的最后一个字母之间不能有空格。

c. 不要随便使用大写字母。请注意,在书写用户名和主机名时,有些场合可能规定使用大写字母,但是,绝大部分都由小写字母组成。

4. 电子邮件系统的组成

一个电子邮件系统应具有图 6-2 所示的 3 个主要组成部件,这就是客户端邮件程序(用户代理)、邮件服务器,以及电子邮件使用的服务协议。

5. 邮件服务协议

在使用电子邮件服务的过程中,用户常常会遇到 SMTP 和 POP(POP3)服务器和协议。它们到底是什么呢?通俗地说,邮件服务器就是网络上的电子邮局服务机构,服务协

图 6-2 电子邮件系统的组成和协议

议就是在用户使用服务时的语言标准。它们的具体功能如下所述。

(1) SMTP(Simple Mail Transport Protocol)

SMTP 协议即简单邮件传送协议,已成为因特网的事实上的标准。SMTP 是因特网上服务器提供的发送邮件的协议。因此,SMTP 服务器就是发送邮件的服务器。

(2) POP(Post Office Protocol)

POP 即邮局协议,它是因特网上负责接收邮件的协议。所以,POP(POP3)服务器就是接收邮件的服务器。POP3 服务器是具有存储转发功能的中间服务器;通常,在邮件交付给用户后,服务器就不再保存这些邮件了。由于 POP3 方式接收邮件时,只有先将所有的信件都从 POP 服务器上下载到客户机本地后,才能浏览和了解信件内容。因此,在接收邮件的过程中,用户不知道邮件的具体信息,也无法决定是否要接收这个邮件。一旦碰上邮箱接收到大量的垃圾邮件或较大的邮件时,用户也就无法通过分析邮件的内容及发信人的地址的来决定是否下载或删除,因而会造成系统资源的浪费,严重时会导致邮箱爆炸。

(3) IMAP(Internet Accesses Protocol)

IMAP 即 Internet 报文访问协议。虽然,IMAP 与 POP3 都是按客户/服务器方式工作,但它们有很大的差别。下面简单介绍一下 IMAP 方式的特点。

① 当客户程序打开 IMAP 服务器的邮箱时,用户就可以看到邮件的首部。这就是 IMAP 提供的"摘要浏览功能"。这个功能可以让用户在下载邮件之前,知道邮件的摘要信息,如到达时间、主题、发件人、大小等信息。因此,用户拥有较强的邮件下载的控制和决定权。另外,IMAP 方式下载时,还可以享受选择性下载附件的服务。如一封邮件里含有多个附件时,用户可以选择只下载其中的某个自己需要的附件。这样用户不会因为下载垃圾邮件,而占用自己宝贵的时间、带宽和空间。

② IMAP 提供基于服务器的邮件处理以及共享邮件信箱等功能。邮件(包括已下载邮件的副本)在手动删除前,会一直保留在服务器中。这将有助于邮件档案的生成与共享。漫游用户可以在任何客户机上查看服务器上的邮件。而 POP 方式中的邮件由于已经下载到了某台客户机上,因此,在其他客户机上将浏览不到已经下载的邮件。

③ "在线"方式下,IMAP 的用户可以像操纵本地文件、目录信息那样处理邮件服务器上的各种文件和信息。此外,由于 IMAP 软件支持邮件在本地文件夹和服务器文件夹之间的随意拖动;因此,用户可以方便地将本地硬盘上的文件存放到服务器上,或将服务器上的文件拖回本地。

④ "离线"方式下,IMAP 与 POP3 一样,允许用户离线阅读已下载到本地的邮件。

(4) MIME(Multipurpose Internet Mail Extension)

MIME 是在 1993 年又制定的新的电子邮件标准,即通用因特网邮件扩充协议,也被称为"多用途 Internet 邮件扩展"协议。MIME 在其邮件首部中说明了邮件的数据类型(如文本、声音、图像、视像等)。MIME 邮件可同时传送多种类型的数据。这在多媒体通信环境下是非常有用的。MIME 协议增强了 SMTP 协议的功能,统一了编码规范。目前 MIME 协议和 SMTP 协议已广泛应用于各种 E-mail 系统中。

6. 邮件客户端程序的功能和类型

(1) 邮件客户端程序的功能

邮件客户端程序是用户的服务代理,用户通过这些软件使用网络上的邮件服务。因此,用户代理 UA(User Agent)就是用户与电子邮件系统的接口,在大多数情况下它就是在用户计算机中运行的邮件程序。用户代理至少应当具有以下 3 个功能:①撰写邮件;②显示邮件;③处理邮件。

(2) 常用邮件客户端程序类型

① Microsoft Outlook:它内置在 Microsoft Office 套件中,可以离线(脱机)操作。

② 网易邮件客户端:是网易网络公司独家研发的邮箱客户端软件,其中的"闪电邮"适用于计算机,"邮箱大师"适用于移动设备;网易邮件客户端主打"超高速,超全面,超便捷"的邮箱管理理念,其官网网址为 http://fm.163.com,用户可以登录官网,下载适合不同操作系统的邮件客户端软件。

6.1.2 申请电子邮件信箱

在发送电子邮件之前,必须具有自己的电子邮件账号,这就像人们通信时,双方必须具有邮件地址一样。无论是在手机、Pad 的应用商店,还是在计算机上,选择和申请电子邮箱的途径很多。

1. 选择电子邮箱的依据

如果经常和国外的客户联系,建议使用国外的电子邮箱,如 Gmail、Hotmail、MSN mail 或 Yahoo mail 等。

如果除收发电子邮件外,还要经常存放、传输图片与资料等,即应兼顾到网盘的应用;因此,应尽量选择存储量大的邮箱。

2. 申请付费的邮件账号

为了个人通信的方便和保密,最好每个人都具有单独的邮件账号,当然,也可以多人合用一个邮件账号。

在 ISP 中申请、购买的收费电子邮件账号,除了可以收发具有较大空间的 E-mail 之外,一般还具有一些附加功能。收费邮箱的特点主要是:高速、高容量、运行稳定、更可靠性、功能多(如,提供邮件助理、IMAP、网络收藏夹等功能)、无广告、服务好和在线杀毒和邮件安全过滤,此外还提供一些有特色的服务。

3. 申请免费的永久 E-mail 电子信箱

在 Internet 上提供的免费永久 E-mail 信箱同样具有收信、发信和转信等功能。

在线使用收发 E-mail 时,只需接入 Internet,使用浏览器登录到免费 E-mail 所在的 Web 页面,并登录到免费邮件账号,即可收发电子邮件。

(1) 免费 E-mail 具有主要特点

免费 E-mail 账号服务一般都是"即开即用"。其最大的优点就是无须付费,使用方便,适合于临时使用的电子邮件场合。其缺点如下所述。

① 免费 E-mail 账号一般都提供邮件的 Attach(附件)功能。

② 用户使用免费 E-mail 账号发出信件时,一般都有广告。

③ 有的免费账号提供的服务性能不太好,有时传输速度较慢,有时不能正常工作。

(2) 国内外提供免 E-mail 信箱的站点

国内外提供免费 E-mail 信箱的站点很多,下面将介绍一些常用站点的网址以供用户参考。

① 国外的主要站点。

    a. Hotmail：http://www.hotmail.com。

    b. Yahoo Mail：http://mail.cn.yahoo.com。

    c. Gmail：https://www.google.com

    d. Bigfoot：http://www.bigfoot.com。

② 国内的主要站点见前文的介绍。

【课堂示例 1】 进入"360 导航"网站的"邮箱"网页。

① 打开 IE 浏览器,在地址栏输入 http://hao.360.cn。

② 在"360 导航首页"选择"邮箱"栏目,打开图 6-3 所示的窗口,选中要申请的免费邮箱,如网易"163 邮箱";之后,打开"163 邮箱"网站。

③ 可以申请收费或免费的电子邮箱,如 163 邮箱,也可以登录自己的电子邮箱。

【课堂示例 2】 申请免费网易 163 邮箱。

① 上网后,打开 IE 11 浏览器,在地址栏输入 http://mail.163.com/；或者在图 6-3 所示窗口选中"163 邮箱"选项,打开如图 6-4 所示的窗口。

② 在图 6-4 所示的"163 邮箱"的注册与登录窗口中单击"注册"按钮,打开如图 6-5 所示的窗口。

③ 在图 6-5 所示的"163 邮箱"窗口中,第一,选择注册的邮箱类型,如选择"注册字母邮箱"选项;第二,跟随注册向导,填写有关信息,如密码与验证码等;第三,单击"立即注册"按钮,跟随向导,完成注册任务,直至打开如图 6-6 所示的窗口。

④ 在图 6-6 所示的"注册成功"窗口中,单击"进入邮箱"按钮,完成注册任务。

第6章 电子邮件 171

图 6-3 IE 11 的"360 导航首页—邮箱"窗口

图 6-4 163 邮箱注册窗口　　　　图 6-5 "163 邮箱"的注册字母邮箱窗口

图 6-6　163 邮箱的"注册成功"窗口

4. 免费和收费 E-mail 电子信箱的区别

【课堂示例 3】　进入 163 网站找出免费和收费电子信箱的区别。

① 在 IE 浏览器中在 IE 浏览器中,输入 http://mail.163.com/,打开如图 6-4 所示的窗口。

② 在打开的"163 邮箱"的注册与登录窗口,打开"与免费邮的区别"选项卡,可以了解到两者的区别;单击"套餐对比",打开如图 6-7 所示的窗口。

③ 在图 6-7 所示的"套餐对比"窗口中,除了容量大以外,VIP 邮箱最大的特点是无广告,且更稳定、安全和正式,并提供利于商务人士用的电子传真和专用 VIP 域名;此外,还拥有大容量的网盘、群发功能及邮件提醒等多项免费邮没有的功能。

【课堂示例 4】　进入 TOM 网站找出免费和收费电子信箱的区别。

(1) 输入网址 http://mail.tom.com,在"TOM 邮箱"下部窗口中单击"与免费邮箱的区别"，打开如图 6-8 所示的窗口。

(2) 在图 6-8 所示的"与免费邮箱的区别"窗口中,列出了免费邮箱与各种 VIP 收费邮箱与的区别列表,从中可以了解到该网站收费和免费邮箱的具体区别。

6.1.3　Web 方式收发电子邮件

人们将计算机连入 Internet 后,通过 Web 浏览器(如 IE),在 Internet 中直接收发电子邮件的方式,称为 Web(WWW)方式或"在线"收发邮件的方式。这里所谓的"在线"是指所有的操作都在联网的状态下进行,因此,需要付出上网流量的费用。

在线方式的优点是简单、易用、直观、明了,比较适合初学的人使用。不管你是出差在外,还是在网络咖啡屋里;只要在能够上网的地方,都可以通过浏览器,在线收、发、读、写电子邮件。

这种方式的缺点是付出的费用高、性能受线路状况的影响较大,多账号取信不便。

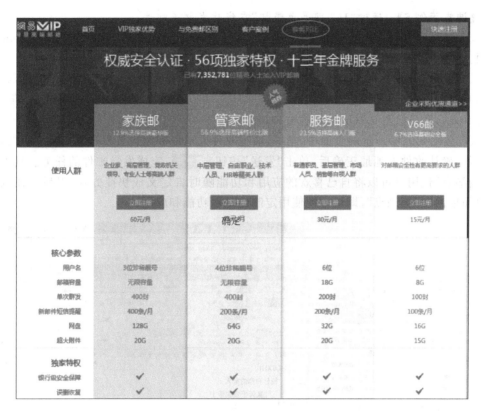

图 6-7 网易 VIP 邮箱的"套餐对比"窗口

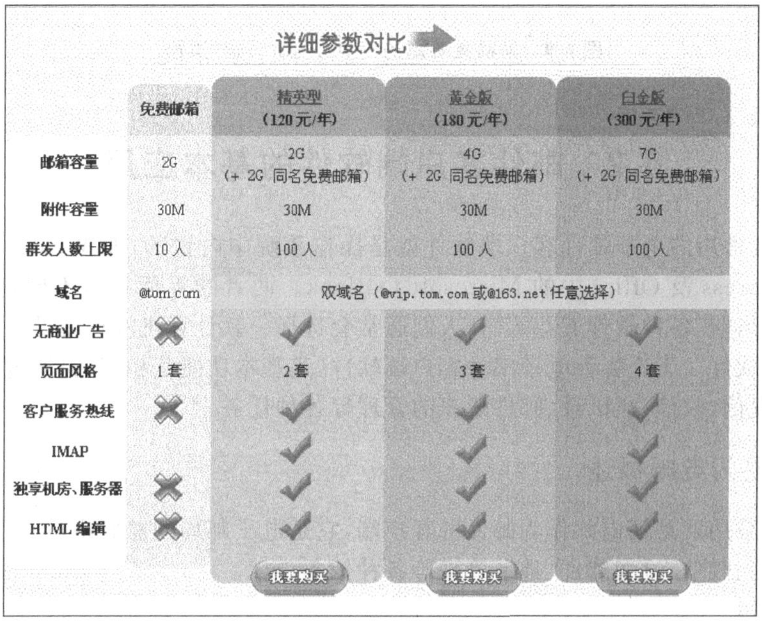

图 6-8 TOM 的"免费邮箱与 VIP 邮箱的对比"窗口

【课堂示例 5】 通过"163 网易免费邮"在线收发电子邮件。

① 打开 IE 浏览器,在地址栏中输入 http://mail.163.com/,打开如图 6-4 所示的页面。

② 在图 6-4 所示的页面中,输入 163 邮箱的用户名和密码后,单击"登录"按钮,进入如图 6-9(a)所示的页面,单击"收信"按钮 收信 ,可以在线接收电子邮件;单击"写信"按钮 写信 ,打开如图 6-9(b)所示的窗口。

③ 在图 6-9(b)所示的页面中,第一,填写收件人地址和编辑要发送的邮件;第二,写好邮件、确认收件人地址正确后,单击"发送"按钮 发送 ,完成发送邮件的任务。其中的"邮箱触点"让用户可以将自己喜欢的应用和功能随时自定义成快捷方式,以后在任意邮箱页面单击"邮箱触点",即可方便使用定制的邮箱功能和应用。

(a)　　　　　　　　　　　　　　(b)

图 6-9　网易免费邮的 Web 方式"写信"页面

6.2　邮件客户端软件的基本应用

早期,最常用的电子邮件客户端软件就是操作系统中内置的,如 Windows 中内置的 Outlook Express 及 Office 中的 Microsoft Outlook。两者的界面有所不同,但基本操作是相似的。当前,各种软件五花八门,人们通常会选择一款计算机及移动设备上都适应的邮件客户端软件。无论哪种电子邮件客户端软件,其基本功能是相似的,通过它们都可以实现写信、发信、收信、通讯录、邮件账户的管理等各种任务。

6.2.1　网易闪电邮概述

本章将采用网易闪电邮作为邮件的客户端,它是电子邮局的总联络员,通过它可以完成写信、发信、收信、过滤邮件、地址管理等各种任务。

1. 网易闪电邮功能简介

网易闪电邮是网易独家研发的首款邮箱客户端软件,适用于多种版本的 Windows 系统,其基于邮箱管理理念的主要特点如下。

(1) 便捷。便捷是指其具有定时收信、及时提醒、拖拽式添加附件;支持在线模式、采用了新型全文检索技术方式的邮件搜索。此外,其断点续传的功能高效专业。

(2) 高速。高速是指使用其自主研发的专有邮件协议访问邮箱、收发邮件的速度比同类软件快 30%。

(3) 全面。全面是指它是国内首个支持所有网易邮箱(163、126、yeah、188、VIP)的客户端软件;它支持的 POP3 等协议可以全面兼容几乎所有的邮箱;此外,其支持多账号同步管理,可以同时方便地管理多个不同电子邮局中的 E-mail 账号,使用户感觉方便易用。

(4) 其他。

① 网易邮箱具有强大的反垃圾功能,能够精准识别垃圾邮件,并自动推入相应文件夹,最大程度减少用户困扰;新版本的锁定功能,进一步提高了邮箱的安全性。

② 提供了方便的电子邮件编辑功能,如,在电子邮件中可以随意加入图片、文件和超级链接,其编辑规则和操作都与 Word 中类似。

③ 具有多种发信方式可供选择,如立即发信、延时发信、信件暂存为草稿等;此外,还提供了通过通讯录存储和检索电子邮件地址及信件的过滤等功能。

2. 网易闪电邮软件的获取与安装

网易闪电邮客户端软件的获取很简单,如在安卓和苹果的软件商店、360 软件管家以及网易的官方网站都可以免费获取该软件。

(1) 在浏览器的地址栏中输入 http://fm.163.com/,打开网易闪电邮官网首页,找到要下载的软件后,单击"立即下载"按钮 ,完成软件的下载任务。

(2) 单击下载软件跟随向导完成安装任务。启动后的网易闪电邮界面如图 6-10 所示。

图 6-10 网易闪电邮界面

3. 联机操作与脱机操作

　　（1）在线（联机）。在线是指终端设备（计算机或手机等）处于已接入 Internet 的状态，此状态下进行的操作就是联机操作，如前面所介绍的 Web（网页）方式下的操作。

　　（2）离线（脱机）。离线通常被定义为"未连入 Internet 时终端设备的工作状态"。

　　（3）推荐做法。对那些 ISP 为"不限时"服务的用户或已经购买了足够流量的移动用户，则无须考虑是否采用离线操作；但对于需要节约流量或使用的是限时 ISP 服务时，则推荐先"离线"写信，再发送到"发件箱"待发；联机后发送"发件箱"中的待发邮件，并依次接收用户在各邮件账户中的邮件。

　　4. 邮件客户端软件中基本的术语与设置

　　每个人使用的电子邮件（E-mail）软件不同，需要掌握的设置方法可能有所不同。但是，基本的设置都是相似的；注册或购买电子邮件账户时，会同时得到邮件账号及其对应的邮件服务器地址；所设置的邮件服务器的地址是绝对不能出错的，其含义如下。

　　（1）POP3 服务器和端口号即收件服务器，是指在网络邮局中，负责接收你的邮件的部门，此栏应准确填写它的地址；其服务器端口号（默认值为110）代表了收件服务器的应用类型。例如，POP3 服务器的地址是 pop.163.com。

　　（2）SMTP 服务器即发件服务器，就是在网络邮局中，负责发送你的邮件的部门，此栏应准确填写它的地址；其服务器的端口号（默认值为25）代表了发件服务器的应用类型，如，网易免费邮的 SMTP 服务器的地址是 smtp.163.com。

　　提示：当用户使用电子邮局的服务时，必须对所用软件的邮件服务器地址进行设置，不同邮局的地址是不同的，即使是同一个网络邮局，不同账户类型的设置也是不同的。例如，TOM 免费邮箱的收费和免费邮件账户的服务器地址如下。

　　① 接收邮件（POP3）服务器：pop.tom.com，端口号（默认值为110）。

　　② 发送邮件（SMTP）服务器：smtp.tom.com，端口号（默认值为25）。

　　（3）IMAP（Internet 消息访问协议）。常用的版本是 IMAP4。IMAP4 改进了 POP3 的不足，用户可以通过浏览信件头来决定是否收取、删除和检索邮件的特定部分，还可以在服务器上创建或更改文件夹或邮箱。IMAP4 的脱机模式不同于 POP3，它不会自动删除在邮件服务器上已取出的邮件，其联机模式和断连接模式也是将邮件服务器作为"远程文件服务器"进行访问，更加灵活方便。IMAP4 的特性非常适合在不同的计算机或终端之间操作邮件的用户，如，可以在手机、Pad、PC 上的邮件代理程序操作同一个邮箱，以及那些同时使用多个邮箱的用户，如网易的 IMAP 服务器的地址为 imap.163.com。

6.2.2　设置电子邮件账号

　　通过电子邮件客户端程序人们可以完成写信、发信和收信等各种任务。但只有经过正确的设置，才能完成从各个电子邮局（邮件服务器）中自动收发用户电子邮件的任务。

　　电子邮件客户端软件的种类虽然很多，但是都是经过先安装、再设置，最后投入使用的步骤。通常安装好邮件客户端软件后，安装向导就会引导用户进行初始的设置，但如果用户有多个邮件账户或需要修改账户信息,则应当参照下面的示例进行设置。

1. 添加和设置网易所属的电子邮件账户

邮件客户端最基本的设置就是添加邮件账户,即将用户注册或购买到的账户信息设置好。之后,客户端即才能自动收发用户在各个电子邮件服务器中的电子邮件。

【课堂示例6】 新建163网易免费邮邮箱账户。

① 依次选择"开始"→"所有程序"→"网易闪电邮"选项或双击 图标,打开如图6-10所示的窗口。

② 依次选择"邮箱"→"新建邮箱账户"选项,打开如图6-11所示的对话框。

图6-11 "新建邮箱账户"对话框

③ 输入拟建账户的用户名和密码,单击"下一步"按钮,出现如图6-12所示的对话框。

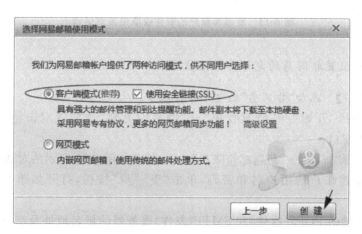

图6-12 "选择网易邮箱使用模式"对话框

④ 选择"客户端模式",选中"使用安全链接(SSL)"复选框,单击"创建"按钮,打开如图6-13所示的对话框。

说明:SSL(SSL Handshake Protocol)协议位于TCP/IP协议与各种应用层协议之间,它建立在可靠的传送协议(如TCP)之上,为高层协议提供数据封装、压缩、加密等基本功能的支持。SSL 握手协议提供的服务如下。
- 认证用户和服务器，确保数据发送到正确的客户机和服务器。
- 加密数据以防止数据中途被窃取。
- 维护数据的完整性，确保数据在传输过程中不被改变。

⑤ 根据需要选择设置项目，单击"开始收信"按钮，完成新邮件账户的添加。

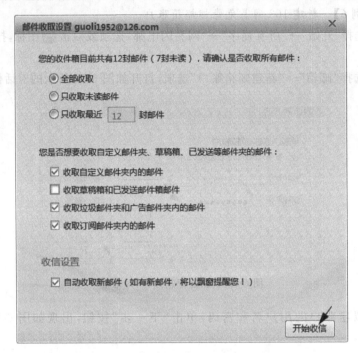

图 6-13　新添加账户的邮件收取设置对话框

2．添加和设置非网易的电子邮件账户

【课堂示例 7】　添加"非网易"的电子邮件账号。

① 依次选择"开始"→"所有程序"→"网易闪电邮"选项或双击 图标，打开如图 6-10 所示的窗口。

② 依次选择"邮箱"→"新建邮箱账户"选项，打开如图 6-11 所示的对话框。

③ 输入拟建账户的用户名和密码，单击"下一步"按钮，打开如图 6-14 所示的对话框。

④ 填写正确的 POP3（收件）和 SMTP（发件）服务器的域名地址及端口号，然后选中"使用安全链接 1 SSL"复选框。单击"完成"按钮，打开如图 6-15 所示的"邮件收取设置"对话框。

⑤ 按照自己的需求进行设置后，系统将自动接收该邮箱中的邮件。

说明：如果在 Internet 上，用户有多个网易或非网易的邮件账户，可以参照上述两个示例，建立起有具有多个电子邮件账户的客户端系统。之后，就可以一次联网，取回用户在各个邮件服务器处的电子邮件；同时发送在本地发件箱中的邮件。

图 6-14 "邮箱账户设置"对话框

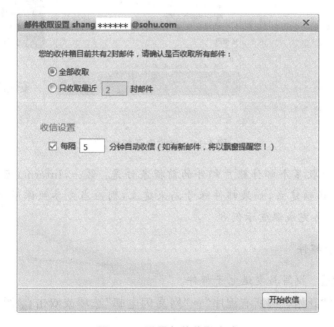

图 6-15 设置邮件收取方式

6.2.3 接收与发送电子邮件

1. 接收电子邮件

【课堂示例 8】 接收电子邮件。

① 依次选择"开始"→"所有程序"→"网易闪电邮"选项或单击 图标,打开网易闪

电邮的窗口。

② 依次选择"收信"→"收取所有邮件"选项，可以一次接收所有邮箱中的电子邮件，如图 6-16 所示。

③ 依次选择"收信"→"收取 gu******@126"选项，可以一次接收指定邮箱中的电子邮件。

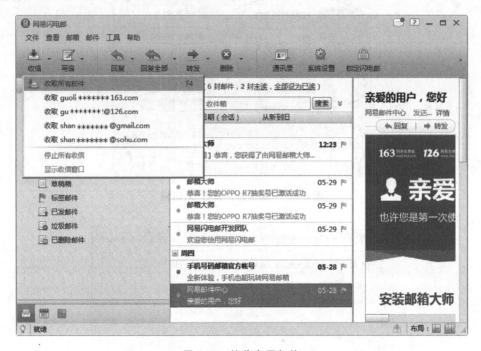

图 6-16 接收电子邮件

注意：一次接收多个邮件账户邮件的前提条件是：第一，Internet 已经连接；第二，各邮箱的账号已正确建立，如果邮件账号尚未建立，则应当先参照课堂示例 6 和课堂示例 7 进行设置后，再完成课堂示例 8。

2．发送电子邮件

【**课堂示例 9**】 撰写与发送电子邮件。

① 依次选择"开始"→"所有程序"→"网易闪电邮"选项或双击 图标，打开网易闪电邮的窗口。

② 单击"写信"按钮，打开如图 6-17(a)所示的写邮件窗口。

③ 首先编写邮件头，即收件（收件、抄送、密送）人 E-mail 地址；其次编写邮件内容主体；再次单击"附件"按钮，浏览定位需要插入的附件；最后单击"发送"按钮，将会显示"正在发信"窗口，稍后，自动完成发送任务。

注意：图 6-17(a)中的收件人地址可以分为收件人、抄送、密件抄送等多种类型。

① 抄送：此邮件不但分送给了所有的收件人，还同时发送给了"抄送"地址中列出的每人，收件人和抄送人都可以接收到用户发送的 E-mail，并知晓此邮件的所有收信人。

第6章 电子邮件

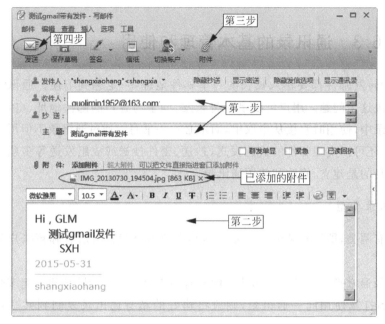

(a) 撰写含有附件的邮件　　　　　　　　　(b) "查看"菜单栏

图 6-17　撰写邮件

② 密送：密送又称"密件抄送"或"盲抄送"，密送和抄送的唯一区别就是，密送的各收件人无法知晓此邮件同时还发送给了哪些人。密件抄送是个很实用的功能，向多人发送邮件，建议采用密件抄送方式。因为，密送方式可保护各收件人的地址不被他人获得，也可减少收件人收取大量密件抄送 E-mail 地址的时间。通常，在图 6-17(a)中"密送"栏目是不显示的，需要时依次选择"查看"→"显示密送"选项，如图 6-17(b)所示，即可在地址栏中显示"密送"栏。

3．电子邮件回执

【课堂示例 10】　电子邮件的回执。

① 在图 6-17 所示的窗口中，打开"选项"菜单，如图 6-18 所示。

② 选中"请求已读回执"选项，此回执是发件人对收件人的回执请求。

③ 当收件人收到有回执请求的邮件时，会弹出如图 6-19 所示的对话框，收件人可以根据自己的意愿进行选择。当收件人愿意返回回执给发件人时，单击"确定"按钮；否则，单击"取消"按钮，不会返回回执给发件人。

图 6-18　"选项"菜单　　　　　图 6-19　收件人的返回已读回执请求

6.3 通讯录的基本管理和使用

每次发送、回复和转发邮件都要输入长长的一串邮件地址,一定感到不便。通讯录(地址本)功能可以解决这个问题。用户可以事先将亲友、同事与客户的邮件地址、电话、通信地址等存在通讯录中,使用时直接从中取出,而不必一一书写。通过通讯录不但可以完成邮件地址的存储,还可以实现邮件的快速发送、抄送、密件抄送或成组发送等多项任务。本节学习的主要目的是建立、修改和使用通讯录。

1. 闪电邮的通讯录类型

闪电邮的通讯录有两类,即针对某个邮箱账户的私有通讯录和针对所有邮箱账户的共享通讯录。

开始建立的通讯录通常是针对某个邮箱账户的私有通讯录。后来会陆续建立起多个邮箱,如果所有邮箱都打算使用同一通讯录,则应将建好的私有通讯录复制到共享通讯录。

2. 通过添加联系人创建通讯录

建立私人通讯录最简单的方法就是依次添加所有的联系人信息;此外,通讯录建成后,也可以不断添加新的联系人。

【课堂示例 11】 创建私人通讯录。

① 依次选择"开始"→"所有程序"→"网易闪电邮"选项,打开网易闪电邮的窗口。在工具栏中单击"通讯录"按钮,或依次选择"工具"→"通讯录"选项,打开如图 6-20 所示的窗口。

② 单击"新建联系人"按钮,打开如图 6-21 所示的对话框。

③ 在"联系人卡片"对话框中,可以进行添加姓名、昵称、手机、电子邮箱、删除、修改等一系列的建立通讯录联系人的必要操作。

④ 重复步骤②和步骤③,建立好自己所有联系人的卡片,并分别加入"通讯录"。

⑤ 为了分类管理自己的联系人,建议先规划并建立好必要的组。建立组的步骤是:第一,单击"新建联系组"按钮,打开"联系组编辑"对话框;第二,输入"联系组名",如"驴友";最后,单击"确定"按钮,完成组的建立。随后,重复上述步骤,依次建立好所有组。

3. 将邮件地址自动添加到通讯录

除上述的手工添加联系人的方法外,还可以通过简单地设置,让电子邮件系统从用户收到的电子邮件中,将发件人(收件人)的地址自动添加到通讯录中,这是一种简单、快捷的方法。

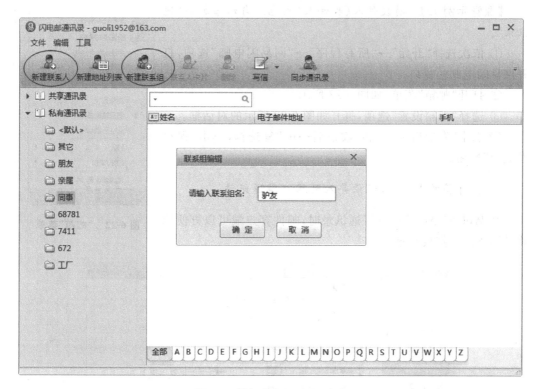

图 6-20 "闪电邮通讯录"窗口

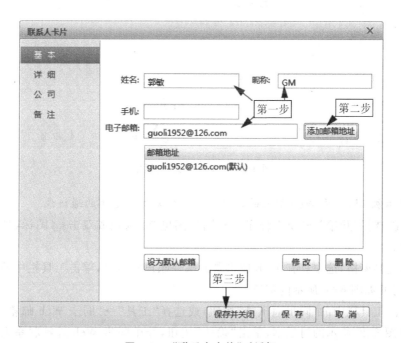

图 6-21 "联系人卡片"对话框

【课堂示例 12】 将发件人(收件人)的地址自动添加到"通讯录"。

① 依次选择"开始"→"所有程序"→"网易闪电邮"选项,打开网易闪电邮的窗口。

② 打开"邮箱"菜单,如图 6-22 所示。

③ 选择"邮箱设置"选项,打开如图 6-23 所示的对话框。

④ 选中"发信后……"和"收信后……"复选框,单击"保存并关闭"按钮。

4. 将邮箱的 Web 通讯录导入到客户端通讯录

当 Web 邮箱中已建立了通讯录时,邮件客户端可以方便地将其同步到计算机本地。

图 6-22 "邮箱"菜单

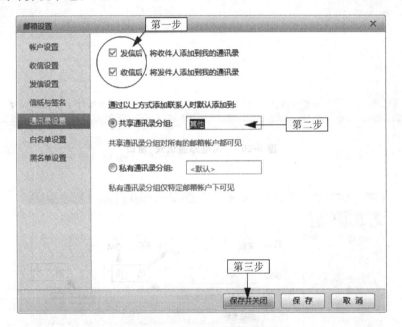

图 6-23 "邮箱设置"对话框

【课堂示例 13】 将 Web 邮箱的通讯录同步到网易闪电邮的通讯录。

① 依次选择"开始"→"所有程序"→"网易闪电邮"选项或双击 图标,打开网易闪电邮的窗口。

② 在左侧窗格,选中具有 Web 通讯录的邮件账户的目录,单击工具栏中的"通讯录"按钮 ,打开如图 6-24 所示的窗口。

③ 单击工具栏中的"同步通讯录"按钮,或选择"工具"→"同步 Web 邮箱联系人"选项,打开如图 6-25 所示的对话框,单击"确认"按钮,开始同步 Web 邮箱联系人。同步进程完成后,单击"确定"按钮。在左侧窗格的"其他"文件夹中,可以看到导入的所有电子邮件地址。

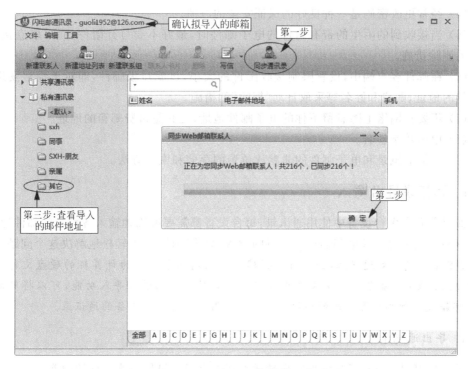

图 6-24 同步 Web 邮箱联系人

图 6-25 "同步 Web 邮箱联系人"对话框

6.4 保护邮件、账户和通讯录的安全措施

在网络上常有电子邮箱被破坏、通过电子邮件传播病毒、账户和密码被盗、邮箱被炸（即突然接收到大量邮件）的事件发生。因此，使用网络时应当注意保护计算机和电子邮件账户的安全。在使用电子邮件和网络以及邮件、账户和通讯录的非默认位置的保存、恢复和使用，应该注意以下几条安全规则。

(1) 不要向任何人透露你的账户和密码。

(2) 尽量不要用生日、电话号码等作为拨号上网或收费邮件账户的密码。

(3) 上网时，使用"存储密码"功能固然能够带来很多方便，然而从安全角度看，在熟悉了网络的使用之后，应尽量不要选择"存储密码"等功能。

(4) 经常更改密码是一种良好的保证安全的习惯。

(5) 当接收到的陌生的带有附件的电子邮件时,最好不要打开附件,而采取直接、永久性的删除措施。

(6) 在邮件客户端中,设置限制接收邮件的大小,过滤垃圾邮件,即对于经常发送垃圾邮件的地址、账户和姓名等采取自动"拒收"的措施。

(7) 不要在网络上随意留下你的电子邮件地址,尤其是付费邮箱的地址。

(8) 申请数字签名。

(9) 掌握通讯录和电子邮件的非默认位置的存储和恢复方法。

6.4.1 通讯录导出/导入

如果需要在多台设备中使用通讯录,每台设备都需要准确地输入各用户的邮件地址,一定感到相当不便。闪电邮通讯录提供的导入/导出功能,可以轻松地解决这个问题。

建议:在建立好通讯录之后,首先将建立好的通讯录导出为计算机的硬盘文件。这样做的优点是:①备份了所有在通讯录中的邮件地址;②通过导入功能,可以将其用在 Web 邮箱或任何邮件客户端的通讯录;③可以用在多台不同设备的通讯录。

1. 导出通讯录

无论是 Web 邮箱,还是邮件客户端通常都具有通讯录导出为文件的功能。

【课堂示例 14】 将网易闪电邮的通讯录导出到硬盘文件。

① 在已建好通讯录的设备中,打开如图 6-26 所示的窗口,依次单击"工具"→"导出联系人"→"CSV 文件 *.csv"选项,打开如图 6-27 所示的对话框。

② 定位导出文件的存储位置和名称,然后单击"下一步"按钮,打开如图 6-28 所示的对话框。

图 6-26 "闪电邮通讯录"窗口

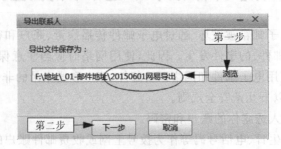

图 6-27 "导出联系人"对话框

③ 在图6-28所示的对话框中,选中要导出字段前面的复选框,单击"完成"按钮。稍后会显示"联系人以成功导出"提示框,单击"确定"按钮,完成所选通讯录的导出。

图6-28 选择输出字段

2. 导入通讯录

无论是Web邮箱,还是邮件客户端程序,通常都会具有将导出的"通讯录文件"导入到指定通讯录的功能。

【课堂示例15】 将硬盘存储的通讯录导入网易闪电邮。

① 在需要导入通讯录的计算机中启动网易闪电邮,在左侧窗格选中要导入通讯录的邮件账户,单击工具栏中的"通讯录"按钮 。

② 依次选择"工具"→"导入联系人"→"CSV文件(*.csv)"选项。

③ 在打开的"打开"对话框中定位到导入文件所存储的位置,单击"打开"按钮,打开如图6-29所示的对话框。

图6-29 "导入CSV文件"对话框

④ 定位要导入的通讯录联系人文件,单击"下一步"按钮,打开如图 6-30 中所示的"导入 CSV 文件"进程对话框。导入完成后,单击"完成"按钮。在通讯录的导入文件夹,如"其他"目录中,可以看到刚刚导入的 263 个联系人。

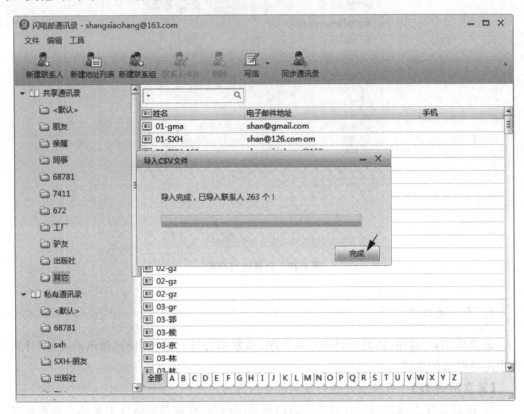

图 6-30 "导入 CSV 文件"进程对话框

6.4.2 电子邮件的过滤与拒收

在使用电子邮件的过程中,经常会接收到不想接收的邮件。通过邮件的客户端功能,对广告、非法或骚扰邮件可以非常方便地进行自动处理。

1. 垃圾邮件

所谓的垃圾邮件泛指那些未请自到的电子邮件,如,未经收件人许可而发送到其邮箱的商业广告或非法电子邮件。垃圾邮件一般具有批量发送的特征,其内容包括赚钱信息、成人广告、商业或个人网站广告、电子杂志等。垃圾邮件可以分为良性和恶性的。良性垃圾邮件是各种宣传广告等对收件人影响不大的信息邮件。恶性垃圾邮件是指具有破坏性的电子邮件。有些垃圾邮件发送组织或是非法信息传播者,为了大面积散布信息,常采用多台机器同时巨量发送的方式攻击邮件服务器,造成邮件服务器大量带宽损失,并严重干扰邮件服务器进行正常的邮件递送工作。

通常电子邮件系统都会自动列出垃圾邮件的清单,很多商业广告都会被自动传递到垃圾邮件文件夹；因此，对于你需要的商业广告，可以将其地址列入白名单。

2．黑名单

与手机的黑名单类似，是用户自行建立的不想接收的邮件地址名单。建立黑名单后，系统会直接拒收来自黑名单清单中的所有邮件。

3．白名单

与黑名单相反得是白名单，电子邮件系统会接收白名单清单中的所有来信，而不受自定义的反垃圾规则的限制。

【课堂示例16】 将不愿接收的电子邮件加入黑名单。

① 依次选择"开始"→"所有程序"→"网易闪电邮"选项或双击 图标，打开网易闪电邮的窗口。

② 选中需要建立黑名单的账户，右击不想接收的邮件，在打开的快捷菜单中，依次选择"垃圾邮件"→"将发件人加入黑名单"选项，如图6-31所示。

③ 选中"同时删除……"复选框，单击"确认"按钮，即可同时删除所有来自这个地址的邮件，如图6-32所示。

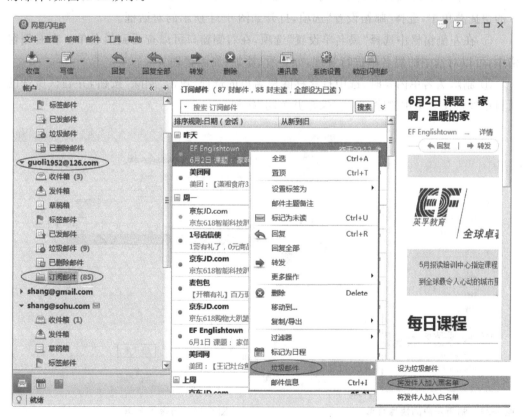

图6-31 加入黑名单

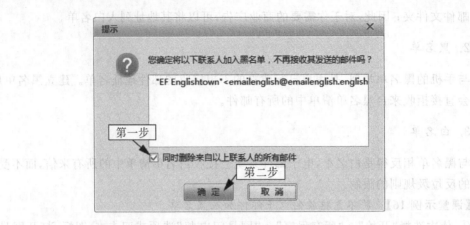

图 6-32 同时删除黑名单联系人发送的邮件

【课堂示例 17】 黑名单的管理。

① 依次选择"开始"→"所有程序"→"网易闪电邮"选项或双击 图标,打开网易闪电邮的窗口。

② 右击要管理黑名单的邮件账户名,如 guoli1952@126.com,在打开的如图 6-33 所示的快捷菜单中,选择"邮箱设置"选项,打开如图 6-34 所示的对话框。

③ 在左侧窗格中选择"黑名单设置"选项,在右侧窗口可以查看到黑名单。在右侧窗格中,可以对选中的黑名单进行管理,如查看、添加、删除管理。

④ 删除黑名单内容时,选中打算移除黑名单的选项,单击"删除"按钮,并确认所选的项目已经从黑名单中删除,单击"保存并关闭"按钮。

图 6-33 邮箱账户的快捷菜单

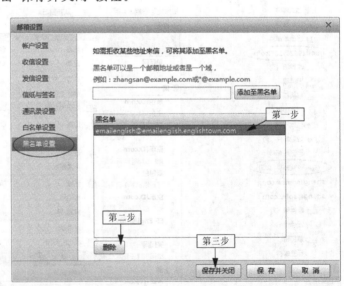

图 6-34 删除黑名单

思 考 题

1. 什么是电子邮件？它有哪些特点？
2. 电子邮件系统采用什么样的工作方式将邮件从发送端传送到接收端？
3. 电子邮件头部的格式包含哪些主要内容？收件人有哪些类型？
4. 申请电子邮件账号时，网易126的免费和收费邮箱有什么主要区别？
5. 在电子邮件地址的标准格式中，各项的含义是什么？
6. 如何将一封邮件同时发送给多人收件人，彼此不能够看到对方的邮件地址？
7. 如何发送邮件给这多个收件人，并且多个人彼此知道发送给了谁？
8. 网易闪电邮的工作窗口由哪些部分组成？
9. 如何在网易闪电邮中添加邮箱（即电子邮件账号）？
10. 常用E-mail软件的主要设置有哪些？什么是SMTP和POP服务器？它们有什么用？
11. 设置SMTP和POP服务器时，常用什么地址形式，其中的端口号是什么？
12. 在电子邮件的使用中，什么是联机操作与脱机操作？各适用于什么场合？
13. 在网易闪电邮中，是否多个支持POP3的E-mail账号设置？
14. 收发电子邮件时，有几种收发方式？各有什么特点，分别适用何种场合？
15. 在网易闪电邮中，为什么要导出/导入通讯录？如何将电子邮件地址导出到硬盘？
16. 利用网易闪电邮发送电子邮件时，可以插入的附件类型有哪些？
17. 在网易闪电邮中，什么是共享通讯录和私有通讯录？各在何种场合使用？
18. 什么是垃圾邮件、黑名单和白名单？
19. 如果你朋友发来的邮件自动进入了垃圾邮件夹，你想正常接收他的邮件，应当怎么处理？

实 训 项 目

实训环境和条件

(1) 接入Internet的设备与线路。
(2) ISP的接入用户账户和密码。
(3) 已安装Windows 7操作系统的计算机。
(4) 安装了安卓系统或iOS系统的移动智能设备。

1. 实训1：申请免费电子邮件账号

(1) 实训目标
实现登录国内提供电子邮件服务的网站，掌握免费电子邮件账号的申请方法。

(2) 实训内容

① 分别用计算机和移动设备完成本章课堂示例 1～课堂示例 5 中的内容。

② 在 TOM 网站完成上边的 5 个示例中的内容。

2. 实训 2：Web 方式收发法电子邮件

(1) 实训目标

掌握 Web 方式登录电子邮件服务网站和收发电子邮件的方法。

(2) 实训内容

分别用计算机和移动设备完成本章课堂示例 5 中设定的内容。

3. 实训 3：网易电子邮件客户端的基本操作

(1) 实训目标

熟练掌握"网易闪电邮（计算机）"客户端和"邮箱大师（安卓手机或 iPad）"的启动，以及基本设置，以及收发电子邮件等操作。

(2) 实训内容

完成本章的课堂示例 6～课堂示例 10 中的内容。重点内容如下。

① 启动网易闪电邮和"邮箱大师"（安卓手机或 iPad，界面见图 6-35）。

② 在移动设备上学会设置多个电子邮件账号的方法。

③ 在计算机中，学会设置多个电子邮件账号的方法，查看电子邮件账号的 POP3 和 SMTP 域名地址及端口号。

④ 学会设置 IMAP 方式的电子邮件账号，如 zdh@hotmail.com（自己申请）。

⑤ 掌握离线操作的方法，即未接入 Internet 状态时，先书写电子邮件，再发送写好的邮件到"发件箱"待发的方法。操作提示如下。

图 6-35 安卓手机"邮箱大师"窗口

- 编辑和发送带有附件的电子邮件两封到本地发件箱待发：其一，利用 Windows 7 中的录音机功能录制下你对家人的生日祝词文件，并作为附件发送给你的家人一封邮件；其二，发送一封带有照片附件的邮件给你的同学。
- 接入 Internet 后，一次发送本地发件箱中的所有待发邮件。

⑥ 在收件箱中回复或转发收到的 E-mail。

⑦ 设置和实现将邮件一次发送、抄送、密送给多个收件人，写出收到邮件的区别。

4. 实训 4：网易闪电邮（计算机版）操作技巧

（1）实训目标

掌握设置、管理和保护电子邮件系统的操作使用技巧。

（2）实训内容

完成本章的课堂示例 11～课堂示例 17 中的内容。重点内容如下。

① 掌握通讯录（联系人）的建立和使用方法。如将收件箱的发件人的地址或者收件人的地址添加联系人到通讯录，并编辑该地址的属性。

② 学会通讯录（联系人）的导入和导出方法。

③ 掌握管理黑名单、白名单及垃圾邮件的方法。

④ 掌握管理、删除、转发和过滤电子邮件的方法。

⑤ 掌握管理、删除、导出/导入电子邮件的方法。

具体操作要求为：从收件箱中选中邮件后，单击"导出邮件"，如图 6-36 所示；定位到 U 盘，彻底删除已经导出的 2 封邮件；重新启动计算机，再从 U 盘导入刚刚删除的两封邮件；查看收件箱中的已删除邮件是否已经导入。

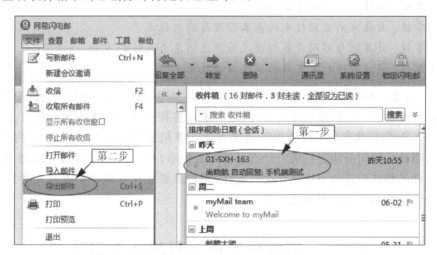

图 6-36 "文件—导出邮件"窗口

第 7 章

文件传输与云技术

Chapter 7

【学习目标】
(1) 掌握：FTP 文件传送协议的基本概念、功能和工作方式。
(2) 了解：流行的下载技术。
(3) 掌握：文件下载的常用方法。
(4) 掌握：常用云技术客户端软件的安装、基本设置与使用方法。
(5) 了解：云技术相关的基本知识。
(6) 掌握：云技术的应用技术的基本管理与应用技术。
(7) 掌握：计算机与移动设备间通过云传送消息与文件的方法。
(8) 掌握：通过云进行大文件的快速传递技术。

Internet 是一座装满了各式各样计算机文件的宝库，其中有许多免费和共享软件、二进制的图片文件，声音、图像和动画文件，当然还有各种书籍和参考资料。什么是传统的 FTP 服务？如何将共享的文件资源下载到本地计算机上呢？从互联网下载文件时的主流方法有哪些？如何分块进行呢？什么是云和云技术？计算机与移动设备间通过云传送消息与文件的快速传递的方法是什么？此外，用户需要互相传输的数据与文件可以采用哪些方法？这些都是本章要解决的问题。

7.1 互联网中文件下载的基本知识

由于 Internet 中的每个网络和每台计算机的操作系统可能有很大的差异，直接共享几乎是不可能的。本节主要介绍当前使用的主流下载技术，以及常用的下载软件。

7.1.1 常用下载技术

目前，从互联网下载文件流行的技术方式主要有 4 种：FTP 下载、HTTP 下载、P2P 下载和 Usenet 下载。其中的 HTTP 和 Usenet 下载技术仅在本节做简要介绍，其余下载方式将在后续章节做较为详细的介绍。

1. HTTP(超文本传送协议)下载技术

HTTP 是一种从 Web 服务器下载超文本到本地浏览器的一种传送协议。由于 Web

网站的迅速普及,因此,HTTP下载是最常用、最方便的一种下载方式,也是初级网络用户使用最多的一种下载方式。其特点仅作如下简单介绍。

(1) 优点

① 用户在浏览器中可以随时、随地的选择 Web 服务器网页上的图片、HTML 文件、软件、歌曲、音乐、压缩文件等资料下载。

② 用户条件:只需要使用操作系统内置的浏览器,如 IE 浏览器,不需要再下载和其他安装软件就能下载文件。

③ 操作简单、通用性好、适用性强。

(2) 缺点

① HTTP 下载技术简单,但下载速度慢。

② 由于 HTTP 下载时不支持断点续传,因此只适合下载体积较小的文件,如普通的图片、文档;而不适用于传输或下载尺寸大的文件,如视频文件。

2. Usenet 下载技术

Usenet 的中文名称是"新闻讨论组",它是 Uses Network 的英文缩写,也是 Internet 上信息传播的一个重要组成部分。在国外,互联网中的三大账号分别为新闻组账号、上网账号、E-mail 账号,由此可见,新闻组的应用是十分广泛的。而相比来讲,国内的新闻服务器的数量很少,各种媒体对于新闻组介绍得也较少,用户大多局限在一些资历网民或高校校园内。但是,作为当代大学生,应当知道的是新闻组与 WWW、电子邮件、远程登录、文件传输一样,均为互联网提供的重要服务内容之一。

(1) 功能

Usenet 是 Internet 上一种高效率的交流方式。网络新闻组服务器通常是由个人或公司进行管理。在互联网中,分布在世界各地的新闻组服务器,管理着各种主题的成千上万个不同的新闻组,在后面再进行详细的介绍。

Usenet 除了提供新闻讨论外,另一个重要功能就是提供资源下载,如软件和电影资源的下载。在 Usenet 中,提供了数不清的资源以供下载,并且以每日数以千 GB 的速度增长着。

(2) 资源下载的位置

在互联网的 Usenet 中,所有文件,包括那些正常的发言和讨论,都包括在讨论组(Group)里,因此,Usenet 又被称为新闻组(Newsgroup)。每个新闻组都有一个唯一的域名地址,如 alt.binaries.dvd 或 alt.binaries.mp3,前者可以下载 DVD 文件,后来可以下载 MP3 文件。

(3) Usenet 的优点

① 下载速度快,不暴露隐私、安全性好是 Usenet 最其最重要的优点,也是用户下载文件的最大需求。

② Usenet 中的资源涉及的范围、数量、类型都是其他下载方法不可比拟的,用户可以获得许多其他下载方式中无法获得的资源。

③ 节省时间,在 Usenet 中,一次搜索就能获得用户需要的资料,而不必使用 Google

搜索引擎,在互联网的信息海洋中逐一寻找,因此极大地缩短了下载的时间。

④ 可以找到各种题材的电影,如免费下载最新的大片。

(4) Usenet 的缺点

① 在中国的应用不够普及的另一个重要原因是其提供的资源大多数是英文(其他语言)的,所以要求用户具有一定的英文(外语)水平。

② 大部分 Usenet 服务提供的下载资源都是收费的。

(5) 适合人群

① 咨询公司:可以找到需要行业的最新信息,如,统计资料和电子书。

② 技术和管理人员:方便全球同行间的交流,获得免费海量最新技术电子书。

③ 电影爱好者:可以获得国外最新电影、电视剧、动画片等最新影视作品。

④ 音乐爱好者:方便获得各种流行、古典、当代和轻音乐等音乐作品。

⑤ 学习外语:因为大部分为英文方式,可以获得大量英文学习资料。

(6) Usenet 的资源下载要点

Usenet 资源的下载主要有以下 3 步。

① 打开浏览器,输入 http://www.twinplan.de/AF_TP/MediaServer/UsenextClient;下载 Usenet 的客户端软件。

② 安装下载的软件后,即可直接浏览或搜索自己要下载的资料。

③ 按照系统提示,获得免费账号,通常要求提供 E-mail 地址。

3. P2S(FTP 协议)下载技术

P2S 下载技术的原型是 C/S 客户端对服务器技术。早期专指 FTP 客户端对其服务器的下载。当前,统指客户端(多点)对服务器(一点)的下载方式,这种下载方式具有稳定、安全的特点。

文件传送协议 FTP 是 Internet 传统的服务之一。在 Internet 和 Intranet(企业内联网)中,经常将网络中要共享的文件或数据资源集中存储在 FTP 服务器上,以供分布在各地的网络客户使用。FTP 是 Internet 传递文件最主要的方法,使用 FTP 协议下载,通常使用匿名账户(Anonymous)登录 FTP 服务器。此外,FTP 服务器也可以提供非匿名用户登录、目录查询、文件操作及其他会话控制功能。

分布在世界各地或局域网内的网络客户,通常需要安装专用的 FTP 客户端程序;在连接到 FTP 服务器后,才能通过 FTP 协议下载感兴趣的文件资源。然而,从目前的应用看,它是一个不太安全、不太友好,且效率低的协议,因此势必被新的协议与服务取而代之。

4. P2P 下载技术

P2P(Peer to Peer,点对点)是一种用户下载的协议或模式。这种技术是指多点对多点之间的传输、下载技术。支持这种技术的客户端软件,可以在一点上或多个在线的客户端上,以 P2P 方式快速下载资源。传统的 P2P 方式进行的 BT 下载具有不稳定、不安全等弱点,当今,中国流行的下载工具软件大都支持改善了的 P2P 协议,其应用技术代表如下所述。

(1) BT 是一种互联网上新兴的 P2P 传输协议,其英文全名为 Bit Torrent,中文全称为"比特流"。BT 采用了多目标的共享下载方式,使得客户端的下载速度,可以随着下载用户数量的增加而不断提高,因此 BT 技术特别适合大型媒体文件的共享与下载。

(2) MFTP(Multisource File Transfer Protocol,多源文件传送协议)是由 eDonkey(电骡)公司的 Jed McCaleb 于 2000 年创立的。其原理是通过检索分段,达到从多个用户那里下载文件的目的,最后再将下载的文件片断拼成一个整个的文件。任何一个用户只要得到了一个文件的片断,系统就会立即将这个片断共享给网络上的其他用户;当然,通过选项的设置,用户可以对上传的速度做一些控制,然而却无法关闭上传的操作,而且贡献越多,获得的下载速度就越大。

5. P2SP 下载技术

P2SP(Peer to Server&Peer,点对服务器和点)是指用户对服务器和用户的综合下载方式。

P2SP 是一种用户下载的协议或模式。P2SP 的出现使用户有了更好的选择,该协议不但可以涵盖 P2P,还包含了多了 S(服务器)。P2SP 通过多媒体检索数据库,将原本孤立的服务器及其镜像资源,以及 P2P 资源有效地整合到一起。

P2SP 技术与传统的 P2S,以及单纯的 P2P 技术相比,在下载稳定性和速度上有了极大的提高。基于 P2SP 技术的下载软件有很多,如迅雷 4.0 以上版本。另外,使用基于 P2SP 下载软件下载要比 P2P 方式对硬盘的损害小。

6. P4S 下载技术

P4S 下载算法或技术与 P2SP 类似。P4S 是一种结合了 P2P(点对点)和 P2S(客户端对服务器)两种技术特点的综合下载技术。P4S 技术是快车独创的,其最大的优点在于能够自动协调多种下载协议,从而突破了每种协议的界限。用户在使用快车下载时,不管采用任何下载协议,程序都会自动从其支持的所有下载协议中寻找相同的资源,因此极大地提高了用户的下载速度。

7.1.2 FTP 传统传输技术

早期,几乎所有的文件传输,无论它是通过 FTP 客户机软件,还是通过一些下载软件进行的,大都采用了 FTP 协议。目前也还有一些局域网内部仍在使用 FTP 应用程序,为此就其工作原理和术语作如下简要介绍。

1. FTP(File Transfer Protocol,文件传送协议)

FTP 是在 Internet 上流行最久的一种协议,也是 TCP/IP 协议族中有关文件传输的协议,同时也是用于传输文件的程序名称。

2. FTP 的工作原理

与其他许多 Internet 实用程序一样,FTP 系统也是基于客户/服务器模式的。在 Internet 中,FTP 服务器一般还提供各种各样的信息列表和文件目录,其中有许多可供下载的文件,用户只要安装一个 FTP 客户端程序,就可以访问这些服务器;反之,用户需要时,也可以使用 FTP 的客户程序将个人计算机上的文件上传到 FTP 服务器上。

如图 7-1 所示,把各类远程网络上的文件传输到本地计算机的过程称为"下载"。反之,用户通过 FTP 协议将自己本地机上的文件传输到远程网络上的某台计算机的过程被称为"上传"。例如,可以说用户从某个共享网站"下载"软件,或者说将自己的主页"上传"到某个网站。

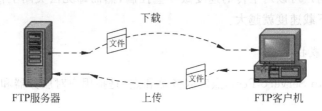

图 7-1　FTP 服务工作模式——客户/服务器

总之,在 Internet 上经常将共享文件或数据资源集中存储在 FTP 服务器上,以供分布在世界各地的客户使用。网络客户通过 FTP 客户端程序登录到 FTP 服务器之后,既可以下载感兴趣的资源,在允许时也可以上传自己的程序、网页或文件。

3. FTP 客户端程序

FTP 客户端软件负责接受客户的服务请求,并将许多需要的命令组合起来,负责转换成 FTP 服务器能够理解和接受的命令。因此,软件人员不断开发各种 FTP 客户端程序的目的就在于避免客户使用那些烦琐的 FTP 命令,这也是用户需要选择 FTP 客户端程序的原因。常用的 FTP 客户端程序有 IE 浏览器、迅雷、网际快车和 WS_FTP 等。

4. FTP 的两个功能

(1) FTP 可以在两个完全不同的计算机或系统之间传递文件或数据,例如在大型的 UNIX 主机和个人计算机之间传递文件。

(2) 提供了许多公用文件的共享。

由于上述两大功能使得 FTP 非常有用,据统计 Internet 上近 1/3 的通信量为 FTP,因此可以说 FTP 是 Internet 上最常用的操作之一,用好 FTP 也是用好 Internet 资源的关键。

FTP 不仅可以用来传送文本文件,也可以传递二进制文件,它包括各种文章、程序、数据、声音和图像等各类型的文件。

5. FTP 服务器与登录账户的类型

在访问 FTP 服务器时,其登录账户分为注册账户和匿名账户两种,前者为登录"注册

FTP 服务器"时使用。而后者为登录"匿名 FTP 服务器"(又称为 Anonymous FTP 服务器)时使用,登录此类 FTP 服务器时使用的是"匿名账号"。这里所谓的"匿名账户",并非没有账户,而是指该账户的权限很低,只有有限的访问资源的权限。

6. 文件传输的两种访问方式

在用户使用 FTP 服务时,有以下两种基本的访问方式。

(1) 命令行方式的 FTP 是指用户在命令提示符界面下,使用命令访问 FTP 服务器。这是早期用户使用的方法,目前,对用户来说,很少采用这种方式。

(2) 浏览器方式的 FTP 是指用户通过浏览器来访问 FTP 服务器。这是当前大部分用户常用的访问方式。

7.1.3　资源下载的常用方法

随着进入 Internet 时间的增长,传统的 FTP 下载方式已经被五花八门的下载技术方式所取代。归纳起来,从网络上下载文件和资料,采用的常用方法主要有以下 6 种,它们分别应用了不同的下载技术。

1. 网页下载(保存网页)

网页下载是资源下载的最简单方法,也是大多数人最习惯使用的方法。其步骤是:第一,在 IE 浏览器中,选择好需要的资料;第二,依次单击"文件"→"另存为"选项;第三,选择保存位置;第四,确定保存的"文件名"和文件类型;第五,单击"保存"按钮,即可完成资料的下载和保存。

2. 直接点击下载

在网上找到所需资源后,用户可以直接单击资源链接,从而可以根据激活的保存页面的提示进行保存。

3. 专用软件下载

当今网络的应用范围越来越广,资料的类型越来越复杂,很多资料的尺寸很大,下载时用时很长。这时,用户就不能再通过前两种方法来下载,而应当利用一些专用软件下载了。这也是本节应当重点掌握的内容。

4. 专用软件下载

使用专用软件下载的两个最大优点就是"多线程下载"和"断点续传"功能。

(1) 多线程下载

资源下载实际上就是将资源所在计算机上的文件,复制到用户的计算机的硬盘中。因此,可以将下载资源比做搬家,单线程下载就像只有一个人、一辆车的搬家过程;而多线程就像有多个人和多辆车同时进行的搬家,显然后者要比前者快得多。因此,支持多线程下载是所有专用下载软件的基本功能。

(2) 断点续传

断点续传是指用户今天下载资源时，不管什么原因中断了，下次上网下载时，可以不必从头开始，软件能够自动接着上次中断的位置继续下载。当前，很多资源的尺寸很大，有时需要下载好几天。显然"断点续传"也是人们需要并且是专用下载软件不可缺少的功能之一。总之，专用下载软件能够极大地提高下载速度，节约时间，确保下载和下载资源的连续性。

5．BT 下载

如今 BT 下载已经成为宽带用户下载手段的重要选择之一，许多大型软件、视频作品等都是通过 BT 协议下载而流传的。使用这种方式下载时，用户都可以同时从多个计算机中下载，因而极大地提高了下载的速度。为此，支持 BT 下载的软件工具很多，如早期的 BitCommet、电驴、比特精灵，以及后来流行的 FlashGet、迅雷、超级 BT 下载等。可见，当今中国最流行的下载软件大都支持支持 BT 下载。

6．右击下载

当用户安装了多种下载软件时，可能希望自行选择一种选择方法，这就是右击下载软件的方法。

7.1.4 常用下载软件及其特点

1．下载软件的基本功能与术语

（1）多种下载技术的混合。专用下载软件往往同时使用了 P4S、P2P、BT、P2S 等多种下载技术。

（2）多线程下载。多线程下载是一种将一个软件分为几个部分同时下载的方法。下载后，在通过软件将这几部分合并起来。如 FlashGet 通过将一个文件分成几个部分同时下载而成倍地提高了速度。一般认为，使用 FlashGet 和不使用任何工具相比的下载速度可以提高 100%到 500%。

（3）断点续传。断点续传是指在文件下载过程中，如果出现了突然的中断或停止，下载工具会自动保存已下载的部分；当再次下载该时，可以自动从中断的地方继续下载，而不用重复下载以前的部分。如 FlashGet 和迅雷等专用下载软件都能够实现断点续传。

（4）下载文件的分类管理。好的下载工具可以创建多种类别，每个类别都可以指定单独的文件目录，这样可以将下载的文件自动分类保存到不同的目录中去。

（5）未完成下载文件的管理。下载工具能够导入未完成的下载文件，并续传。

（6）自动关机。下载工具能够在下载完成之后，自动关闭计算机。

当前的下载工具几乎都支持以上的基本功能，此外，通常还具有网页右键菜单下载、下载链接点击监视、拖曳方式管理、下载后进行安全检查等功能。

2. 常用专业下载软件

下面介绍几种当前最流行的全能下载工具，这些软件大都具有下载速度快、安全、稳定和便捷等特点。另外，这些全能工具通常都支持 HTTP 下载、FTP 下载和 BT 下载等协议，有些还支持更多的技术与协议。

由于主流的下载工具大多都已整合了多种下载协议，因此只需安装一款全能工具，就可以足以满足用户多样化的下载需求。几乎所有免费软件站点（如"天空软件"网站）都提供下面这些免费软件工具的下载，每种工具的详细功能可进入各自的官方网站进行了解。

(1) 迅雷

迅雷是一款基于 P2SP 技术的下载工具，适用于各种软件的下载。迅雷支持 HTTP/FTP/ MMS/ RTSP/ BT/eMule 等多种下载协议。它使用的多资源、超线程技术是基于网格原理的技术，因此，能够将网络上存在的服务器和计算机中的资源进行有效的整合，并构成独特的迅雷网络。通过迅雷网络，各种数据文件能够以最快的速度进行传递。迅雷使用的多资源超线程技术，使得互联网的下载具有自动的负载均衡功能。这样，迅雷网络能在不降低用户体验的前提下，对服务器的资源进行均衡，有效地降低了服务器的负载。

总之，迅雷为了支持计算机、平板电脑、手机等多种设备的各种操作系统，其针对宽带和各种用户做了特别的功能设计与优化，能够充分利用宽带与其他设备上网的特点。此外，迅雷还推出了"智能下载"的全新理念，通过丰富的智能提示和帮助，让用户真正享受到高速下载的服务。

用户可以登录迅雷官方网站的产品中心下载自己所需的迅雷中软件，其网址为 http://dl.xunlei.com。此外，几乎所有的免费软件站点都提供该软件的下载服务。

(2) QQ 旋风

QQ 旋风是腾讯公司推出的新一代互联网下载工具，其下载速度更快，占用内存更少，界面更清爽简单。QQ 旋风创新性的改变了下载模式，将浏览资源和下载资源融为整体，让下载更简单，更纯粹，更小巧。

QQ 旋风支持多个任务同时进行，每个任务还可以使用多地址下载。此外，其多线程、断点续传、线程连续调度优化等技术的应用使得其下载速度快。用户可以登录 QQ 的官方网站下载软件，其下载网址为 http://pc.qq.com。

(3) FlashGet（网际快车）

FlashGet 软件采用了基于业界领先的 MHT 和 P4S 下载技术，完全改变了传统的下载方式，下载速度是 FTP 下载的 8～10 倍以上。其 P4S 协议全面支持 HTTP、FTP、BT、eMule 等多种协议，并与 P2P 和 P2S 无缝兼容，全面支持 BT、HTTP、eMule 及 FTP 等多种协议。它能够自动进行智能检测并下载资源，如其 HTTP/BT 下载的切换无须手动操作。此外，其 One Touch（一键式）技术优化了 BT 下载，在其获取种子文件后，会自动下载目标文件，无须二次操作。总之，网际快车程序能够自动从各种类型的下载协议中寻找相同的资源，极大地提高了用户的下载速度，并改善了下载过程中存在的"死链接"状况。

用户登录快车的官方网站可以下载 FlashGet 软件,其网址为 http://www.flashget.com。

(4) 比特彗星

比特彗星(BitComet)是一个完全免费的 BT 下载的客户端软件,同时也是一个集 BT、HTTP、FTP 技术为一体的下载管理器。BitComet 是基于 BitTorrent 协议的高效 P2P 文件共享的免费软件。其特点是:①支持多任务下载,且只需要一个监听端口;②文件可以有选择的下载;③通过磁盘的缓存减小了 BT 下载对硬盘造成的损伤。此外,BitComet 还使用了边下载边播放、可以手工配置防火墙、NAT 和 Router 等技术,总之,BitComet 拥有多项领先的 BT 下载技术。

7.2 专用下载工具

7.2.1 QQ 旋风的安装与基本应用

1. QQ 旋风的获取、安装与配置

(1) QQ 旋风 4.8 软件的下载与安装

【课堂示例 1】 获取与安装 QQ 旋风 4.8 软件。

① 软件的获取。从 QQ 旋风官方网站(http://xf.qq.com)可以随时下载最新的软件,当然也可以从国内其他网站上下载,下载界面如图 7-2 所示。

② 软件的安装。QQ 旋风 4.8 的安装非常简单,双击下载的程序,即可启动安装程序。之后,打开安装向导后,单击"下一步"按钮,打开如图 7-3 所示的对话框。单击"下一步"按钮,接受默认值;安装程序会自动安装到 C:\Program Files\Tencent\QQDownload 中。随后,只须跟随向导,即可完成安装任务。

③ 软件的启动。依次选择"开始"→"QQ 旋风 4.8"选项,或者双击桌面上的"QQ 旋风 4.8"图标,都可以启动如图 7-4 所示的 QQ 旋风工作窗口。

图 7-2 "QQ 旋风官网"下载页面

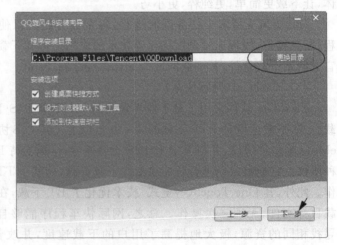

图 7-3 QQ 旋风 4.8 安装向导

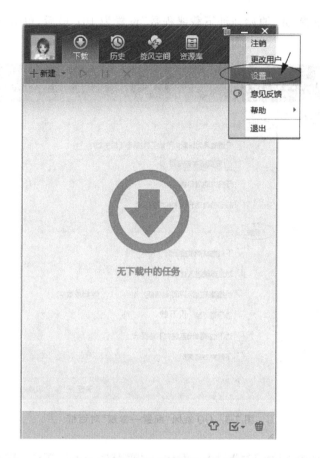

图 7-4　QQ 旋风 4.8.9 的工作窗口

(2) QQ 旋风软件的基本配置

【课堂示例 2】　QQ 旋风软件的基本配置。

安装后,还需要进行一些基本、常用设置,操作步骤如下。

① 在 QQ 旋风窗口中,第一步,单击"主菜单"按钮 ▤ ；第二步,在展开的菜单中,选择"设置"选项,打开如图 7-5 所示的对话框。

② 在对话框的左侧选中"常规"选项。右侧的操作：第一步,对"启动"相关项目进行设置,如清除"开机自动启动旋风"复选框；第二步,对"系统"进行相关设置,如选中"防止系统进入休眠"复选框；最后,单击"确定"按钮,完成常规设置。

③ 在对话框的左侧,选中"任务设置"选项,如图 7-6 所示。右侧的操作：第一步,对"保存到"进行设置,如修改"固定位置",单选文件夹图标 ▤ 打开"请选择保存路径"对话框,浏览定位 QQ 旋风默认的存储目录,如"D:\Downloads\QQ 下载"；第二步,修改其他选项,如选中"历史下载"中的"完成时立即将任务移至历史下载"复选框；最后,单击"确定"按钮,完成设置。

④ 在对话框的左侧,选中"下载设置"选项,如图 7-7 所示。右侧的操作：第一步,对"连接限制"进行设置,如在"最多同时载的任务数"中输入自己需要的数目 10；第二步,对

"下载线程"进行设置,如"原始地址下载线程数"设置为 10;最后,单击"应用"按钮,完成设置。

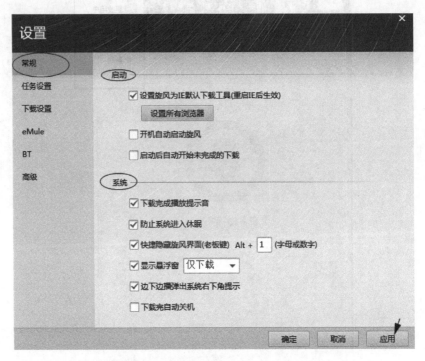

图 7-5 QQ 旋风"配置—常规"对话框

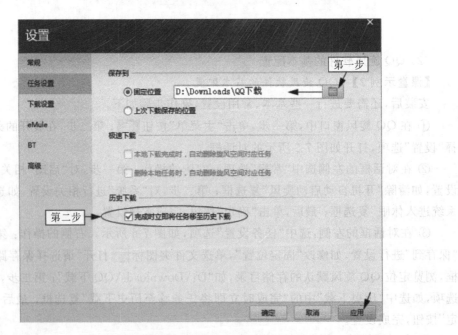

图 7-6 QQ 旋风"配置—任务设置"对话框

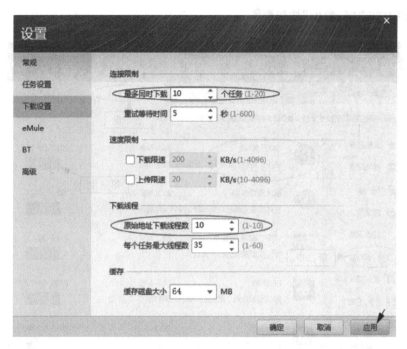

图 7-7　QQ 旋风"配置—下载设置"对话框

提示：① 原始下载地址。建立下载任务时，所选资源指向最终下载服务器的文件地址。

② 候选资源。下载软件为用户在网络上搜集的同样文件的其他服务器下载地址。

③ 线程。早期的下载通常使用的是单线程下载技术，可简单地理解为用户端与服务器端只有一座桥梁（一个连接）。当前的下载通常使用多线程技术，这里的多线程是指下载文件与所连接的下载服务器的连接数可以有多个。由于很多服务器都对每个线程进行了速度限制，因此多个线程同时下载时，可以提高下载速度。然而并非越多越好，某个下载文件设置的线程数如果超出了其承受能力，则多个文件同时下载时，用户端则有可能无法接受其他服务端的数据，因此，线程数的设置须根据服务端和用户端的具体情况而定。由于原始地址指向的资源只是多个下载资源中的一个，因此每个下载任务使用的最多线程数包括了原始地址的下载线程数。由于每个资源的热门程度不同，因此其候选资源的数量是不同的，为此每个任务下载可用的总线程数就会不同。一般推荐使用默认设置，如设置为 35～50，这样的将设置不会导致下载计算机的连接数过多，而无法从事其他网络活动。

2．QQ 旋风软件中的下载资源

常用的下载客户端软件，除了完成下载的相关任务外，还提供常用软件的下载与资源的搜索功能。

【课堂示例 3】　利用 QQ 旋风"资源库"下载软件。

① 通常在"QQ 旋风"窗口打开时，会自动打开如图 7-8 所示的窗口。如果没有打开，

则在工具栏中单击"资源库"按钮 。

图 7-8　QQ 旋风的"资源库"窗口

② 在图 7-8 所示的窗口或在图 7-9 所示的网页中,第一步,选中要下载的资料类型,如"软件";第二步,在左侧窗格选中软件类型,如"视频播放";第三步,在右侧窗格选中要下载的软件后,单击"下载"按钮,打开如图 7-10 所示的对话框。同样地,下载多个文件时,会出现如图 7-11 所示的对话框。

③ 在图 7-10 所示的"新建下载"对话框中,第一步,确认下载文件的名称及保存位置,通常接受默认值即可;第二步,单击"下载"按钮,开始下载进程;此时,打开图 7-12 所示的工作窗口,可以看到新添加的下载任务。

3. 下载单个文件

【课堂示例 4】　使用 QQ 旋风下载下载单个文件。

① 如图 7-9 所示,上网寻找自己所需的下载资源,第一步,浏览和选择要下载的文件,如选中"萝卜家园 GHOST……",通常会是显示了"立即下载""高速下载"等字样的按钮;第二步,右击"立即下载"按钮,从快捷菜单中选中"使用 QQ 旋风下载"选项,会打开

图 7-9 单个文件下载页面

与图 7-10 类似的对话框。

② 在图 7-10 相似的"新建下载"对话框中,第一步,确认下载文件的名称及保存位置,通常接受默认值即可;如果不想使用默认存储位置,则单击文件夹图标 ,在打开的对话框中重新定义需要保存下载文件的位置;第二步,单击"下载"按钮,开始下载进程,在图 7-12 中可以看到新添加的下载进程。

图 7-10 QQ 旋风的"新建下载"对话框

4. 一次下载多个文件

在下载文件时，经常会遇到一次下载多个文件的情况，用 QQ 旋风的操作如下所述。

【课堂示例 5】 用 QQ 旋风 4.8 一次下载多个文件。

① 联机上网，找到含有多个下载文件的网站后，右击选中的页面，在打开的快捷菜单中选择"使用 QQ 旋风下载全部链接"选项。

② 在图 7-11 所示的对话框中，第一步，选择要下载的文件：选择并逐一选中要下载的 JPG 文件，如选中了 11 幅图片；第二步，接受默认保存位置，单击"下载"按钮，最后，等待多个选定文件下载任务的完成。

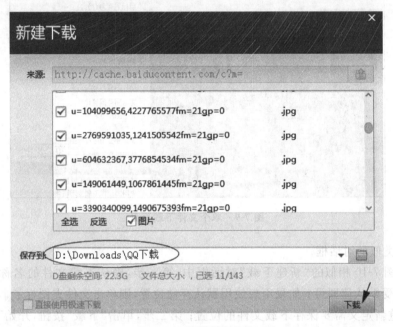

图 7-11 下载多个文件

5. 下载文件的管理

(1) 单个文件的管理

正在下载的单个文件的管理很简单，在如图 7-12 所示的窗口中，第一，选中要管理的文件；第二，右击，打开快捷菜单，选择要管理的类型，如选中"暂停"选项，则立即暂停所选文件的下载进程。

(2) 多个文件的管理

正在下载的多个文件的管理也很简单，只需在如图 7-12 所示的窗口中，右击，打开图 7-13 所示的快捷菜单，从中选择需要的管理，如选中"全部开始"选项，将重新开始下载窗口列出的所有进程。

图 7-12　暂停下载

图 7-13　全部开始下载

7.2.2　迅雷软件的安装与基本应用

1. 迅雷的获取、安装与配置

（1）迅雷 7.9 软件的下载与安装

【课堂示例 6】　获取与安装"迅雷"软件。

① 软件的获取。可以从迅雷官方网站（http://dl.xunlei.com/）下载迅雷软件，如图 7-14 所示，当然也可以从国内其他网站上下载。

② 软件的安装。迅雷 7 的安装非常简单，双击下载的 程序，即可启动安装程序。之后，跟随向导即可完成安装任务。

③ 软件的启动。双击桌面的"迅雷 7"图标，即可打开如图 7-15 所示的窗口。

④ 实用小工具。在图 7-15 所示的迅雷窗口中，单击工具栏中的"小工具"按钮，打开窗口中间的"小工具"窗格，可以选择常用的小工具。如选中"速度测试"后，可以进行网速的测试。单击"网址导航"，打开 http://www.155.com 网址导航网站，可以快速地链接到常用的网址。

Internet技术与应用教程（第2版）

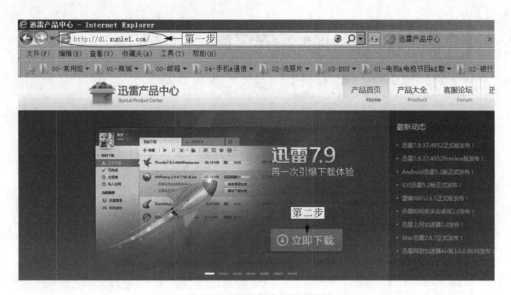

图 7-14 迅雷官方网站首页

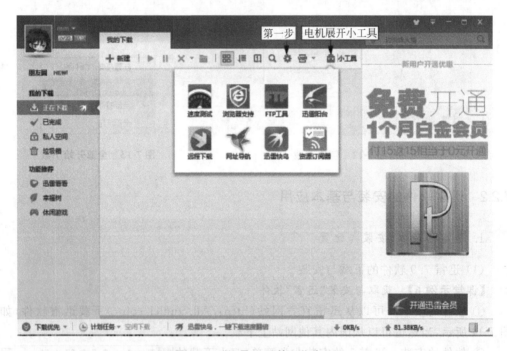

图 7-15 "迅雷 7.9"的工作窗口

（2）迅雷软件的基本配置

【课堂示例 7】 迅雷软件的基本设置。

① 在图 7-15 所示的迅雷窗口中，单击工具栏中的"配置"按钮 ，打开如图 7-16 所示的对话框。

② 在对话框的左侧依次选择"基本设置"→"常规"选项。在对话框右侧的操作：第

第7章 文件传输与云技术

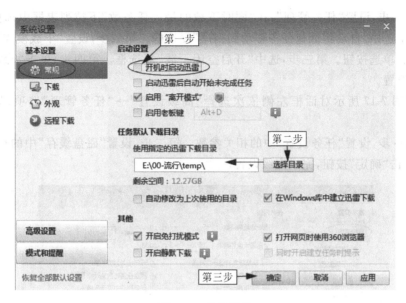

图 7-16 常规设置

一步,修改"启动设置"选项,如消除"开机时自动启动迅雷7"前的复选框。第二步,修改"任务默认下载目录"选项,单击其中的"选择目录"按钮 选择目录 ,打开"浏览文件夹"对话框,定位到迅雷默认的存储目录,如"E:\temp\迅雷下载"。如果选中"自动修改为上次使用的目录"复选框,则每次下载都使用上次使用过的目录;之后,可以修改"其他"选项。第三步,单击"确定"按钮,完成设置。

③ 在图 7-16 所示对话框的左侧依次选中"基本设置"→"下载"选项,打开如图 7-17 所示的对话框。

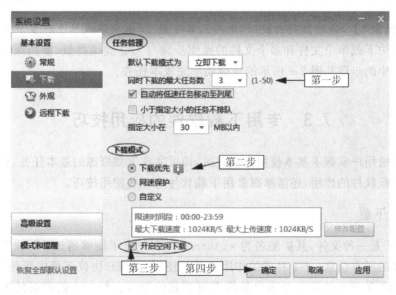

图 7-17 迅雷的下载设置

④ 第一步,设置"任务管理",在"同时下载的最大任务数"下拉列表框中选择需要的数目,如3;选中"自动将低速任务移动到列尾"复选框。第二步,设置"下载模式",如选中"下载优先"单选按钮。第三步,选中"开启空闲下载"复选框。第四步,单击"确定"按钮,完成下载设置。

⑤ 在图7-17所示对话框左侧依次选择"高级设置"→"任务管理"选项,如图7-18所示。

⑥ 第一步,设置"任务设置"中的相关参数。第二步,设置"磁盘缓存"中的相关参数。第三步,单击"确定"按钮,完成高级设置。

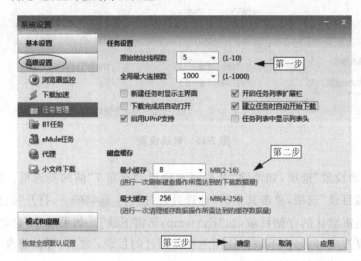

图7-18 迅雷的任务管理设置

2. 用迅雷7下载单个文件

【课堂示例8】 通过鼠标右键的"使用迅雷下载…"选项下载单个和多个文件。

在迅雷中下载单个文件和多个文件的操作步骤与QQ旋风类似,参照课堂示例4和课堂示例5中的步骤和图7-9所示的快捷菜单完成本任务。

7.3 专用下载软件的应用技巧

对于普通用户掌握了基本使用方法之后,即可完成下载资源的基本任务,但是若想更好地发挥下载软件的作用,还需掌握常用下载软件的一些使用技巧。

7.3.1 BT下载

BT种子是一种文件,其扩展名为*.torrent。它包含了能够通过BT软件下载资源文件所必需的所有信息。BT种子的作用类似于使用HTTP协议下载中所用的URL链接。所以,BT种子文件并非是用户最终需要下载的资源文件。人们需要的下载文件是电影、电视剧剧集、软件、歌曲等。因此,只有先找到并下载了扩展名为.torrent的种子文件，才有可能通过 BT 技术下载到人们需要的最终资源。

【课堂示例 9】 用 BT 方式下载所需的资源文件。

① 打开浏览器，找到所需资源的种子文件，如图 7-19 所示。

图 7-19 BT 种子下载

② 在图 7-19 所示的窗口中，单击种子文件，打开如图 7-20 所示的对话框。

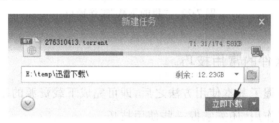

图 7-20 "新建任务"对话框

③ 在图 7-20 所示的"新建任务"对话框中，第一步，接受默认存储位置；第二步，单击"立即下载"按钮，开始 BT 种子文件的下载。

④ 在图 7-21 所示的"新建 BT 任务"对话框中，第一步，选中要进行 BT 下载的文件；第二步，单击"立即下载"按钮，打开如图 7-22 所示的窗口。

图 7-21 "新建 BT 任务"对话框

⑤ 在图 7-22 所示的"我的下载"迅雷窗口中,可以看到正在进行的 BT 下载任务。

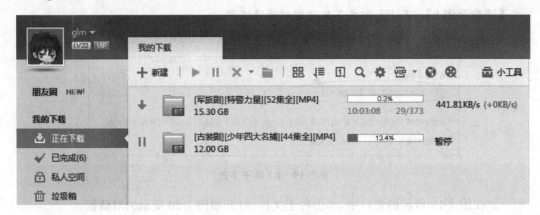

图 7-22 "我的下载"工作窗口

7.3.2 专用下载软件的常用技巧

对于普通用户掌握了基本使用方法之后,即可完成下载资源的基本任务,但是若想更好地发挥下载软件的作用,还需掌握一些使用技巧。

1. 迅雷的断点续传

【课堂示例 10】 在迅雷中使用文件的断点续传。

断点续传是指在下载文件中断后,自动从中断位置续传的操作。

① 单个或多个文件的断点续传。打开图 7-22 所示的迅雷 7 窗口,选中右侧窗格中需要续传的一个或多个任务,单击工具栏中的"开始下载任务"按钮 ▶,即可开始对所选任务的续传。

② 全部文件的断点续传。右击任务栏中的迅雷图标 ,从图 7-23 所示的快捷菜单中,选中"开始全部任务"选项,即可开始对所有中断的下载文件进行续传。

2. 悬浮窗的使用

【课堂示例 11】 迅雷"悬浮窗"的使用与管理。

① 在桌面右上角如果没有出现迅雷"悬浮窗"的图标 ,说明目前处于"隐藏悬浮窗"的状态。右击任务栏的迅雷图标 ,弹出如图 7-23 所示的快捷菜单,依次选择"悬浮窗显示设置"→"显示悬浮窗"选项,即可打开悬浮窗。

② 双击悬浮窗图标 将打开迅雷的工作窗口。

③ 双击显示有下载进度的悬浮窗 ,可以随时查看正在下载或已完成的任务,如图 7-24 所示。

④ 右击悬浮窗 将打开与图 7-23 相似的快捷菜单。

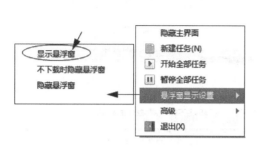
图 7-23 显示悬浮窗

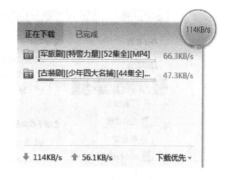
图 7-24 "悬浮窗—正在下载"窗口

3. 添加下载任务的方法

（1）拖曳下载任务的 URL 到悬浮窗

【课堂示例 12】 通过迅雷 7 的"悬浮窗"添加下载任务。

① 在 IE 浏览器的地址栏中输入 http://www.crsky.com/soft/28528.html；打开"霏凡软件站"，选中的要下载软件，如 SPSS v19.0 中文版。找到该软件的下载地址链接处，按住鼠标左键，拖曳到悬浮窗 中。

② 释放鼠标左键，打开"新建任务—默认位置"对话框。第一步，确认下载文件的保存位置，一般接受默认值即可；第二步，单击"立即下载"按钮，即可开始下载的进程。

说明：这就是所谓的拖曳 URL 到悬浮窗的操作。在 IE 浏览器中，迅雷 7 支持一次拖曳多个链接。

（2）监视浏览器点击

【课堂示例 13】 浏览器监视参数的设置。

已安装迅雷或 QQ 旋风后，可以通过设置来自动监视浏览器的点击。这样，当用户单击 URL 时，一旦下载软件监视到 URL 点击，该 URL 符合又下载的要求（即扩展名符合设置的条件），该 URL 就会自动添加到下载软件的任务列表中。

① 迅雷的设置方法。在迅雷 7 窗口的工具栏中单击"配置"按钮 ，打开如图 7-25 所示的对话框。第一步，在其左侧窗格中，依次选择"高级设置"→"浏览器监控"选项，在右侧窗格可以对"监控对象"和"监控现在类型"进行设置，通常使用默认选择即可。

② QQ 旋风的设置方法。第一步，在图 7-26 所示对话框的左侧窗格中，选择"常规"选项；第二步，在右侧窗格中选中"启动"下的"设置旋风为 IE 默认下载工具"复选框，并单击"设置所有浏览器"按钮；第三，在打开的"设置所有浏览器"对话框中，选中使用 QQ 旋风下载的浏览器前的复选框；最后，依次单击"确定"按钮，关闭所有打开的对话框，完成设置。

（3）浏览器的右键菜单

安装 QQ 旋风、迅雷 7 等专用下载客户端软件之后，在浏览器中右击，会在其快捷菜单中添加有"使用 QQ 旋风下载""使用 QQ 旋风下载全部链接""使用迅雷下载""使用迅雷下载全部链接"等选项，这些选项可以在下载单个或多个链接文件时使用。

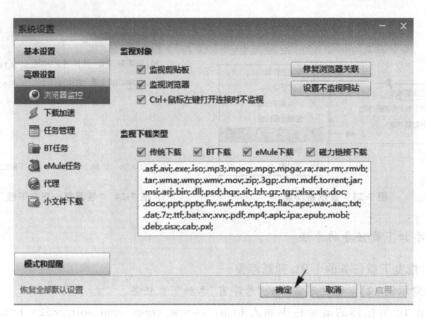

图 7-25 设置浏览器监控

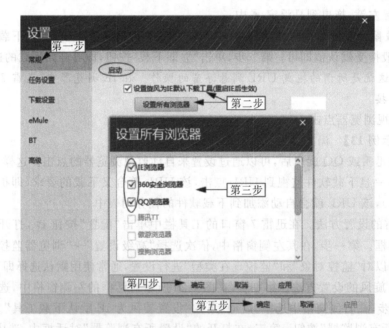

图 7-26 设置 QQ 旋风为浏览器默认下载工具

(4) 监视剪贴板

当复制了一个合法的 URL 到剪贴板中时,无论是从浏览器,还是一个简单的文本框,只要该 URL 符合下载的要求,即扩展名符合设置的条件,这个 URL 就会自动添加到迅雷或 FlashGet 的下载任务列表中。

7.4 云技术的应用

云技术是指利用高速互联网的传输能力,将用户所有的数据和服务都放在"网络云"(大型数据处理中心)中,用户通过任何一种上网终端设备(计算机、笔记本、手机、Pad)即可使用云应用。云应用不但可以帮助用户降低 IT 成本,还能极大地提高工作效率,因此传统文件传输软件向云应用转型的发展和改革的浪潮一浪高过一浪。

随着互联网的发展,云技术、云盘、网盘等流行起来。当前,很多人通过网盘或云盘传递文件。云盘也成为计算机、平板电脑、智能手机之间传递文件的流行方式。

7.4.1 云技术简介

云计算、云存储、云服务、云物联、云安全等名词层出不穷,各种基于云技术的"云应用"成为当今互联网的热点,各大 IT 巨头、很多创新公司将其作为一个新的发展契机,纷纷涌入"云计算"的领域。继大型计算机、个人计算机、互联网迅速发展之后,"云计算"俨然成为 IT 产业的第四次革命。由此可见,"云计算"代表的是时代需求,其发展反映了市场关系的变化。因为只有拥有庞大数据规模的商家,才可能提供更广、更深的基于云技术的信息服务,为此也可将"云计算"看作是网格计算的一个商业演化版。

1. 云计算(Cloud Computing)

云计算可解释为:它将一切都放到"云"中,此处的"云"指网络,该网络主要指其中的计算机群,每一群可以包括几十万台、甚至上百万台计算机。云计算是个时尚的概念,它既不是一种技术,也不是一种理论,而是一种商业模式的体现方式;它强调的是其计算的弥漫性、无所不在的分布性和社会应用的广泛性等特征。

(1) 云计算定义。现阶段被广泛认可的是美国国家标准与技术研究院(NIST)的定义,即云计算是一种按使用量付费的模式,该模式提供可用、便捷、按需访问的网络及可配置的计算资源共享池(资源包括:网络、服务器、存储、应用软件、服务等)。用户只须进行很少的管理工作,或者与服务供应商进行少量的交流,即可快速访问上述的资源。

(2) 云:云是对网络或互联网的一种形象比喻。因此,在涉及网络的图形中,常用云的符号来表示电信网、互联网及其基础设施。

2. 云技术(Cloud Technology)

云技术是基于云计算商业模式应用的总称。云技术是网络技术、计算技术、信息技术、整合技术、管理平台技术、应用技术等多种技术整合后的总称。云技术可以组成资源池,按需所用,灵活便利。由于云计算可提供每秒 10 万亿次的超强运算能力,因此,成千上万的云用户可以通过其电脑、笔记本、手机等各种方式接入海量数据中心,并按自己的需求进行运算。

7.4.2 云应用简介

云应用是云计算概念的子集,也是云计算技术在应用层的体现。

1. 云应用的工作原理

云应用将传统软件的本地安装和运算的方式转变为"即取即用"的服务,这是一种通过互联网或局域网的连接来操控远程服务器集群、完成业务逻辑、运算任务的一种新型应用。

2. 云应用与云计算的根本区别

云计算是一种宏观技术的发展概念,而云应用则是面对客户解决实际问题的产品。因此,云计算的最终目标是云应用。云应用将基于云的计算、服务和应用作为一种公共设施提供给公众,使人们能够像使用水、电、煤气、电话等资源那样使用它。

3. 云应用的几个重要应用

经常上网的人或多或少地都接触过云应用,如物联网、云存储等。下面做简单介绍。

（1）物联网与云物联

物联网（Internet of Things,IoT）就是物物相联的互联网。它包含两层意思:①物联网的核心和基础仍然是互联网,是在互联网基础上的延伸和扩展的网络;②其用户端延伸和扩展到了任何物品与物品之间,进行信息交换和通信,也就是物物相息。物联网是新一代信息技术的重要组成部分,也是信息化时代的重要发展阶段。

物联网的本质概括起来主要体现在3个方面:①互联网特征,即对需要联网的物一定要能够实现互联和互通;②识别与通信特征,即纳入物联网的"物"一定要具备自动识别与物物通信的功能;③智能化特征,即网络系统应具有自动化、自我反馈与智能控制等特点。

物联网将智能感知、识别技术、计算等通信感知技术,广泛应用与融合在互联网中,因此,物联网被称为继计算机、互联网之后的世界信息产业发展的第三次浪潮。物联网是互联网的应用拓展,与其说物联网是网络,不如说物联网是业务和应用。

（2）云存储（Cloud Storage）

云存储是在云计算概念上延伸和发展出来的一个新概念。云存储是指通过集群应用、网格技术或分布式文件系统等功能,将网络中大量各种不同类型的存储设备通过应用软件集合起来协同工作,共同对外提供数据存储和业务访问功能的一个系统。当云计算系统运算和处理的核心是大量数据的存储和管理时,云计算系统中就需要配置大量的存储设备,那么云计算系统也就转变成为一个云存储系统,所以云存储就是一个以数据存储和管理为核心的云计算系统。

（3）私有云（Private Cloud）

私有云的云基础设施与软、硬件资源均创建在防火墙内,它向机构或企业内部提供数据中心的共享资源。创建私有云,除硬件资源之外,还需配置云设备（IaaS）软件。现在能够提供的商业软件有 VMWare 的 vSphere 和 Platform Computing 的 ISF,而开放源代码的云设备软件主要有 Eucalyptus 和 OpenStack。

(4) 云游戏(Cloud Gaming)

云游戏是以云计算为基础的游戏方式。在云游戏的运行模式下,所有游戏都在服务器端运行,并将渲染后的游戏画面压缩后,再通过网络传送给用户。因此在客户端,用户的游戏设备不需要任何高端处理器和显卡,只需要基本的视频解压能力就可以了。

(5) 云教育(Cloud Education)

云教育的实例是教育行业中的视频云应用系统,其流媒体平台采用分布式架构方式,其包含 Web 服务器、数据库服务器、直播服务器和流服务器,还可以在信息中心架设采集工作站、搭建网络电视,以便进行实况直播应用。在各校应部署有录播系统,直播系统的教室配置流媒体功能组件,这样录播实况时,即可实时传送到流媒体平台管理的中心全局直播服务器上。同时,参与录播学校的课件也可以上传存储到教育局信息中心的流存储服务器上,以便日后的检索、点播、评估等应用。

(6) 云会议(Cloud Conferences)

云会议是基于云计算技术的一种高效、便捷、低成本的会议形式。使用者只须通过互联网界面进行简单易学的操作,便可快速高效地与全球各地团队及客户同步分享语音、数据文件及视频,而会议中的数据传输、处理等复杂技术,云会议服务商会帮助进行操作。

(7) 云社交(Cloud Social)

云社交是一种物联网、云计算和移动互联网交互应用的虚拟社交应用模式。它以建立著名的"资源分享关系图谱"为目的,进而开展网络社交。云社交的主要特征就是能够将大量的社会资源进行统一的整合与评测,并通过构成的一个资源有效池,向用户提供按需服务。参与分享的用户越多,能够创造的社会与经济价值就越大。

7.4.3 云存储的基本知识

随着互联网的飞速发展,云计算、云技术、云存储悄然而生。云计算技术在当今的网络服务中已随处可见,如搜寻引擎、网络地图等。而未来的手机、GPS 等行动装置可能会进一步开发出基于云计算技术的更多应用服务。

1. 公共云存储与私有云存储

公共云存储(简称:公共云)供应商能够低成本提供大量的文件存储空间。供应商能够保持每个客户的存储、应用都是独立的、私有的。国外公共云存储发展迅速的代表有 Dropbox;国内公共云存储服务比较突出的有微云同步盘、腾讯微云、搜狐企业网盘、乐视云盘、移动彩云、金山快盘、坚果云、酷盘、115 网盘、华为网盘、360 云盘、新浪微盘等。

在公共云存储中,可以划出一部分用作为私有云存储。一个公司可以拥有、控制其私有云的基础架构,并部署其应用。私有云存储可以部署在企业数据中心或相同地点的设施上。私有云可以由公司自己的 IT 部门管理,也可以由服务供应商管理。

2. 内部云存储

内部云存储（简称：内部云）和私有云存储较为相似，唯一不同的是前者位于企业防火墙内部，后者位于防火墙的外部。截至 2014 年，可以提供私有云平台的有 Eucalyptus、3A Cloud、minicloud 安全办公私有云、联想网盘等。

3. 混合云存储

混合云存储是将公共云存储、私有云存储、内部云存储等 3 种结合在一起的云存储方式，其主要用于满足客户不同需求的访问。例如，当需要临时配置容量的时候，从公共云上划出一部分容量配置成一种私有云或内部云，能够帮助公司解决迅速增长的负载波动或高峰带来的问题，但混合云存储带来了跨公共云和私有云分配的应用复杂性。

4. 云技术和云盘

当今社会，计算机、平板电脑等设备，依然是人们日常生活与工作的核心工具。人们通过计算机等设备来处理文档、存储资料，通过电子邮件、微信或 U 盘与他人分享信息。然而，一旦计算机等设备的硬盘坏了，则会由于各种信息、资料的丢失而导致严重的后果。而在当今的云计算时代，利用好"云"，则会带来事半功倍的效果，如通过"云"可以完成人们的存储与计算工作。"云"的优点在于，其中的计算机可随时更新，从而保证"云"可以长生不老。目前，各 IT 巨头，如谷歌、微软、雅虎、亚马逊（Amazon）等，都在建设"云"，有的已建成，有的正在建立。通过建好的"云"，人们只要通过一台已联网的计算设备，即可在任何地点、通过任何设备（如计算机、平板电脑、智能手机等）快速地计算并找到所存储的资料；而人们并不清楚存储或计算发生在哪朵"云"上。这样，人们也就不用再担心由于资料丢失而造成的损失。

云盘是互联网存储工具，是互联网云技术的产物。云盘通过互联网为企业和个人提供信息的储存、读取与下载等多项服务；由于，其具有安全稳定、海量存储的特点，是当前较热门的云端存储服务。提供云盘服务的著名服务商有：360 云盘、微云同步盘、微云网盘、金山快盘、够快网盘等。

5. 网盘

网盘又被称为网络 U 盘或网络硬盘。网盘是互联网公司推出的一种在线存储服务。它能够向用户提供文件的存储、访问、备份、共享等多种文件编辑和管理等功能。因此，可以将网盘看成是一个放在网络上的硬盘或 U 盘。由于存储的数据在网络的服务器中，因此，无论在家中、单位或出国访问，凡是因特网能够连接的地方，都可以对其进行管理。不需要随身携带，更不怕丢失。

6. 网盘与云盘的区别

从发展的角度看，早期用户使用的都是网盘，近几年才出现了云、盘云技术等概念。随着网盘市场竞争的日益激烈和存储技术的不断发展，早期传统的网盘技术已经显得力不从心,其传输速度慢、冗灾备份及恢复能力低、安全性差、营运成本高等瓶颈一直困扰着提供网盘服务的企业。而最新应用的基于云计算的储存技术,为网盘行业带来了新生。传统的网盘必将逐步被云存储技术所取代。云存储是构建在高速分布式存储网络上的数据中心,它将网络中大量不同类型的存储设备通过应用软件集合起来协同工作,形成一个安全的数据存储和访问的系统,适用于各大中小型企业与个人用户的数据资料存储、备份、归档等一系列需求。云存储最大优势在于将单一的存储产品转换为数据存储与服务,在这个技术下,网盘行业只有向云存储转变才能使迎来其蓬勃发展的未来。

网盘的功能仅在于"存储",用户通过网盘的服务器可以存储自己的资源。而云盘除了具备网盘的存储功能外,更注重资源的同步和分享,以及跨平台的运用,如计算机、平板电脑和手机的同步等。因此,云盘的功能更强、使用也更便捷。

例如,微云同步盘是百度公司推出的一款云服务产品。通过微云同步盘,用户可以将照片、文档、音乐、通讯录数据在各类设备中使用,并在众多的朋友圈里分享与交流。百度网盘只是微云同步盘提供众多服务中的一项服务,还包含了百度的相册、通讯录、音乐、文库和短信等多种云服务。但是并不能将两者截然分开,因为微云同步盘服务中的很多数据也会存在百度网盘中。

综上,网盘和云盘都可以用于存储资料,那么两者的区别主要是:①发展的前后不同,网盘在前,云盘在后;②技术的侧重点不同;③提供的服务不同;④使用的技术也不同。因此,云盘通常都包含网盘的功能,而网盘却并不都具有云盘的功能,如多电子邮箱提供的网盘仅有存储功能。但在应用中,很多用户并不十分清楚云盘与网盘的区别,而习惯将云盘和网盘都称为"网盘",下面介绍时,除了针对特定的功能,本章也将统称为网盘。

7. 网盘应用中要考虑的事项

当选择和应用网盘时,需要考虑的因素如下所述。

(1)稳定性:考虑到资料的重要性,首先要考虑的就是稳定性,为此,应当选择稳定的公司或企业开发和提供的网盘。

(2)同步备份:申请时,应当考虑永久型,具有同步备份功能的网盘或云盘;因为如果遇到申请的盘突然中断或取消服务,将给自己造成无可弥补的损失。

(3)容量:与使用的硬盘一样,网盘的尺寸越大,存储空间也就越大。

(4)速度:使用网盘时速度是很重要的,上传或下载的速度越快,使用起来就越方便。

(5)FTP功能:网盘带 FTP 功能能够增加很多功能;如可通过前面介绍过的 FTP 协议及客户端访问网盘;另外,通过 CuteFTP、迅雷等支持 FTP 协议的客户端软件登录网盘后,除了上传、下载更为方便、速度更快外;还支持断点续传或者从其他服务器上下载文件,到申请到的网盘账户中。

(6)永久免费或费用低廉:使用网盘时当然希望是永久且免费的,但免费网盘提供的空间通常较小,稳定与安全性也令人担忧。因此,应根据需求进行选择,如某公司的网盘提供 2GB 的免费使用空间,60GB 的收费低廉的空间,作为小公司用户,则建议选择后者。

8. 国内著名网盘

本处介绍的网盘为泛网盘,既可以是真正云盘(如微云、微云同步盘),也可以是邮箱中附加的网盘(如网易邮箱中的网盘)。前者可以在多种环境中提供云服务,即可以在多种设备之间进行文件、数据的同步;后后者,只能在特定的环境中使用,仅指在网络中提供的免费在线存储和网络寄存的服务空间。下面将介绍几种典型的包含云服务的网盘。

(1) 360 云盘

① 360 云盘是奇虎 360 科技提供的一款分享式云存储服务产品。它为网民提供了存储容量大、免费、安全、便携、稳定的跨平台文件存储、备份、传递和共享服务。360 云盘为每个用户提供 18GB 的免费初始容量空间,通过完成任务最大可扩容至 36GB;每天登录签到还可以获得随机永久的存储空间。

② 网址:http://yunpan.360.cn。

(2) 百度云同步盘和百度云管家

① 百度云同步盘是百度公司推出的一项云存储服务。首次注册时,可以获得 15GB 的空间。目前其提供的有 Web 版、Windows 客户端、Android 手机客户端。因此,用户可以在各种终端上将文件上传到自己的网盘上,并可以在多种终端上,随时随地查看和分享网盘的文件。如果每天签到,也可以领取永久空间。有测试表明其网盘的上传、下载速度优于国内外大多数的网盘,因此,有人认为这是国内最快速、稳定的网盘。

② 网址:http://pan.baidu.com。

(3) 腾讯的微云和微云同步盘

① 微云是腾讯公司为用户精心打造的一项智能云服务,用户通过微云可以方便地在手机、平板电脑及计算机之间同步文件、推送照片和传输数据。

② 网址:http://www.weiyun.com。

除了上述的 3 家著名公司提供的云盘外,国内还有众多提供网盘服务的公司或集团,如华为网盘,金山快盘以及网易(163、126)邮箱中提供的网盘等。

7.4.4 云盘的应用

对于广大用户,在了解了网盘的功能后,最重要的就是应用好网盘。若想更好地发挥网盘的作用,还需要不断地应用。下面仅以微云为例来介绍网盘的典型应用技术。

1. 获取与安装微云软件

微云是腾讯旗下的"网盘+数据同步"类软件,它可以与 QQ 绑定,深受部分 QQ 用户喜爱。微云目前有腾讯微云和微云同步盘两种,前者相当于网盘(形象地说是网络 U 盘),如微云的容量为 10TB;后者是同步盘,会占用本地硬盘资源,如微云同步盘的容量只有 2GB。

腾讯微云和微云同步盘的区别是:腾讯微云只能上传文件,不能自动同步数据;而微云同步盘可以实时同步数据的软件,如将计算机中某工作目录放在微云同步盘后,即可随时自动同步该目录,从而避免由于手工上传不及时而导致的损失。

【课堂示例 14】 下载和安装微云。

① 打开 IE 浏览器,输入网址 http://www.weiyun.com/index.html,打开如图 7-27 所示的页面。第一步,选择"下载"选项;第二步,在打开的网页中,双击要下载的版本,如"Windows 版",启动下载进程。

图 7-27 微云客户端下载页面

② 完成微云客户端软件下载后,在计算机中,双击下载的文件 weiyun_windows_3.0.1277 ,跟随安装向导完成安装任务。

③ 在腾讯微云 3.0 的"安装完成"对话框中,单击"立即打开"按钮,打开如图 7-28 所示的对话框。

④ 在"登录"对话框中,第一,正确输入登录名和密码,如 QQ 号和密码;第二,单击"登录"按钮,登录成功后打开如图 7-29 所示的工作窗口。

⑤ 接下来,在其他计算机、手机或 iPad 上均下载和安装适合的微云客户端软件,如在 iPad 上安装 iPhone 版微云;在手机上安装安卓版微云,即可在不同设备上传递文件。

图 7-28 腾讯微云"登录"对话框

2. 微云的基本应用

【课堂示例 15】 微云的基本应用。

(1)了解微云

① 安装微云后,会在桌面、任务栏中安装其快捷方式图标。

② 双击"腾讯微云"图标 ,打开如图 7-29 所示的"腾讯微云"工作窗口,即可开启微云之旅。建议初学者先游览"欢迎使用微云.PDF"文件,按照指南依次进行。

图 7-29　腾讯微云的下载工作窗口

(2) 下载

① 在图 7-29 所示的腾讯微云工作窗口中，第一步，右击中拟下载的文件；第二步，在弹出的快捷菜单中，选中"下载"选项，打开如图 7-30 所示的对话框。

② 在图 7-30 所示的对话框中，第一步，定位下载文件的存放目录；第二步，单击"确定"按钮；稍后完成下载，在指定的文件夹中，可以看到已下载的文件。

注意：最简单的下载方式是直接从如图 7-29 所示的窗口，将选中的文件或文件夹拖曳至本地计算机，如拖拽至资源管理器、桌面等处。

图 7-30　"浏览文件夹"对话框

(3) 上传

① 在图 7-29 所示的窗口中，单击右侧窗格最上边的"添加"按钮，打开如图 7-31 所示的对话框。

② 在"上传文件到微云"对话框中，第一步，浏览定位计算机中要上传文件；第二步，单击"上传"按钮，打开如图 7-32 所示的对话框。

③ 在"选择上传目的地"对话框中，定位上传文件在网盘的位置。第一步，选择要上传的网盘目录，如"出版社"；单击"新建文件夹"按钮，可新建文件夹。第二步，单击"开始上传"按钮，稍后，在图 7-29 所示的窗口中，可以看到成功上传的文件。

注意：最简单的上传方式是直接从本地计算机的文件夹中，拖曳文件或文件夹至如

图 7-29 所示窗口的某个文件夹中。

图 7-31 "上传文件到微云"对话框

图 7-32 "选择上传目的地"对话框

3．利用微云传输文件或信息

用微云在自己的各种设备间传输信息、文件是常用的功能，如在计算机上查询了乘车路线，发送到手机或 iPad，条件是在各个设备中都安装了微云客户端。

（1）在各设备间传递信息

利用云技术在不同设备间传递各种消息，快捷方便。

【课堂示例 16】 利用微云在各设备间传输信息。

① 打开图 7-33 所示的腾讯微云剪贴板窗口，在右侧窗格选中"发送消息"选项卡，输

入或粘贴要传送的内容,单击"发送"按钮,完成消息的发送任务。

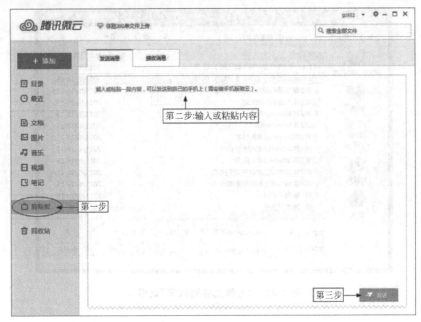

图 7-33　笔记本电脑中的腾讯微云剪贴板窗口

② 登录 iPad 或手机的腾讯微云,打开如图 7-34 所示的窗口。
③ 单击底部的"工具",打开如图 7-35 所示的窗口。

图 7-34　iPad 的腾讯微云窗口

图 7-35　iPad 的腾讯微云工具窗口

④ 在图 7-35 所示的 iPad 的腾讯微云工具窗口中，按"剪切板"工具，打开如图 7-36 所示的窗口。

⑤ 选择"接收信息"选项卡，即可打开收到的信息。

图 7-36　iPad 的腾讯微云剪切板窗口

（2）分享和传递文件

利用云盘传递各种文件是云技术的重要应用，如将网盘存储的大文件分享给朋友们。使用 E-mail 接收与发送时，经常受到邮箱附件大小的限制，以及上传邮件附件的速度限制，而导致传送的最终失败。使用云（网）盘传送时，由于仅仅是将云盘中大文件生成的下载链接分享给友人，因此没有上述限制；收到链接的朋友通过接收到的下载链接及验证码，即可下载或转存链接文件。

【课堂示例 17】　利用微云传输大文件。

① 在如图 7-37 所示窗口中选中左侧窗格中的"目录"选项，在右侧窗格中选择文件，如"手机铃声.zip"，然后在弹出的菜单中，选择"分享"选项，打开如图 7-38 所示的对话框。

② 在"分享"对话框中，单击"复制链接"按钮，当提示"复制链接成功"时，表示链接已经复制到剪切板上。

③ 选择一种方式，如，发送一封邮件或一则消息将此链接群发送给要分享的朋友。

④ 朋友接到链接后，可以选择"下载"，也可以选择"转存到微云（接收者的微云）"。接收者的操作：在计算机或安卓手机中收到链接后，复制这个链接，并将其粘贴到浏览器；右击显示的链接文件，在弹出的快捷菜单中选中"下载"选项，将链接的文件下载到本地硬盘（如果有微云账号，则推荐选中"保存到微云"选项），如图 7-39 和图 7-40 所示。

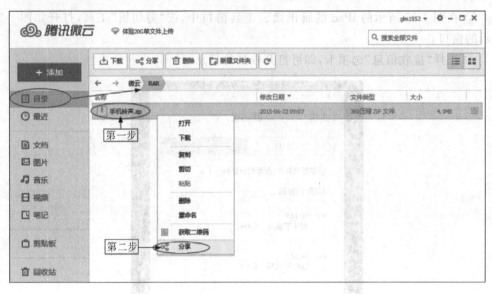

图 7-37 腾讯微云主窗口

图 7-38 "分享"对话框

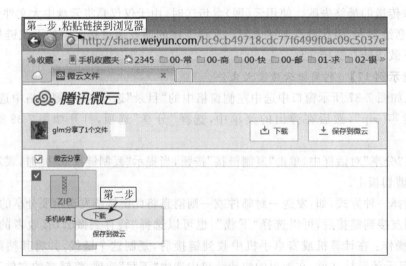

图 7-39 在计算机中下载

图 7-40　安卓手机收到的邮件链接

4．微云资源的管理与访问

微云的管理与访问很简单，不仅可以通过计算机（笔记本）、iPad、安卓智能手机的客户端进行，还可以通过任一款浏览器，在任何地方登录微云的网页版，进行微云文件的管理与访问。

【课堂示例 18】　微云资源的管理。

① 打开任一款浏览器在地址栏中，输入网址 http://www.weiyun.com，打开如图 7-41 所示的"网页版登录"页面。

图 7-41　"网页版登录"页面

② 正确输入 QQ 号（或用户名）及密码后，单击"登录"按钮。

③ 验证成功后的页面如图 7-42 所示。在左侧的目录树中，已经包含了常见的分类，用户可以像使用"资源管理器"那样对其进行管理。例如，在左侧窗格选中"目录"选项，在右侧可以对其进行管理。在"工具栏"中可以使用各种管理工具进行管理，如单击"新建文件夹"，即可在选定目录中建立新的文件夹。

④ 无论是通过微云的常用客户端，还是通过网页版上传资源文件时，可以采用单击

"添加""下载""分享"……等方式对选中的项目进行管理。

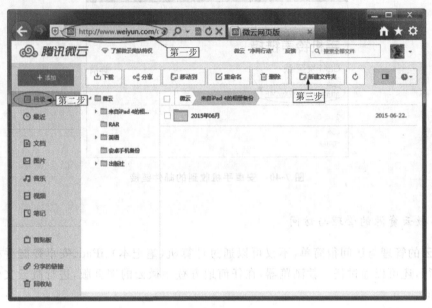

图 7-42　腾讯微云网页版

5．自动备份的应用

为了确保本地计算机及其他客户端数据的安全，很多用户都有定时备份的习惯。尤其是那些工作中的主要资料，往往会经常备份。然而，这种人工的备份只能是不定时的，如每天或每周一次。即时如此，由于备份的不够及时，有时还会造成数据的丢失。利用微云同步盘的自动备份功能，可以很好地解决这个问题。因为过一段时间，它就会利用网络空余的时间备份一次，从而大大降低了丢失数据的概率。

【课堂示例19】　文件的自动备份。

微云同步盘是腾讯推出的一款云储存产品，它允许用户将计算机中指定的文件夹与微云中的微云同步盘文件夹中的内容自动同步。这样，用户就能够将重要的办公或学习资料自动转存到云盘。其操作方法如下。

① 下载和安装微云同步盘客户端软件。如从 360 软件管家中下载微云同步盘适合 Windows 7 的版本，之后跟随安装向导完成软件的安装。

② 注册。双击桌面上的"微云同步盘"图标 ，打开如图 7-43 所示的窗口。如果没有微云账户，则应单击"注册账号"选项，注册一个微云的账户。

③ 登录。在图 7-43 所示的微云同步盘登录窗口中，第一步，输入正确的账户信息和密码，如 QQ 号与密码；第二步，单击"登录"按钮，登录微云同步盘，登录成功后，打开如图 7-44 所示的窗口。注意，如果是公共场合，请不要选中"记住密码"复选框。

④ 打开"设置"对话框。在微云同步盘主窗口中，可以进行设置、添加照片和微云传输等多项操作。第一步，选择要同步的内容，单击右上角的"设置"按钮 ，打开如图 7-45 所示的窗口；第二步，修改设置后，单击"立即同步"按钮，进行同步操作。

图 7-43 微云同步盘的登录窗口

图 7-44 微云同步盘主窗口

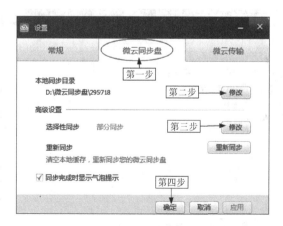

图 7-45 "微云同步盘"选项卡

⑤ 配置同步目录。在图 7-45 所示的窗口中,第一步,打开"微云同步盘"选项卡;第二步,单击"本地同步目录"后边的"修改"按钮,打开"浏览文件夹"对话框,浏览确定本地同步目录,之后单击如图 7-46 所示的资源管理器中的"微云同步盘",并将想要同步的目录和文件复制到本地的"微云同步盘"文件夹中;第三步,返回图 7-45 所示的对话框,其"高级设置"下的"选择性同步"默认设置是"全部同步",单击"选择性同步"后面的"修改"按钮,打开如图 7-47 所示的对话框。

图 7-46 资源管理器中的"微云同步盘"文件夹

⑥ 在图 7-47 所示的"选择同步到本地目录"对话框中,确认要同步的目录,单击"是"按钮。

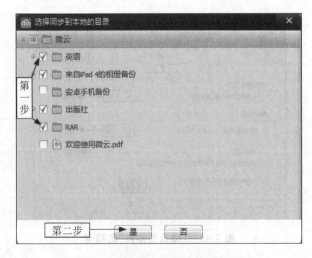

图 7-47 "选择同步到本地目录"对话框

⑦ 返回图 7-45 所示的对话框后,可见默认的"全部同步"已应变为"部分同步"。单击"重新同步"按钮,打开如图 7-48 所示的对话框,单击"确定"按钮,完成本地的"微云同步盘"到云端的同步。

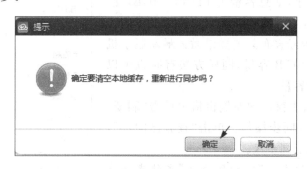

图 7-48 重新同步的"提示"对话框

⑧ 微云的配置与查看。双击桌面上的 图标,打开如图 7-49 所示的腾讯微云主窗口。第一步,单击右上角的"设置"按钮 ,打开"设置"对话框;第二步,在"设置"对话框的左侧窗格中选择"同步"选项,在右侧窗格中选中"启动同步功能"复选框;第三步,单击"重新同步"按钮;第四步,单击"确定"按钮,完成微云端的设置。

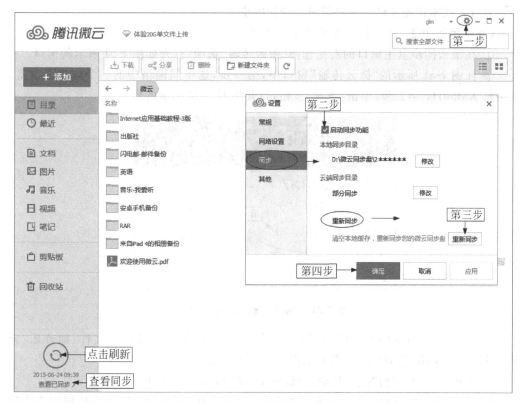

图 7-49 腾讯微云主窗口

⑨ 设置云盘容量。在图 7-49 中，单击 ✦ 左侧的 ▼ 图标，展开如图 7-50 所示的菜单。头像下面显示了账户的空间大小，如总容量为 1TB(1024GB)，已使用 1.02GB。腾讯经常会有活动可以升级空间的大小，如腾讯的活动曾经宣布只要登录微云最新版手机客户端，即可领取 10TB 容量，同样方法有时也可以升级微云同步盘的容量。

⑩ 在腾讯微云主窗口的左侧窗格中单击"刷新"图标，可以立即进行同步操作。单击"查看已同步"，可以查看当本地微云同步盘。

图 7-50　查看微云空间

注意：设置后的本地"微云同步盘"文件夹并非立即进行同步，因此，新增文件或修改文件之后，"微云同步盘"文件夹会过一段时间才会自动上传到云端，如果修改很重要，建议修改后立即进行手动同步。

6. 利用微云同步盘互传文件

通过云技术传递文件是一件简单又轻松的事情。

【**课堂示例 20**】　微云同步盘中的文件互传。

① 在微云同步盘主窗口的右侧选择"微云传输"选项，打开如图 7-51 所示的窗口。

② 在图 7-51 所示的"微云传输"窗口中，第一步，选中同网络中的一个或多个设备，如手机 XM50H；第二步，单击"发送"按钮，打开如图 7-52 所示的窗口。

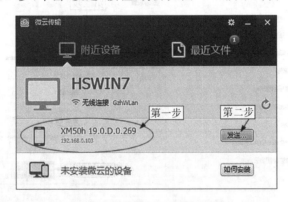

图 7-51　"微云传输—发送"窗口

③ 在图 7-52 所示的"打开"对话框中，第一步，浏览定位要发送的文件，如音乐"天使"；第二步，单击"打开"按钮，打开如图 7-53 所示的窗口。

④ 在图 7-53 所示的"微云传输"对话框中，等待对方接收信息。

⑤ 在图 7-54 所示的接收方手机的"接收"界面中，按"接收"按钮，即完成同网络内设备之间的文件传递任务。

图 7-52 "打开"对话框

图 7-53 等待对方接收文件

图 7-54 在手机端接收文件

7. 微云和微云同步盘的应用提示

(1) 如果需要在家中和办公室的计算机之间保持某些文件夹的同步,两台计算机都应安装 PC 版的微云和微云同步盘,这样可以极大地提升自己的工作效率。此外,还可以同时使用微云的特色功能,如利用微云剪贴板传递消息,参见课堂示例16。

(2) 由于微云同步盘会占用计算机本地硬盘的空间,因此,建议只存储少量经常使用的文件到微云同步盘中;对于那些需要保留又不经常操作的文件资源,建议存储在腾讯微云云盘中。

(3) 只有微云同步盘客户端软件启动后,才能出现计算机资源管理器的相应快捷菜单选项。启动后的操作步骤:第一步,在资源管理器选中要备份的文件后并右击;第二步,在快捷菜单中,选择"另存到微云同步盘"选项,即可将选中的文件自动存储到资源管理器中的"微云同步盘"的根目录中,需经过同步才能最终保存到微云的"根目录"中。同理,资源管理器中右键快捷菜单中的"上传到腾讯微云"的功能可以将计算机中的文件上传到"腾讯微云"的根目录中。

(4) 同步传输。可以发送任何文件给处于同一 Wi-Fi 下的手机、iPad、计算机和笔记本。

(5) 微云同步盘中上传的单个文件的大小限制在 1GB 以内,超过 1GB 的文件,建议先用压缩软件压缩成每卷小于 1GB 的文件,再进行上传和同步。

8. 网盘应用归纳

通过上面腾讯微云的应用,可以将常见网盘应用的步骤归纳如下。

(1) 经过比较、调研,选择好一款大公司的网盘服务产品,推荐使用微云、百度云或360云盘。在浏览器中,输入登录选中产品的网址,登录其首页。

(2) 无论哪款产品都需要注册一个账户,如果没有选中产品的账号,可单击"注册"按钮或选项,跟随向导完成账户注册的任务。

(3) 根据自己要使用的客户端,下载并安装相应的客户端产品。如使用 Windows 的计算机或笔记本电脑可以下载 Windows 客户端;在 iPad 和安卓手机中,应下载其合适并授权过的客户端软件。

(4) 在各种客户端中安装和启动相应的客户端软件后,在任何一款习惯使用的客户端中,按照目录分类方式、上传、保存文件。

(5) 其他:每款客户端都会具有一些特定的功能,用户可以根据需要选择并使用,如腾讯的微云同步盘或百度公司的百度云同步盘都可以实现常用工作文件同步到云端的功能。

(6) 如果已开启了网盘的自动备份或同步功能,应注意将已安装的网盘客户端设置成开机自动启动,或者每次登录都进行手工启动,否则设置的功能不会自动生效。

思 考 题

1. 文件传送协议 FTP 的英文全称是什么?简述 FTP 的工作模式和原理。
2. FTP 的两个基本功能是什么?其传输的两种访问方式是什么?
3. 当前流行的下载技术有哪些?它们各有哪些特点?
4. 什么是 BT 下载?BT 的发布体系结构是什么,该体系是如何运行的?

5. 请举例说明 P2P 和 P2S 技术的应用。
6. 写出常用的专用下载软件的名称，以及主要的技术特点和功能？
7. Internet 上常用的下载方法是什么？上网调查 BT 与电驴的区别。
8. 腾讯旋风和迅雷应用的主要技术有哪些？它能完成的主要功能有哪些？
9. 请解释什么是多源文件传输协议、BT 协议、断点续传和多线程下载。
10. 如何安装和设置 QQ 旋风和迅雷软件？
11. QQ 旋风和迅雷支持的下载协议有哪些？
12. 如何利用 QQ 旋风、迅雷 7 下载单个文件或下载多个文件？
13. 如何在 QQ 旋风和迅雷 7 中控制多个同时下载任务的先后顺序？
14. 什么是断点续传？如何利用 QQ 旋风或迅雷 7 续传中断的单个或多个文件？
15. 什么是"多线程下载"？如何在 QQ 旋风或迅雷 7 中设置和实现多线程下载？
16. 电驴是什么软件？上网查找，写出它工作的技术类型与特点？
17. 什么是 URL 地址？如何将要下载文件的 URL 地址手工添加到下载任务列表中？
18. 云应用与云计算的根本区别是什么？
19. 什么是物联网？什么是云物联？这两者有什么区别与联系？
20. 什么是云存储？云存储可分为哪三类？公共云存储与私有云存储有何不同？
21. 云应用的工作原理是什么？云应用有哪几个重要应用？
22. 物联网的本质主要体现在哪 3 个方面？
23. 请查询互联网后，写出物联网中感知识别设备的作用，并写出其中的 3 个。
24. 网盘与云盘的区别？通过查询写出国内外比较出名的 3 个网盘和云盘的名称？
25. 腾讯微云和微云同步盘的区别是什么？

实 训 项 目

实训环境和条件

（1）Modem、网卡、路由器等接入设备，以及接入 Internet 的线路。
（2）ISP 的接入账户和密码。
（3）已安装 Windows 7/XP 操作系统的计算机（笔记本）。
（4）已安装安卓或 iOS 的移动智能设备（手机或平板电脑）。

1. 实训 1：QQ 旋风的安装与基本应用实训

（1）实训目标
掌握专用下载软件 QQ 旋风安装和下载的基本技术。
（2）实训内容
完成课堂示例 1～课堂示例 5 中的操作步骤。

2. 实训 2：迅雷的安装与基本应用实训

(1) 实训目标

掌握专用下载软件迅雷安装和下载的基本技术。

(2) 实训内容

完成课堂示例 6～课堂示例 8 中的操作步骤。

3. 实训 3：专用下载软件的高级应用实训

(1) 实训目标

掌握专用下载软件迅雷和 QQ 旋风的一些高级应用技巧。

(2) 实训内容

完成课堂示例 9～课堂示例 13 中的操作步骤。

4. 实训 4：云盘的应用实训

(1) 实训目标

掌握多种设备间云盘的应用技术与技巧。

(2) 实训内容

完成课堂示例 14～课堂示例 20 中的操作步骤。

第8章

即时通信与交流

Chapter 8

【学习目标】
(1) 了解：网络即时通信的基本概念、方式、功能和工具。
(2) 掌握：通过微信软件进行即时通信的基本技术。
(3) 掌握：通过微信软件进行网络交流的技巧。
(4) 掌握：通过QQ软件进行网络交流的基本技术与技巧。
(5) 掌握：通过飞聊软件进行网络交流的基本技术。

随着互联网的发展，人们的交流方法发生了翻天覆地的变化。传统的实时交流是指人们通过电话和手机进行的交流活动，而如今很多人通过网络进行实时交流，这种交流的实质是仍是实时的。那么，网络实时交流有哪些形式？实现这些交流的技术方法有哪些？利用 Windows Live 和 QQ 进行网络交流的基本技术有哪些？硬件和软件条件各是什么？这些都是本章要解决的主要问题，也是现代人应当具有的基本技能。

8.1 网络即时通信与交流概述

网络即时通信是指两个或两个以上的用户，使用自己的智能终端设备，在网络环境下进行的文字、音频、视频、图像等多种媒体形式的交流方式，通常简称为"即时通信"，又被称为"网络聊天"或"广义网络通话"。总之，网络实时交流是指全方位意义上的交流，通常包括网络音频（即时通话）、视频（视频电话）和即时消息3种主要形式，此外还有即时的短消息、图片与表情等多种即时交流形式，其中应用最多的是即时短消息。当前比较流行的即时通信软件有：微信、QQ、飞信和Skype（海外用户应用较多）。

1. 即时通信的应用状况

根据CNNIC截至2014年12月的统计，我国即时通信网民的规模达5.88亿人，比2013年底增长了5561万人，年增长率为10.4%。即使通信使用率为90.6%，较2013年底增长了4.4%，使用率位居各类应用的首位。

2. 网络即时交流的应用

(1) 网络音频

早期，为了避免昂贵的长途通信费用，人们很早就开始尝试通过网络进行即时交流，如 MSN、QQ。当前，五花八门的及时交流软件应运而生，比较著名的有微信、QQ、飞信和 Skype 等交流平台。

（2）网络视频交流

随着计算机、笔记本、智能手机、平板电脑等硬件以及网络的快速发展，网络音频、视频等多种媒体的交流不断出新，其中，视频电话与微视频的应用极为广泛。

① 视频电话已经成为网络的宠儿，当前主流的即时通信软件大都提供了单人或多人的视频通信。

② 微视频是时代的新宠，它是指短则 30 秒，长则不超过 20 分钟的视频短片。微视频的内容涉及面十分广泛，视频形态多样，通常涵盖了微电影、纪录短片、DV 短片、视频剪辑短片、广告片段等。微视频可以通过计算机、手机、摄像头、DV、DC、MP4 等多种视频终端设备摄录或播放。微视频的最大特点是短、快、精、受众广泛、参与性强，此外，制作与发布具有随时、随地与随意性。

（3）即时消息

在网络上购物时，通常需要与卖家讨论商品信息，如淘宝网使用的即时消息为"阿里旺旺"。又如，在线社区已经成为一些人每天必去的网上社区，如在微信群、QQ 群等群社区里，人们除了使用"文本+表情"的短消息方式外，也常使用语音留言。接收方式是：发送端通常采用即时发送，接收端通常为即时接收或离线接收两种方式。当前流行的即时通信软件平台大都同时支持即时消息。

（4）网络短信

随着智能手机、平板电脑、计算机各种智能终端设备的普及，腾讯的微信与 QQ、移动的飞信等不断带给广大用户更多的惊喜和便利，人们通过智能终端上安装的各种即时通信的客户端软件平台，可以免费发送文字与音频短信息到各种其他智能终端设备上，如个人计算机可以直接发送短信息到移动用户的手机、平板电脑或笔记本电脑中。

3．什么是网络电话？

IP 电话的含义有以下两种。

（1）狭义的 IP 电话：就是指在 IP 网络上打语音电话。所谓的"IP 网络"理论上指"使用 IP 协议的分组交换网"，但实际上，可以简单地说是使用了 TCP/IP 协议的各种网络。

（2）广义的 IP 电话：不仅仅指语音或 IP 电话方式的通信，还可以指在 TCP/IP 网络上进行的交互式多媒体实时通信与交流，常见的有音频、视频、图片、即时通信 IM（Instant Messaging）、网页、邮件、表情等通过网络而实现的多种媒体的交流方式。

这里介绍的 IP 电话是指狭义的 IP 语音电话，即通过 Internet 进行的免费通话，而不是指使用普通电话网打电话，如通过电话机使用的付费 IP 电话卡。因此，网络上使用 IP 电话通信时，常常是指广义的 IP 电话，即包括音频、视频和即时（文字或语音）消息，如，通过微信、飞信或 QQ 进行的网上多媒体交流。

无论狭义还是广义的 IP 电话的最大优点都是可以节省大量的长途电话费或通信费用。这是因为通过 Internet 打电话或交流时，是通过 ISP（Internet 服务提供商）提供的 Internet 网络与世界各地的亲友进行联络的，因此，用户所付出的只是 ISP 的通信和服务费。这些费用与国际长途或国内长途电话费、电报费、邮资相比,显然是微不足道的。这也是"打国际长途电话,市话标准收费"说法的起源,也是为什么IP电话虽然存在着各种缺陷,却仍能红透半边天的缘故。Internet电话卡通常由专门机构经营,而本章介绍的网络电话却是用户可以通过Internet和智能终端的软、硬件平台来实现的。

4. 网络电话的工作方式

常用IP电话按其工作方式可以分为以下几种。

(1) 智能终端设备之间

智能终端设备之间的通话是相同或不同智能终端设备之间的IP通话,智能终端设备可以是计算机、笔记本、Pad(平板电脑)、智能手机等。

① 通话特点。使用这种方式通话时,第一,双方的智能终端设备都能连接到Internet上;第二,双方都安装了相同的IP电话软件;第三,与普通电话类似,进行语音通话时,双方必须同时上网。但使用"即时消息"时,双方不必都在线,只要一方在线即可进行。

② 通话费用。这种通话方式需要付出的费用为通常意义上的上网费。如可能是"上网电话费"及"网络使用费",也可能是"计时包月""包月""包年"等。因此,这是通话费用最低的一种IP电话。

③ 硬件条件。

智能终端设备:计算机(笔记本)、平板电脑和智能手机。

接入速率:4～20Mbps或以上。

语音系统:为了进行声音的双向传递,计算机需要配置全双工的声卡、麦克风和音箱。其他智能终端设备须具备语音系统,如智能手机的通话系统。

视频系统:如果打算通话的同时,可以见到双方的影像,需加装与视频摄像装置。

Wi-Fi网络:目前常使用无线路由器来提供小型局域网内部的Wi-Fi功能。机场、校园、旅馆、企业网等很多场所都会提供免费的Wi-Fi功能。

④ 软件条件。使用智能终端设备流行的操作系统,如Windows 7,安卓或iOS系统。

在操作系统中安装可用的通话软件。这类软件通常被命名为"聊天工具",一般分为社交聊天、网络电话、视频聊天3大类,如腾讯公司的微信与QQ、移动的飞信与飞聊、Skype、阿里旺旺、通通、YY语音、新浪9158等。

(2) 终端设备—电话

① 通话特点。使用这种方式时,一般主动通话的一方(主叫方),需要通过终端设备上网,再使用专门的IP电话软件,直接拨叫对方的普通电话;还可以经过浏览器,通过IP电话服务机构,直接拨叫对方的普通电话。

② 通话费用。这种通话方式,除了需要付出通常意义上的上网费之外,还需要为所使用的IP电话服务支付少量的费用,即"IP电话服务费",如0.06～0.12元/min。因此,所需要的费用比"终端设备—终端设备"的基本免费方式高一些。

③ 条件。使用这种方式通话时,主动通话的一方需要的终端设备的软、硬件条件与前一种方式类似;而接收方可以仅使用普通的电话。

(3) 电话—电话

① 通话特点。电话—电话通话方式时,双方不需要计算机,只需要普通的电话。通话的方法与普通电话的方法类似。使用起来比较简单,但是工作原理与前面介绍的两种一样,都是通过 Internet 网络传递语音信息。

② 通话费用。使用各种付费 IP 电话卡的费用为购买 IP 电话卡所支付的费用。由于,这种通话方式一般由电信部门运行、控制和管理,因此,不在本书的介绍范围之内。一般来说,它所需要的费用是几种 IP 电话中最高的一种,但目前日趋便宜。

5. 广义网络电话实现的通信类型

(1) 网络电话。
(2) 即时消息,含即时文字、语音和传情动漫(聊天表情)。
(3) 视频通信。
(4) 即时文件。
(5) 共享文件。
(6) 网络会议,又包含视频和音频网络会议。

8.2 启用聊天工具微信

使用腾讯微信进行各种终端设备之间的网上通话的准备工作主要包括:硬件和软件两个方面。其中,软件准备又包含"软件的获取"和"软件安装"两个主要过程。

1. 进行网上通话的条件

无论是在通话的开始,还是以后,使用腾讯微信软件进行终端设备之间通话时,必须具备如下条件。因此,如果通话成功一段时间了,在重装系统之后不能通话了,就应当对照下述的步骤进行检查。

(1) 获得实现网上聊天工具的软件。下载安卓系统的微信、Windows7 系统中的微信或苹果 iOS 系统的微信。
(2) 安装和设置聊天软件。如在智能手机的安卓系统中安装微信。
(3) 硬件测试:在聊天软件中进行语音和视频系统的测试,以便能正常通话。
(4) 进行第一次网上语音通话。

2. 网上通话软件的获取与安装

获取各类操作系统聊天软件的途径很多,如腾讯官网、360 助手与电脑管家等。

① 联机上网,在浏览器的地址栏中输入 http://weixin.qq.com/,按 Enter 键。

② 在打开的如图 8-1 所示的微信下载页面中,可以选择自己需要的微信版本,如单击"安卓"图标 ,下载安卓版本微信。

③ 下载和安装方法:第一步,在手机或 Pad 的商店中直接下载和安装;第二步,从

图 8-1 在微信官网下载安卓版微信

PC 下载聊天软件后,传递到手机或 Pad 中再安装。

【课堂示例 1】 使用手机助手下载和安装微信。

智能手机上,通常安装有手机助手或管家,如腾讯手机管家、360 手机助手、乐商店等,使用这些工具可以很容易下载需要的软件。

① 使用手机的 USB 电缆连接计算机的 USB 接口。

② 在图 8-2 所示的 360 手机助手窗口中,第一步,依次选择"找软件"→"微信";第二步,找到后,单击"一键安装"按钮,开始下载过程,完成后自动进入安装进程,如见图 8-3 所示。

图 8-2 使用 360 手机助手一键安装微信

③ 安装完成后,通常会自动弹出如图 8-4 所示的腾讯微信客户端界面。

【课堂示例 2】 下载、安装、注册、登录和测试微信。

在 Pad 或智能手机上,都会有软件商店,如 iPad 的 App Store 苹果商店和联想的乐

图 8-3　使用 360 手机助手安装微信

商店,需要的软件可以从这些商店下载。在 iPad 上下载和安装通常是一起完成的。

① 在 iPad 的 App Store(苹果商店)中,下载、成功安装微信后,点按"微信"图标。

② 在图 8-5 所示的 iPad 中的微信"注册/登录"界面中,首次使用微信时,可以点按"注册"选项,跟随向导完成微信账户的注册任务。使用成功注册的账户名和密码登录微信,通过验证后,打开如图 8-6 所示的界面。如果已拥有了 QQ 账号,则不必注册微信账号,可以直接使用 QQ 账号登录到微信。

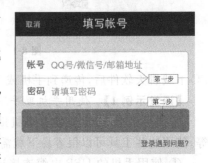

图 8-4　腾讯微信的登录界面

③ 已经成功登录微信后的智能设备中,倘若需要使用其他微信账户登录时,应在图 8-5 所示的窗口右上角点按"切换账户"选项,在打开的微信登录界面中输入正确的用

图 8-5　iPad 微信的注册界面

图 8-6　iPad 微信的"通讯录"界面

户名和密码,单击"登录"按钮。成功登录后,即可开始使用。

④ 在智能终端设备中安装微信后,进行网络交流之前,应确认所使用的声卡、话筒、扬声器和视频等硬件装置工作正常。如在 iPad 中的首页中点按"设置"图标,分别查看声音、视频、显示等项,完成硬件系统的确认任务。当然,也可以按照本节的方法在聊天工具中进行测试。

8.3 微信的基本应用

8.3.1 微信的添加好友与订阅公众号

1. 登录微信

在 iPad 的微信注册/登录窗口中,使用已注册的账户名和密码登录微信,通过其验证后,将打开如图 8-6 所示的界面。

2. 添加微信好友

各种聊天软件,通话前最重要的步骤就是添加网上通话人,即"好友或联系人"。

【课堂示例 3】 添加新的微信好友。

① 在图 8-6 所示的界面下方,点按"通讯录"选项,打开"通讯录"界面。

② 在图 8-6 所示"通讯录"界面中,点按右上角的"添加"选项。如果在"微信"界面,则应当先点按右上角的"+"号,再从下拉菜单中选择"添加朋友"。

③ 在图 8-7 所示的界面中,第一步,在"搜索号码添加朋友"文本框中,输入用户的号码,如微信号、手机号或 QQ 号;第二步,点按"浏览"按钮 🔍 。

④ 在图 8-8 所示的界面中,点按"添加到通讯录"按钮,打开图 8-9 所示的界面。

⑤ 在图 8-9 所示的"发送验证申请"界面中,填写对方能够识别的信息,如填写自己的姓名,单击"发送"按钮,会将验证信息发送给你邀请的朋友。

图 8-7 向微信通讯录中添加朋友

⑥ 通过对方的验证后,将打开如图 8-10 所示的界面,这就表示该好友已添加成功,双方可以开始交流。

⑦ 再次打开图 8-6 所示的"通讯录"界面,应当能够见到已经成为好友的用户名。

⑧ 重复步骤①~⑦,继续添加下一个好友,直至将所有的好友都加入。

图 8-8　将好友添加到通讯录

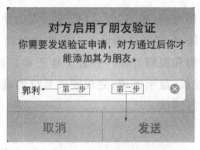
图 8-9　发送验证申请

3．添加微信公众号

公众号即"公众的微信号",它是指开发者或商家在微信公众平台上申请的应用账号。通过申请到的公众号,商家可在微信平台上实现与特定群体,进行文字、图片、语音、视频等全方位的沟通与互动；人们日常分享的微信资源很多都来自于微信的公众号。由于,每个人的爱好与关注点不同,因此,每个人都会订阅一些自己关注的公众号。

【课堂示例 4】　添加微信的公众号。

添加公众号的步骤如下。

① 在图 8-6 所示的界面中,点按右上角的"添加"选项。

② 在图 8-7 所示的"添加朋友"界面中,第一步,在"搜素号码添加朋友"文本框中,输入微信的"公众号",如中国银行北京分行的 bocbjebank；第二步,点按"浏览"按钮 🔍 ,进行搜索。

③ 在图 8-11 所示的微信的查找公众号界面中,第一步,点按该账号的"查看历史消息"选项,展开其发布的信息,如果对其感兴趣,可单击"关注"按钮,完成订阅。订阅后,绿色的"关注"按钮变为红色的 取消关注 按钮。当你对其不再感兴趣的时候,点按这个红色的"取消关注"按钮,则可取消对此公众账号的订阅。

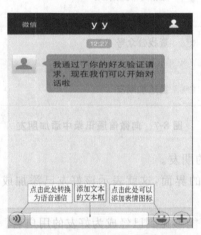
图 8-10　微信中的文本交流界面

图 8-11　微信的查找公众号界面

8.3.2 微信中的即时通信

即时通信中使用最多的是文本(短消息)、音频(语音信息)与视频等3种交流方式。

1. 即时通信中时长的限制

在微信中发送的各种短消息时,要注意由于消息是非实时的消息,不是传统意义上的实时通话,因此,在智能设备上发送的文字、语音或视频消息的长短是有限制的,如在 iPad 上发送的语音短消息的时长大约为 60 秒,其文本虽然规定为 2048 字节,但是还要包括其他控制字符,其实际许可发送的文字大约为 1300 字节。

总之,由于不同设备的编码、操作系统的不同,因此在不同设备、相同客户端上使用的文本长度的最大值可能会有差异。总之,长度到了各种消息都会自动结束。

2. 网上文字交流

在微信中发送文本消息的字数长度是有限制的,如 1300 字节,若用了表情还会减少。

【课堂示例 5】 好友间的文本信息交流。

① 成功登录到微信后,打开如图 8-12 所示的界面,点按最下边的"微信"选项。在打开的界面中,好友是按照最近通信的时间顺序进行排列的。点按拟通信的好友如 yy,打开与其通话的界面,即可开始即时通信。

② 图 8-10 所示的是文字通讯状态,在下部窗格的空白的文本框中输入文字后,点按下端的"发送"按钮,完成文字短消息的发送。在文字后边,也可以点按表情图标😀,添加各种表情,再发送。

③ 在图 8-10 所示的文字交流界面中,当好友在线时,就可以进行即时通话。如果好友当前不在线,你发送的文字或其他信息也会离线发给对方,等他上线后即可看到。

3. 网上的语音通话

【课堂示例 6】 好友间的语音通话。

此处的语音通话与传统的电话不一样,发送给好友的是一段限时长的语音信息。如果一段语音信息不够,可以分成多段发送给好友。

① 成功登录到微信后,打开如图 8-12 所示的界面,点按最下边的"微信"选项。首先点按拟通信的好友,如 A-郭利,随后,打开与其通话的界面,如图 8-13 所示。

② 如果当前是文字通信状态,则应点按语音图标🔊,将文本状态转为语音聊天状态。此后,按照提示,长按"按住 说话"按钮,同时对着话筒讲话。松开按钮,即可将刚刚录制的语音信息发送给对方。

③ 在图 8-13 所示的语音交流界面中,如果好友也在线,就可以进行即时语音通话;如果好友不在线,你发送的语音信息也会离线发给对方,其上线后即可看到。点按语音消息图标即可聆听对方的留言。对方发送过的语音、文本、视频等信息都会显示在窗口内。

图 8-12 "微信"界面　　　　　图 8-13 在微信中进行语音交流

4. 网上的视频通话

视频通话与传统的视频电话不一样,是指发送的一段有限时的语音与视频信息。

【**课堂示例7**】 邀请好友进行视频通话。

① 成功登录到微信后,点按最下边的"微信"选项,再点按拟通信的好友,如"A-郭利",随后,打开与其通话的界面。

② 在图 8-13 所示的微信交流界面中,点按最下端的 ➕ 图标。

③ 在图 8-14 所示的视频与其他交流界面中,点按"视频聊天"图标,将发起视频聊天。自己的屏幕上将显示"正在等待对方接受邀请",如果对方没有接受,将显示"未接通";如果对方接受,即可开始视频通信。

【**课堂示例8**】 受邀参与视频通话。

视频通信包括实时的视频映像和语音两方面,因此,利用视频通信,不但可以完成一般意义上的视频通信,还可以实现实时的即时通信,即实现免费的网络电话。

① 成功登录到微信后,单击最下边的"微信"选项。当有人呼叫你后,打开与其通话的窗口。

② 在图 8-15 所示的被邀请的视频通话界面中,点按"接听"按钮,开始视频通话。如果网络繁忙,可以点按"切到语音"接听。点按"拒绝"按钮,将断开联系,对方显示为"未接通",如图 8-16 所示。

③ 通话结束后,在通话的窗口单击"挂断"按钮 挂断 ,完成此次通话。微信窗口会显示出此次视频通话的信息时长,单击视频信息可以重复观看,如图 8-16 所示。

图 8-14　微信中的视频与其他交流界面

图 8-15　被邀请方的视频通话界面

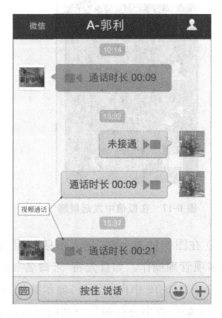

图 8-16　视频通话界面

5．多名好友间的网上通话

微信中的实时对讲是微信最新版推出的语音功能，其功能强大，与电话通信相似，两人或多人交流起来十分方便。这就是人们常说的群里的"网络会议"或"网上通话"。

(1) 创建微信群

微信群是腾讯公司推出的微信多人聊天交流服务。在群主创建了群后,就可以邀请朋友或有共同兴趣爱好的人到一个群里面聊天;在群内除了聊天,还可以共享图片、视频、网址等。

【课堂示例 9】 建立微信群。

① 建立群的用户为"群主",在群成员的头像中排列在第一位。虽然群中的其他成员可以将自己的好友加入群,但只有群主才可以删除群成员。因此,群主有着群的建立、删除、成员的管理、命名等权力。此外,只有微信好友才能被加入到微信群,因此,需要先将所有人群的用户加为自己的好友。

② 登录到微信后,点按界面右上角的加号"+",在打开的菜单中选择"发起群聊",如图 8-17 所示。

③ 在图 8-18 所示的发起群聊界面中,选中所有要入群的好友,最后,点按最下端的"确定"按钮。接下来的界面中显示了所邀请的好友,点按右上角的图标 。

图 8-17 在微信中发起群聊

图 8-18 添加群好友

④ 在图 8-19 所示的"聊天信息"界面中,可以更改群名称、添加/删除群成员、将群置顶等多项管理操作。如首先将"未命名"的群,更名为 GS,并增加一位好友。

⑤ 在图 8-19 中向下滚屏,显示结果如图 8-20 所示,可以根据需要选择管理操作。

(2) 微信群中进行多用户间的语音通话

在微信群中,有时需要在多名好友之间进行聊天,这就是所谓的"网络电话会议"。在微信中,这种语音通信被命名为"实时对讲机"。对讲机的通话是半双工模式。由于其模式不是全双工模式,因此不能双向同时通信。在半双工通信模式中,通信是有条件双向进行的,例如,当甲乙双方通信时,在对讲机模式下,甲方说完,乙方才能讲话。多名好友的通话与两人没有什么本质区别,只能一个人说完,下一个人再说。

图 8-19　对群进行更名或增减成员

图 8-20　其他管理操作

【课堂示例 10】　进行多用户语音通话。

① 只有当通话朋友同时在线时，才能进行实时对讲，为此，实时对讲前，应当使用其他方式通知你的朋友们上线微信群的名称，如群 GLM-SXH，以便进行实时对讲。

② 在图 8-21 所示的群中的"微信"界面中，第一，点按 ➕ 按钮，展开功能菜单。第二，点按"实时对讲机"，发起实时对讲，进入实时对讲的等待界面，这与打电话相似，需要等待对方接受。在等待过程中，只有自己一个头像，当变成两个或多个头像时，就表示有朋友接受了你的邀请，即可开始通话，如图 8-22 所示。

图 8-21　在微信中发起实时对讲

图 8-22　"实时对讲"的语音通话界面

③ 按住中间的大圆按钮即可开始发言,发言好友的图像呈绿色边框,窗口会显示好友的名字以及发言的时间长短。松开按钮,则发言结束。

在图 8-22 所示界面中,其他操作与注意事项如下。

多人实时对讲时,无论多少人,只能是一个人说完,另一个人再说话;此外,新发言的连接需要一个延时,因此,每个发言的人在按下讲话的"中心圆键"时,要略等片刻,再讲话。

按右上角的"最小化"按钮 ▇ 将暂时退出"实时对讲",将该窗口最小化。你可以边对讲,边进行其他操作,如浏览微信,此时,仍然可以听到好友的发言。

按左上角的"退出"按钮 ▇ 按此键将退出此次的实时对讲进程。

8.3.3 微信中的其他交流方式

微信朋友圈是目前应用最多的一项功能。朋友圈是指用户在微信上,通过各种渠道认识的多位朋友形成的圈子。朋友圈的应用功能很多,但最大的功能是分享。它支持用户将自己的照片、文字、视频、图片、网页或其他资源等分享到自己的朋友圈,好友之间还可以对发布的各种资源信息进行"评论"或"点赞"。

1. 发布照片到朋友圈

【课堂示例 11】 发布照片到朋友圈。

① 成功登录微信后,选择最下边的"发现"选项。

② 在图 8-23 所示的"发现"界面中,第一,可以见到有 3 条未读的信息,按右上角的朋友图标可以阅读其最新的评价;第二,按最上边的"朋友圈"。

③ 在图 8-24 所示的"朋友圈"界面中,向下滚屏可以查看到已阅读过的,以及朋友们以往分享与评价的信息。

④ 按右上角的"相机"图标 ▇ 。进入图 8-25 所示的朋友圈的发布照片界面。选择照片,可供选择的源有"拍照""从手机相册中选择"两种。若选择后者,可以选择一张或多张照片。之后,按"完成"按钮。

⑤ 在图 8-26 所示的发布照片的"注释"界面中,第一步,撰写照片注释;第二步,按"发送"按钮,完成个人照片发布到朋友圈的任务。

⑥ 返回图 8-24 所示的界面后,在朋友圈界面中,即可见到自己新发布的图片或照片,如果不满意可以选中发布照片,将其删除。

2. 发布文字到朋友圈

【课堂示例 12】 发布文字到朋友圈。

① 成功登录微信后,选择最下边的"发现"选项。

② 在图 8-23 所示的"发现"界面中,按左上角的"朋友圈"。

③ 在图 8-24 所示的界面中,长按右上角的"相机"图标 ▇ 。

④ 在图 8-27 所示的朋友圈的"发布文字"界面中,第一步,输入或粘贴文字;第二步,按"发送"按钮,完成文字信息的发布。

图 8-23 微信的"发现"界面

图 8-24 "朋友圈"界面

图 8-25 选择照片来源

图 8-26 发布照片注释

⑤ 返回如图 8-24 所示的朋友圈界面，即可见到自己新发布的文字信息。如果不满意，可以选中所发布的信息，选择下方中的"删除"选项进行删除操作。

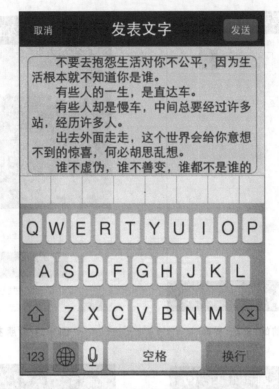

图 8-27 在朋友圈中发布文字

3. 资源的发布与共享到朋友圈

【课堂示例 13】 发布共享资源到朋友圈。

① 成功登录微信后,选择最下边的"发现"选项。
② 在图 8-23 所示的"发现"界面中,按左上角的"朋友圈"。
③ 在图 8-24 所示的"朋友圈"界面中,打开朋友发布的共享信息。
④ 在图 8-28 所示的"阅读资源"界面中,第一步,向下滚屏,阅读朋友发布的资源;第二步,觉得资源不错要转发时,按右上角的 按钮。
⑤ 在图 8-29 所示的界面中,第一步,选择"分享到朋友圈";第二步,打开与图 8-26 相似的界面,按右上角的"发送"按钮,完成将资源分享到自己朋友圈的操作。

朋友共享资源的常用操作类型简述如下所述。

(1) 发送给朋友表示要将此资源发送给指定的朋友,而不是所有朋友。
(2) 分享到朋友圈是指将此资源发送给所有朋友,这里指的是朋友圈中得到你授权的朋友(即可以观看你朋友圈的那些用户)。
(1) 利用收藏功能可以将微信中朋友圈中好友分享的内容,或者是平时的聊天文字、图片、语音、扫描等各种信息收藏起来,以便日后在"我的收藏"中查看和使用。
(2) 邮件是指将朋友圈中好友分享的资源发送到邮件中,如在智能手机中发送到邮件中,可以在计算机中打开,以便于阅读或打印。

图 8-28　朋友圈中的阅读资源界面

图 8-29　选择共享方式

8.4　网络聊天工具 QQ

　　QQ 与微信一样都是进行网络交流的强有力的平台,又称网络聊天工具。由于 QQ 与微信都是腾讯公司的产品,因此,QQ 与微信的操作有很多相似之处。但是,QQ 推出的更早,用户的数量更多,功能也更为强大。由于,很多用户对 QQ 十分熟悉,因此,仅做如下简要介绍。

1. 使用 QQ 的前期准备

【课堂示例 14】　下载和安装 QQ 软件。

① 使用 QQ 进行网上通话的条件与微信相同。

② 联机上网,打开浏览器,在地址栏输入 http://pc.qq.com。

③ 登录腾讯网站后,选择最新的 QQ 软件选项。

④ 在打开的页面中,第一步,选中要下载的 QQ 软件版本;第二步,右击,在弹出的快捷菜单选择"使用迅雷下载"选项;第三步,下载完成后,在迅雷指定的目录中,可以找到已下载的 QQ 5.1 安装文件;第四步,双击该文件,跟随安装向导完成 QQ 软件的安装任务。

【课堂示例 15】　申请 QQ 号。

　　使用 QQ 或微信进行聊天之前,必须拥有 QQ 号,之后,才能通过所安装的软件、QQ 用户号登录 QQ 进行网上聊天、视频通信或使用 QQ 提供的其他服务。

① 在图 8-30 所示的 QQ 注册页面中,第一步,按照页面要求填写各种必要信息;第二步,单击"立即注册"按钮;最后,跟随注册向导完成 QQ 号的注册任务。

② 依次选择"开始"→"所有程序"→"腾讯软件"→QQ→"腾讯 QQ"选项。

③ 在图 8-31 所示的窗口中,第一步,输入注册过的 QQ 号及密码;第二步,单击"登录"按钮。验证通过后,会打开如图 8-32 所示的窗口。

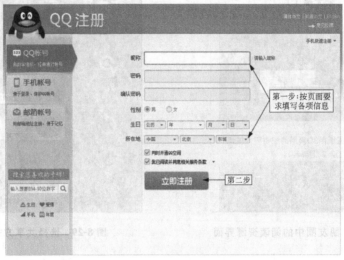

图 8-30　QQ 注册页面

图 8-31　QQ 的登录与注册窗口

图 8-32　登录后的 QQ 窗口

2. 使用 QQ 进行即时通信

【课堂示例 16】　添加 QQ 好友。

① 在图 8-32 所示的 QQ 窗口的底部,单击"查找"按钮。

② 在图 8-33 所示的"查找与添加好友"窗口中,第一步,在"查找"文本框中输入好友

的标识信息,如对方的 QQ 号;第二步,单击"查找"按钮;第三步,如果能够找到,将显示该好友的信息,如对方的 QQ 号、昵称等;确认查到的是自己的好友后,单击"＋好友"按钮;第四步,在打开的"添加好友"对话框,输入对方能识别自己的信息,如"我是：GLM";第五步,单击"下一步"按钮。

③ 在打开的"添加好友—分组"对话框,选择分组后,单击"下一步"按钮。

④ 在"添加好友—完成"对话框中,单击"完成"按钮。

⑤ 对方同意后,如图 8-32 所示的 QQ 窗口将出现该好友的头像。如果好友不同意,则不出现其头像。

⑥ 重复上面的步骤,添加自己的所有好友。

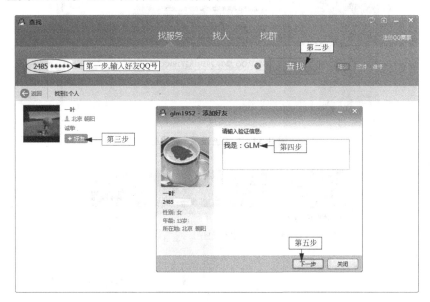

图 8-33 查找好友

【课堂示例 17】 与 QQ 好友语音通话。

① 接入 Internet 网络。

② 依次单击"开始"→"所有程序"→"腾讯软件"→QQ→"腾讯 QQ"选项。

③ 在图 8-30 所示的登录窗口中,输入 QQ 号及密码。

④ 在图 8-32 所示的窗口中,单击底部的"设置"按钮 。

⑤ 在图 8-34 所示的"系统设置"对话框中,单击"视频设置"与"语音设置",对通话需要的硬件系统分别进行设置,如调节麦克风与喇叭的音量的大小,直至所有通话硬件工作正常,视频的画质满意为止。

⑥ 在图 8-32 所示的 QQ 窗口中,选中要聊天的在线好友,如 SXH,单击"发起会话"按钮,打开聊天窗口,如图 8-35 所示。

⑦ 如图 8-35 所示的是"QQ 好友聊天室",下部窗格是文本框;中部窗格是与好友间的聊天历史信息;窗口最上部工具栏包括各种快捷按钮,如语音 、视频 等。

⑧ 在图 8-35 所示的窗口中,光标指向窗口上部的"视频"按钮 ,显示"开始视频通

话",单击该按钮将发起视频通话。对方单击自己窗口中的"接受"按钮,表示接受此次邀请。之后,右侧上部是对方的视频,下部是自己的视频图像。视频通话结束后,单击"挂断"按钮,将结束此次的视频通话。

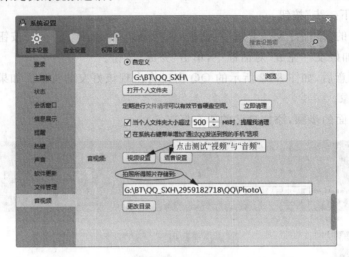

图 8-34 "系统设置"对话框

图 8-35 QQ 的文字、音频和视频通话界面

⑨ 在图 8-35 所示的窗口中,单击上部的"音频"按钮,显示"开始语音通话"。单击该按钮将发起语音通话。对方单击自己窗口中的"接受"按钮,表示接受邀请,双方可以开始语音聊天。聊天结束后,单击"挂断"按钮,结束此次的语音通话。

⑩ 在图 8-35 所示的窗口中,下部文本框的上边是各种信息快捷工具,如单击"语音消息"按钮,将录制和发送有限时的语音信息。单击"表情"按钮,可以选择发送各种表情信息;单击按钮,可以发送图片信息。

⑪ 在图 8-35 所示的窗口中,下部是"文本"通信窗口,输入消息后,单击"发送"按钮,即可将窗口输入的信息发送给好友。中部窗格是与该好友进行的各种通话的历史。

思 考 题

1. 什么是即时通信?常用的即时通信软件有哪些?
2. 什么是网络电话?网络电话可用的工作方式有哪几种?
3. 进行网上通话的软硬件是条件?
4. 网络即时通信(即广义网络电话)包括哪些内容?
5. 什么是文字、音频、视频短消息?在微信发送短消息时是否有长度限制?
6. 什么是微信、微信群、微信公众号、微信好友?
7. 什么微信公众号?如何添加或取消你喜欢的微信公众号?
8. 什么是网络电话会议?写出在微信中进行网络会议的主要步骤。
9. 在微信中,如何将自己的一段文字、图片、共享资源分享到"朋友圈"。
10. 简述使用 QQ 通话的前期准备步骤和登录后的操作步骤。

实 训 项 目

实训环境和条件

(1) Modem(或网卡等其他接入设备),以及接入 Internet 的线路。
(2) ISP 的接入账户和密码。
(3) 已安装 Windows XP/7 操作系统的计算机。
(4) 其他终端设备,如智能手机、Pad。

1. 实训 1:微信的基本操作实训

(1) 实训目标
掌握 Internet 中,使用微信进行网上通话的基本技术。
(2) 实训内容
完成课堂示例 1~课堂示例 3 中的操作步骤。

2. 实训 2：微信的技巧操作实训

(1) 实训目标

掌握 Internet 中，使用"微信"进行网上即时交流的技巧。

(2) 实训内容

① 完成课堂示例 4～课堂示例 13 中的操作步骤。

② 访问 http://www.anyv.net，选择添加其中 2 个自己喜欢的微信公众号。

③ 取消已经添加的一个微信公众号。

④ 将已添加的微信公众号中的一则精彩微信发布到朋友圈，并转发到邮箱。

⑤ 保存刚才分享的一则精彩微信到计算机的硬盘中，并将其打印出来。

3. 实训 3：聊天工具 QQ 的基本操作实训

(1) 实训目标

掌握 Internet 中，使用 QQ 进行网上通话的基本技术。

(2) 实训内容

完成课堂示例 14～课堂示例 17 的操作步骤。

4. 实训 4：聊天工具 QQ 的操作技巧实训

(1) 实训目标

掌握 Internet 中，使用聊天工具 QQ 进行网上交流的其他技巧。

(2) 实训内容

参照微信的实训内容完成下述内容：

① 参照课堂示例 9，建立 QQ 群。

② 参照课堂示例 11，发布照片到 QQ 群。

③ 在 QQ 群中，添加群的共享文件和照片。

第 9 章 电子商务基础及应用

Chapter 9

【学习目标】
(1) 了解：电子商务的基本知识。
(2) 掌握：电子商务的基本类型。
(3) 掌握：利用电子商务网址大全快速找到分类网站的方法。
(4) 了解：电子商务系统的组成、物流与支付系统。
(5) 了解：上网安全保护的基本措施。
(6) 掌握：B2C 方式的网上购物应用技术。
(7) 掌握：C2C 方式的网上购物应用技术。

跨入 21 世纪以来，Internet 不断发生着令人瞩目的变革，各种技术与应用不断推陈出新，并迅速地走进我们的生活。电子商务就是其中发展最快的一种应用，已成为信息社会商务活动的主要形式。那么什么是电子商务？广义的电子商务又指什么？有哪些类型的电子商务？对于个人用户和企业来讲而言，可以使用电子商务类型是什么？个人用户上网购物应当注意哪些问题，又应当如何支付货款？为什么各种商家更加看重网上营销？这些都是本章要解决的问题，也是当代人在 Internet 中应当掌握的基本应用技术。

9.1 电子商务技术基础

Internet 技术的飞速发展带给人们一个全新的互联网世界，并由此导致了人们在社会、经济、文化、生活等各方面的变化，其中，电子商务就是发展最快的一个应用分支，它的产生与发展已经对人类社会的发展与生活方式产生了重大的影响。

9.1.1 初识电子商务网站

电子商务是一种新型的商业运营模式，它可以涵盖社会生活的方方面面，如人们既可以通过 Internet 订餐、订票、购书，还可以通过手机短信订阅的天气预报，也可以通过发送 E-mail 来邀请客户参加新产品的展销会，可以进行各种信息查询、广告的发布及电子支付等各类商贸活动。这些活动都属于电子商务活动的范畴。

【课堂示例 1】 进入电子商务网址大全导航_e览网。

① 联机上网,打开 360 安全浏览器。

② 在地址栏输入 http://e-business.elanw.com,打开如图 9-1 所示的页面。

③ 在该页面中,可以浏览到各种类型的与电子商务相关的网站;如选择"淘宝网"选项,即可带领用户进入选择的商城进行购物;需要了解提供支付服务的网站,则应选择"电子支付"选项。

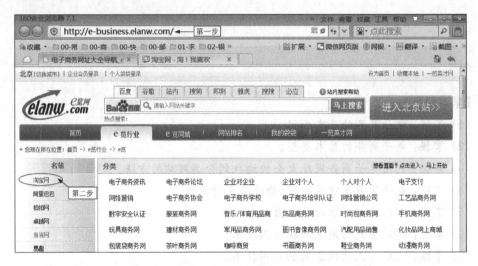

图 9-1 电子商务网址大全导航_e览网主页

9.1.2 电子商务的基本知识

1. 电子商务的产生与发展

电子商务是伴随着 Internet/Intranet 的技术飞速发展起来的。中国的电子商务发展迅猛,根据 CNNIC 报告提示的数据显示,中国网络购物发展迅速,截至 2014 年 12 月,我国网络购物用户规模达到 3.61 亿人,较 2013 年底增加 5953 万人,增长率为 19.7%;我国网民使用网络购物的比例从 48.9%提升至 55.7%。在电子商务的各类应用中,手机端的应用发展更为迅速,如手机购物、手机网上银行、手机团购、手机支付等。

(1)电子商务的发展进程

电子商务的推广应用是一个由初级到高级、由简单到复杂的发展过程,其对社会经济的影响也是由浅入深、由点到面的。从开始时的网上相互交流的需求信息、发布的产品广告,到今天的网上采购、接受订单、结算支付账款。当前,中国的很多企业的网络化、电子化已经可以覆盖其全部的业务环节。如今电子商务系统已经发展到更为完善的阶段,人们不但可以完成早期商务系统可以完成的各种商务活动,还可以进行网上证券交易、电子委托、电子回执、网上查询等更多种方便、快捷的电子商务活动。

(2)电子商务发展的 5 大阶段

① 第 1 阶段:电子邮件阶段。此阶段被认为是从 20 世纪 70 年代开始,电子邮件的

平均通信量以每年几倍的速度增长着,至今日已经逐步取代了纸质邮件。

② 第2阶段:信息发布阶段。该阶段被认为是从1995年起,其主要代表为Web技术为基础的信息发布系统。这种信息发布系统以爆炸的方式成长起来,成为当时Internet中最主要的应用系统。该阶段的中小企业面临的是如何从"粗放型"到"精准型"营销时代的电子商务。

③ 第3阶段:电子商务阶段,即EC(Electronic Commerce)阶段。此阶段EC在发达国家也处于开始阶段,但在几年内就遍布了全中国,为此,EC被视为划时代的产物。由于电子商务成为Internet的主要用途,因而Internet终将成为商业信息社会的支撑系统。

④ 第4阶段:全程电子商务阶段。该阶段主要特征是SaaS(Software as a Service,软件即服务)模式的出现。在此阶段中,各类软件纷纷加盟互联网,从而延长了电子商务的链条,形成了当下最新的"全程电子商务"概念模式。

⑤ 第5阶段:智慧电子商务阶段。该阶段主要特征是"主动互联网营销"模式的出现。此阶段始于2011年,随着互联网信息碎片化、云计算技术的完善与成熟,主动互联网营销模式出现;其中,i-Commerce(individual Commerce)顺势而出。电子商务从此摆脱了传统销售模式,全面步入互联网;并以主动、互动、用户关怀等多角度、多方式的方式与广大互联网用户进行深层次、多渠道的沟通。

(3) 电子商务在中国的发展现状

当前,中国的电子商务发展正进入密集创新和快速扩张的新阶段,已逐步成为拉动我国消费需求、促进传统产业升级、发展现代服务业的重要引擎。在2014年,中国电子商务交易总额突破13万亿元,增速达28.6%,带动就业创业超过1000万人,电子商务正在成为中国经济发展的新引擎。

2. 电子商务与传统商务之间的关系

(1) 电子商务的发展是以传统商务为基础而发展的。
(2) 电子商务的发展目的不是取代传统商务模式,而是对其的发展、补充与增强。
(3) 在电子商务发展的过程中,传统企业的电子商务是我国电子商务发展的重点。
(4) 电子商务系统是一个新生事物,因此,在发展中必然会出现反复、问题与漏洞。

3. 电子商务的定义

电子商务是指在互联网(Internet)、企业内部网(Intranet)和增值网(Value Added Network,VAN)上以电子交易方式进行交易活动和相关服务活动,是传统商业活动各环节的电子化、网络化。总之,电子商务是利用微电脑技术和网络通信技术进行的商务活动。

(1) 电子商务的分类定义

① 广义电子商务(Electronic Business,EB):使用各种电子手段与工具从事的商务活动,这就是由IBM定义的电子商务,又被称为广义电子商务。总之,EB是指通过使用互联网等电子工具,使各个公司的内部、供应商、客户和合作伙伴之间,利用电子业务共享

信息,实现企业间业务流程的电子化,配合企业内部的电子化生产管理系统,提高企业的生产、库存、流通和资金等各个环节的效率。

② 狭义电子商务(Electronic Commerce,EC):EC 是指使用互联网等电子工具在全球范围内进行的商务贸易活动,其中的电子工具包括电报、电话、广播、电视、传真、计算机、计算机网络、移动通信等。

人们一般理解的电子商务是指狭义的电子商务,其特指以计算机网络为基础所进行的各种商务活动,包括商品和服务的提供者、广告商、消费者、中介商等各方行为的总和。

(2) 电子商务的两个基本特征

无论是广义的还是狭义的电子商务都包含以下两个基本特征。

① 电子商务是以电子和网络方式进行的,因此离不开互联网平台。没有网络就不能称为电子商务,如人们通过 Internet 查看与订购商品,通过 E-mail 确认等。

② 电子商务是通过互联网完成的是一种商贸活动。如通过 Internet 确定电子合同,通过网络银行支付交易费用。

(3) 电子商务的 3 个重要概念

电子商务就是利用电子化技术和网络平台实现的商品和服务的交换活动,它涉及了以下 3 个重要概念。

① 交易主体:商业企业、消费者、政府,以及其他参与方。

② 交易工具:在各主体之间通过电子工具完成,如通过浏览器、Web、EDI(电子数据交换)及 E-mail 等。

③ 交易活动:共享的各种形式的商务活动,如通过广告、商务邮件及管理信息系统完成的商务、管理活动和消费活动。

(4) 电子商务系统的构成四要素

电子商务系统的构成四要素是:商城、消费者、产品、物流。

(5) 实际电子商务系统的组成关系

一个实用的电子商务系统的形成与交易包括以下几种对象。

① 交易平台。第三方电子商务平台(即第三方交易平台)是指在电子商务活动中为交易双方或多方提供交易撮合及相关服务的信息网络系统总和。

② 平台经营者。第三方交易平台经营者(即平台经营者)是指在工商行政管理部门登记注册并领取营业执照,从事第三方交易平台运营并为交易双方提供服务的自然人、法人和其他组织。

③ 站内经营者。第三方交易平台站内经营者(即站内经营者)是指在电子商务交易平台上从事交易及有关服务活动的自然人、法人和其他组织。

④ 支付系统(Payment System)。是由提供支付清算服务的中介机构和实现支付指令传送及资金清算的专业技术手段共同组成,用以实现债权债务清偿及资金转移的一种金融安排,有时也称为清算系统(Clear System)。

4. 电子商务的应用模式及电子商务系统

电子商务系统通常是在因特网的开放网络环境下采用的基于 B/S(浏览器/服务器)

的应用系统。电子商务系统是以电子数据交换、网络通信技术、Internet 技术和信息技术为依托的,在商贸领域中使用的商贸业务处理、数据传输与交换的综合电子数据处理系统。

电子商务系统使得买卖的双方,可以在不见面的前提下,通过 Internet 上实现各种商贸活动。如,可以是消费者与商家之间的网上购物、商家之间进行的网上交易、商家之间的电子支付等各类商务、交易与金融活动。

5. 电子商务系统中应用的主要技术

电子商务综合了多种技术,包括电子数据交换技术(如电子数据交换 EDI、电子邮件)、电子资金转账技术、数据共享技术(如共享数据库、电子公告牌)、数据自动俘获技术(如条形码)、网络安全技术等。

6. 电子商务的发展、作用与影响

电子商务是因特网迅速发展,快速膨胀的直接产物,也是网络、信息、多媒体等多种技术应用的全新发展方向。电子商务改善了客户服务,缩短了流通时间,降低了费用,合理配置社会资源,促进贸易、就业和新行业的发展,改变了社会经济运行的方式与结构。

电子商务的发展极大地促进了电子政务的发展,其发展迅猛。主要的优势为:①有利于政府转变职能,提高了运作的效率;②简化了办公流程;③实现了合作办公;④在辅以安全认证技术措施后,具有高可靠性、高保密性和不可抵赖性;⑤更好地实现了社会公共资源的共享;⑥有利于提高政府管理、运作的透明度;⑦可以提高公众的监管力度,达到廉政办公的目的。

9.1.3 电子商务的特点

1. 电子商务的优点

(1) 无须到购物现场,快捷、方便、节省时间。
(2) 有着无限的、潜在的市场,以及巨大的消费者群。
(3) 开放、自由和自主的市场环境。
(4) 直接浏览购物,与间接的银行支付、物流系统、采购等服务紧密结合。
(5) 虚拟的网络环境,与现实的购物系统有机地结合。
(6) 网络的公众化与消费者的个性化消费与服务良好地相结合。
(7) 节约了硬件购物环境,简化了中间环节,直接向厂家购物,极大地降低了成本。

2. 电子商务的缺点

(1) 货品失真

消费者经常遇到的是购买到的商品与网上展示的商品不符,或者是没有标签。这是由于网上展示商品的详细信息缺失而造成的,如前面说的可能是三无产品,但是,卖家不输入其商标部分;又如,颜色在照片中与实物往往会由于光线而产生变化。

(2) 搜索商品宛如大海捞针

在网上购物时,消费者往往缺乏计算机方面的知识与操作技能,因此,对于同样的商品如何找到最低价格的商家,往往成为最大的问题。如购买同一位置、同一个单元的二手房,不同中介的价格差异能在几十万元;一件同样的上衣,价格差异也可能在40%以上。为此,用户在网上购物时,只能逐一登录各个网站,直到找到自己满意的货品。

(3) 信用危机

电子商务与传统商务相比,有时会遇到上当受骗的现象。这是由于交易的双方互不见面,增加了交易的虚拟性。其次,当代中国社会的信用制度、环境、信用观念与西方发达国家相比,尚有差距。西方的市场秩序较好,信用制度较健全,信用消费观念已为人们普遍接受,因此,受骗的示例比中国少。这就要求中国的消费者提高保护自己的意识,保留足够的交易证据,以期减少自己可能发生的损失。

(4) 交易安全性

由于Internet是开放的网络,电子商务系统会引起各方人士的注意。但是,在开放的网络上处理交易信息、传输重要数据、进行网上支付时,安全隐患往往成为人们恐惧网络与电子商务的最重要因素之一。据调查数据显示,不愿意在线购物的大部分人最担心的问题是遭到黑客的侵袭而导致银行卡、信用卡信息被盗取,进而损失卡中的钱财。由此可见,安全问题已经成为电子商务进一步发展的最大障碍。

(5) 管理不够规范

电子商务在管理上涉及商务管理、技术管理、服务管理、安全管理等多个技术层面,而我国的电子商务属于刚刚兴起的阶段,因此,有些管理还不够完善。

(6) 纳税机制不够健全

企业、个人合法纳税是国家财政来源的基本保证。然而,由于电子商务的很多交易活动处于无居所、无位置、无实名的虚拟网络环境中进行的,因此,一方面造成国家难以控制和收取电子商务交易中的税金;另一方面,也使得消费者无法取得购物凭证(发票)。

(7) 落后的支付习惯

由于中国的金融手段落后、信用制度不健全,中国人容易接受货到付款的现金交易方式,而不习惯使用信用卡或通过网上银行进行支付。在影响我国电子商务发展的诸多因素中,网络带宽窄、费用昂贵,以及配送的滞后和不规范等并非最重要因素,而是人们落后的支付与生活习惯。

(8) 配送问题

配送是让商家和消费者都很伤脑筋的问题。网上消费者经常遇到交货延迟、货物破损与丢失的现象,而且配送的费用很高。业内人士指出,国内缺乏系统化、专业化、全国性的货物配送企业,配送销售组织没有形成一套高效、完备的配送管理系统,这毫无疑问地影响了人们的购物热情。

(9) 知识产权问题

在由电子商务引起的法律问题中,保护知识产权问题又首当其冲。由于计算机网络上承载的是数字化形式的信息,因而在知识产权领域(专利、商标、版权和商业秘密等)中,版权保护的问题尤为突出。

（10）电子合同的法律问题

在电子商务中,传统商务交易中所采取的书面合同已经不适用了。一方面,电子合同存在容易编造、难以证明其真实性和有效性的问题;另一方面,现有的法律尚未对电子合同的数字化印章和签名的法律效力进行规范。

（11）电子证据的认定

信息网络中的信息具有不稳定性或易变性,这就造成了信息网络发生侵权行为时,锁定侵权证据或者获取侵权证据难度极大,对解决侵权纠纷带来了较大的障碍。如何保证在网络环境下信息的稳定性、真实性和有效性,是有效解决电子商务中侵权纠纷的重要因素。

（12）其他细节问题

最后就是一些不规范的细节问题,例如目前网上商品价格参差不齐,成交类别的商品价格相差很大;网上商店服务的地域差异较大;在线购物发票的问题突出;网上商店对订单回应速度参差不齐;电子商务方面的法律,对参与交易的各方面的权利和义务还没有进行明确细致的规定。

9.1.4 电子商务的交易特征

电子商务充分利用了计算机和网络,将遍布全球的信息、资源、交易主体有机地联系在一起,形成了可以创造价值的服务网络。电子商务与传统商务比具有以下一些明显特征。

1. 交易方式

电子商务的基本特征是以电子方式(信息化)完成交易活动。

2. 交易过程

电子商务的过程主要包含：网上广告、订货、电子支付、货物递交、销售和售后服务、市场调查分析、财务核算、生产安排等。

3. 交易工具

电子商务的交换工具非常丰富,包括：电子数据交换、电子邮件、电子公告板、电子目录、电子合同、电子商品编码、信用卡、智能卡等。

4. 交易中涉及的主要技术

电子商务系统在交易过程中,涉及的主要技术有：网络技术、数据交换、数据获取、数据统计、数据处理技术、多媒体、信息技术、安全技术等。

5. 交易平台

因特网及网络交易平台,如800折、天猫超市与商城、淘宝、亚马逊、当当网和1号店等都提供了自己的交易平台。

6. 交易的时间与空间

很多电子商务网站号称的运行与交易时间为全天,即每周 7 天,每天 24 小时。然而,很多网站通常会在法定假期间不上班,或不能按照正常的交易时间完成交易。电子商务系统的交易空间,理论上是全球范围,然而由于支付手段、物流的限制,一般都局限于本国。

7. 交易环境

电子商务系统的平台,通常是在 Internet 联网状态下运行的软件系统,因此,其交易的必要环境是 Internet 联网环境。

9.2 电子商务的基本类型

电子商务有多种分类方法,通常根据交易主体的不同可以分为按照交易对象,电子商务可以分为:企业对企业的电子商务(B2B)、企业对消费者的电子商务(B2C)、企业对政府的电子商务(B2G)、消费者对政府的电子商务(C2G)、消费者对消费者的电子商务(C2C)、企业、消费者、代理商三者相互转化的电子商务(ABC)、以消费者为中心的全新商业模式(C2B2S)、以供需方为目标的新型电子商务(P2D)等 8 类。其中如图 9-2 所示的 B2B、B2C、B2G、C2C、C2G 等 5 类为最基本的电子商务。

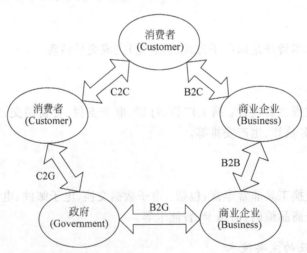

图 9-2 依消费主体不同进行的电子商务分类图

各种电子商务模式的简介如下。

1. 企业间的电子商务 B2B(Business to Business)模式

B2B 是指企业间的电子商务,又称"商家对商家"的电子商务活动。B2B 是指企业间通过 Internet 或专用网进行的电子商务活动;如,企业与企业间通过互联网进行的产品信息发布、服务与信息的交换等。

说明：B2B 中的 2(two)的读音与 to 相同，因此，用 2 代表 to，下同。

(1) B2B 电子商务模式的几种基本模式

① 企业之间直接进行的电子商务，如大型超市的在线采购，供货商的在线供货等。

② 通过第三方电子商务网站平台进行的商务活动，如国内著名电子商务网站阿里巴巴(china.alibaba.com)就是一个 B2B 电子商务平台。各种类型的企业都可以通过阿里巴巴进行企业间的电子商务活动；如发布产品信息，查询供求信息，与潜在客户及供应商进行在线的交流与商务洽谈等。

③ 企业内部进行的电子商务，是指企业内部各部门之间，通过企业内联网(Intranet)而实现的商务活动，如企业内部进行的商贸信息交换、提供的客户服务等。通常，在谈到电子商务常指企业外部的商务活动。

(2) 支持 B2B 的著名网站

支持 B2B 的著名网站有中国网库、阿里巴巴、电子电器网、慧聪网、八方资源等，如图 9-3 所示。

(3) B2B 按服务对象的分类

外贸 B2B 网站和内贸 B2B 网站，如图 9-3 所示；按行业性质还可分为综合 B2B 网站和行业 B2B 网站，如，阿里巴巴和中国玻璃网、化工网等。

【课堂示例 2】 通过电子商务网址大全的 B2B 类别进入阿里巴巴网站。

① 联机上网，在浏览器地址栏中输入 http://e-business.elanw.com。

② 在图 9-1 所示窗口的分类栏中，第一步，选择"企业对企业"，打开如图 9-3 所示的"B2B 网站大全"页面；第二步，选中需要进入的网站，如"阿里巴巴"。

③ 打开"阿里巴巴"网站主页后，可以先注册，再选择需要进行的商贸活动，如发布供求信息、申请企业旺铺等。

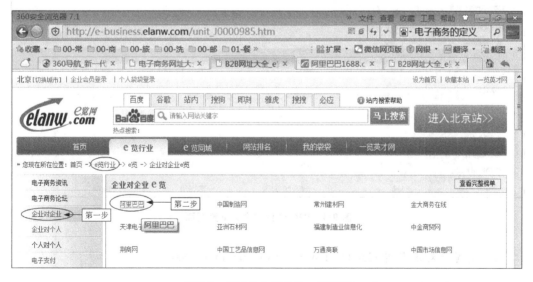

图 9-3　B2B 企业对企业 e 览页面

2. 企业与消费者间的电子商务 B2C(Business to Customer)模式

B2C 是我国最早产生的电子商务模式。

(1) B2C 模式的定义

B2C 是指消费者在商业企业通过 Internet 为其提供的新型购物环境中进行的商贸活动，如消费者通过 Internet 在网上进行的购物、货品评价、支付和订单查询等商贸活动。由于这种模式节省了消费者(客户)和企业双方的时间和空间，因此，极大地提高了交易的效率，节省了开支。

对用户来讲，在电子交易的操作过程中，B2B 比 B2C 要麻烦。前者通常是做批发业务，适合大宗的买卖；而后者进行的通常是零售业务，因此，交易量较小，更容易操作。

(2) B2C 模式的著名网站

【课堂示例 3】 通过电子商务网址大全的 B2C 类别进入当当网。

① 联机上网，在浏览器的地址栏中输入 http://e-business.elanw.com。

② 在图 9-4 所示的页面左侧的分类栏中，选择"企业对个人"。

③ 在页面右侧显示了众多著名的电子商务网站，如当当网、亚马逊、京东商城等。选中需要进入的网站，如"当当网"，当然，在浏览器的地址栏中输入 http://www.dangdang.com/，也可以打开如图 9-5 所示的当当网主页。

④ 在当当网主页中，第一步，注册；第二步，进行商贸活动，如浏览购物、结算、查询订单等。

图 9-4 B2C 企业对个人 e 览页面

3. 消费者对消费者 C2C(Consumer to Consumer)模式

C2C 同 B2B、B2C 一样，也是电子商务中的最重要的模式之一。

图 9-5　当当网主页

（1）C2C 模式的定义

C2C 是消费者对消费者的商务模式,网络服务提供商利用计算机和网络技术,提供有偿或无偿使用的电子商务和交易服务。通过这个平台,卖方用户可以将自己提供的商品发布到网站进行展示、拍卖;而买方用户可以像逛商场那样,自行浏览、选择商品,之后可以进行网上购物(一口价),或拍品的竞价。支持 C2C 模式的商务平台,就是为买卖双方提供的一个在线交易平台。

【课堂示例 4】　通过电子商务网址大全的 C2C 类别进入著名的淘宝网。

① 在图 9-4 所示页面的分类栏中,选择"个人对个人"。

② 在图 9-6 所示的页面中列出了著名的 C2C 网站名称。单击"淘宝网"或直接输入网址 http://www.taobao.com,均可进入图 9-7 所示的淘宝网主页。

图 9-6　C2C 个人对个人 e 览页面

图 9-7 淘宝网主页

（2）中外 C2C 模式典型网站的区别

eBay 是美国 C2C 电子商务模式的典型代表。它创立于 1995 年 9 月，为全球首家网上拍卖的网站，成为 C2C 电子商务模式的先驱者。在欧美市场获得了巨大成功，在雅虎、亚马逊书店等著名网络公司普遍不能盈利的情况下，成为最早开始盈利的互联网公司之一。

淘宝网成立于 2003 年 5 月，它是中国 C2C 市场的主角，它打破了 eBay 的拍卖模式，从中国网络市场的实际出发，开发出有别于 eBay 的中国模式的 C2C 网站。

eBay 网的重点服务对象是熟悉技术、收入较高的白领，以及喜欢收藏和分享的用户；而淘宝网的服务对象则是普通民众；此外，eBay 长于拍卖业务，而淘宝网则定位于个人购物网站。

（3）支持 C2C 模式的著名网站

C2C 中文网站有拍拍网、淘宝网、易趣等，其网址如下。

① 拍拍网：http://www.paipai.com/。
② 淘宝网：http://www.taobao.com/。
③ 易趣网：http://www.eachnet.com/。
④ eBay：http://www.ebay.com。

【课堂示例 5】 直接使用网址进入 C2C 著名网站淘宝网。

① 联机上网，在浏览器的地址栏中输入 http://www.taobao.com。

② 在淘宝网购物的主要步骤：第一步，注册；第二步，进行商贸活动，如浏览购物、查询订单等；第三步，支付货款到第三方，可以使用支付宝；第四步，收货；第五步，确认后，支付宝付款给商家。

4. 消费者对政府机构 C2G（Consumer to Government）模式

C2G 是指消费者对行政机构的电子商务活动。

(1) C2G 模式的定义

C2G 专指政府对个人消费者的电子商务活动。这类电子商务活动在中国尚未形成规模，而一些发达国家的政府的税务机构，早就可以通过指定的私营税务或财务会计事务所用的电子商务系统，为个人报税，如澳大利亚。

(2) C2G 系统的最终目标和经营目的

在中国，C2G 的商务活动虽未达到通过网络报税的电子化的最终目标。然而，在我国的发达城市或地区，已经具备了消费者对行政机构的电子商务活动的雏形，如北京，如图 9-8 所示。总之，随着消费者网络操作技术的提高，信息化高速公路的飞速发展与建设，中国行政机构的电子商务的发展将成为必然，政府机构将会对社会的个人消费者提供更为全面的电子方式服务，也会向社会的纳税人提供的更多的服务，如社会福利金的支付、限价房的网上公示等，都会越来越依赖 C2G 电子商务系统在。

图 9-8　C2G"北京市地方税务局"网站窗口

C2G 是政府的电子商务行为，不以营利为目的，主要包括网上报关、报税等，对整个电子商务行业不会产生大的影响。

【课堂示例 6】　进入 C2G 的代表北京市地方税务局网站查询、申报个人所得税。

① 联机上网，在浏览器的地址栏输入 http://www.tax861.gov.cn。

② 在图 9-8 所示的 C2G 的北京市地方税务局主页中，可以进行有关的信息查询或操作。例如，单击"年所得税 12 万的申报"选项，可以进行"查询"或"申报个人所得税"的 C2G 电子商务活动。

5. 商家对政府机构 B2G(Business to Government)模式

B2G 是指企业(商业机构)对行政机构的电子商务活动。
(1) B2G 模式的定义

B2G 是指商业机构对行政机构的电子商务,即企业与政府机构之间进行的电子商务活动,如政府将其有关单位的采购方案的细节公示在互联网的政府采购网站上,并通过在网上竞价的方式进行商业企业的招标。应标企业要以电子的方式在网络上进行投标,最终确定政府单位的采购方案。

(2) B2G 模式的发展前景

目前,B2G 在中国仍处于初期的试验阶段,预计会飞速发展起来,因为政府需要通过这种方式来树立现代化政府的形象。通过这种示范作用,将进一步促进各地的电子商务、政务系统的发展。此外,政府通过这类电子商务方式,可以实施对企业的行政事务的监控与管理。例如,我国的"金关工程"就是商业企业对行政机构进行的 B2G 电子商务活动范例。政府机构利用其电子商务平台,可以发放进出口许可证,进行进出口贸易的统计工作,而企业则可以通过 B2G 系统办理电子报关、进行出口退税等电子商务活动。

B2G 电子商务模式不仅包括上述的商务活动,还包括"商业企业对政府机构"或"企业与政府机构"之间所有的电子商务或事务的处理。例如,政府机构将各种采购信息发布到网上,所有的公司都可以参与竞争进行交易。

【课堂示例 7】 进入 B2G 的北京市财政局网站查询政府采购相关信息。

① 联机上网,打开浏览器;在地址栏中输入 http://www.bjcz.gov.cn。

② 在打开的 B2G 北京财政主页中,单击"政府采购"按钮或直接在地址栏输入 http://www.bjcz.gov.cn/zfcg/index.htm,均可打开如图 9-9 所示的页面。

③ 在图 9-10 所示的页面中,可以进行有关的商务活动,如选择"北京市政府采购中心",可以进行协议采购。总之,可以进行会议定点服务、办公设备等综合查询。还可以对设备生产的厂家进行投标,可以了解协议采购商品的报价、厂商等信息。

图 9-9 北京市财政局的政府采购网站页面

图 9-10　北京市政府采购的综合查询平台界面

6. 商家对代理商 B2M（Business to Manager）模式

B2M 对于 B2B、B2C、C2C 的电子商务模式而言，是一种全新的电子商务模式。

（1）B2M 模式的定义

B2M 模式是指由企业发布电子商业信息，经理人（代理人）获得该商业信息后，再将商品或服务提供给最终普通消费者的经营模式。

企业通过网络平台发布该企业的产品或者服务，其他合伙的职业经理人通过网络获取企业的产品或者服务信息，并且为该企业提供产品销售或者提供企业服务；企业通过合伙的职业经理人的服务达到销售产品或者获得服务的目的；职业经理人通过为企业提供服务而获取佣金。由此可见，B2M 模式的本质是一种代理模式。

（2）B2M 模式的特点

B2M 电子商务模式相对于以上提到的几种有着根本的不同，其本质区别在于这种模式的目标客户群的性质与其他模式的不同。前面提到的 3 种典型商务模式的目标客户群都是一种网上的消费者，而 B2M 针对的客户群则是其代理者，如该企业或该产品的销售者或者其他伙伴，而不是最终的消费者。这种与传统电子商务相比有了很大的改进，除了面对的客户群体不同外；B2M 模式具有的最大优势是将电子商务发展到线下。因为，通过上网的代理商才能将网络上的商品和服务信息完全推到线下，既可以推向最终的网络消费者，也可以推向非网上的消费者，从而获取更多的最终消费者的利润。

7. 代理商对消费者 M2C（Manager to Consumer）模式

M2C 是针对 B2M 的电子商务模式而出现的延伸概念。在 B2M 模式的环节中，企业通过网络平台发布该企业的产品或服务信息，职业经理人（代理人）通过网络获取到该企业的产品或服务信息后,才能销售该企业的产品或提供该企业服务。

(1) M2C 模式的定义

M2C 模式是指企业通过经理人的服务达到向最终消费者提供产品或服务目的的模式。因此,M2C 模式是指在 B2M 环节中的职业经理(代理)人对最终消费者的商务活动。

M2C 模式是 B2M 的延伸,也是 B2M 新型电子商务模式中不可缺少的后续发展环节。经理(代理)人最终的目的还是要将产品或服务销售给最终消费者。

(2) M2C 模式的特点

在 M2C 模式中,也有很大一部分工作是通过电子商务的形式完成的。因此,它既类似于 C2C,又不完全相同。

C2C 是传统电子商务的盈利模式,赚取的是商品的进货、出货的差价。而 M2C 模式的盈利模式,则更灵活多样,其赚取的利润既可以是差价,也可以是佣金;另外,M2C 的物流管理模式也比 C2C 灵活,如,可以该模式允许零库存;在现金流方面,其也较传统的 C2C 模式具有更大的优势与灵活性。以中国市场为例,传统电子商务网站面对 1.4 亿网民,而 B2M 通过 M2C 面对的将是 14 亿的中国全体公民。

9.3 电子商务系统的组成

电子商务系统由硬件、软件和信息系统组成。它将各种交易实体,通过数据通信网络连接在一起。因此,电子商务系统是实现电子商务活动的、有效运行的复杂系统。

1. 硬件实体

在电子商务系统中,涉及的主要硬件实体如图 9-11 所示。

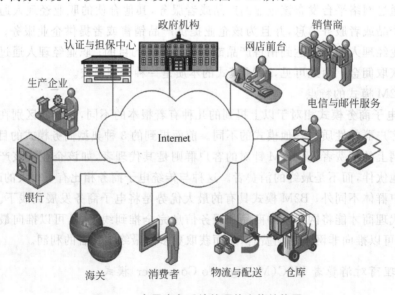

图 9-11 电子商务系统的硬件实体结构图

其中,主要物理实体如下。
(1) 计算机与网络:计算机、企业网、电信服务、Internet 及其接入网络。
(2) 交易主体:消费者、商业企业(网站前台)、政府机构等。
(3) 物流实体:物流、仓储与配送机构。
(4) 网络支付和认证实体:银行与认证机构(第三方担保)。
(5) 交易实体:网店及前台、网站的支撑交易平台。
(6) 进出口实体:当涉及货物的进出口时,还需要海关支持的管理实体。

2. 电子商务系统的组成、结构与信息流

(1) 系统组成:网络、各种交易实体、交易系统。
(2) 系统结构:因特网、企业网、外联网、物流网、电信网。
(3) 信息流:交易信息、资金信息、物流信息。

9.4 电子商务中的物流、配送和支付

9.4.1 电子商务中的物流

1. 什么是物流

在电子商务系统中,物流是指物品从供货方到购货方的过程。

2. 物流的分类

物流分为广义物流和狭义物流两类。
(1) 广义物流。广义物流既包括流通领域,又包括生产领域。因此,广义物流是指物料从生产环节到最终成品的商品,并最终移动到消费场所的全过程。
(2) 狭义物流。狭义物流只包括流通领域,是指为商品在生产者与消费者之间发生的移动。一般,电子商务中的物流主要是指狭义物流,即商品如何从生产场所移动到消费者手中。

3. 现代物流系统的构成

现代物流活动主要包括运输、装卸、仓储、包装等活动环节,其中,运输业和仓储业是物流产业的主体。为此,物流产业的主体包括交通运输、仓储和邮电通信业 3 大类。如,铁路运输业、公路运输业、管道运输业、水上运输业、航空运输业、交通运输辅助业、其他交通运输业、仓储业、邮电通讯业均属于物流产业。

4. 物流的作用

(1) 确保生产。从原料到最终商品都需要物流的支持,才能顺利进行。
(2) 为消费者服务。物流可以向消费者提供服务,满足其生活中的各种需求。
(3) 调整供需。通过物流系统可以充分调整各地产品的供需关系,达到平衡。
(4) 利于竞争。通过物流可以扩展区域,有利于商品的竞争。

(5) 价值增值。通过物流可以使某地的产品在异地销售，达到价值增值的目的。

5. 电子商务中的配送

(1) 什么是物流配送

物流配送是按照用户的订单要求，经过分货、拣选、包装等运输货物的配备工作，最终经过运输和投递环节，将配好的货物送交消费者(收货人)的过程。

(2) 配送的基本业务流程

① 备货。

② 储存。

③ 分拣和配货。

④ 配装。

⑤ 配送运输。

⑥ 送达服务。

(3) 配送中心

在电子商务系统中，配送中心担负着配送流程中的主要工作。由此可见，配送中心是指：从事货物配备(集货、加工、分货、拣选、配货)，并组织对最终用户的送货，以高水平实现销售和供应服务的现代流通企业。

① 对于大型商业企业通常设置有自己的配置中心，如，B2C 模式工作的"1 号店"就有自己专门的配送中心，它能够完成配送流程的大部分工作；对于大城市，其物流中心可以直接送达；而对于处于边远地区的客户，它们也会聘请专门的商业快递公司。

② 对于小型网站或消费者，通常采用自己完成前期工作，后期的配送运输和送达服务则聘请专门的商业物流快递公司。例如，按照 C2C 模式工作的淘宝网通常由中通、申通、圆通、韵达、天天快递和 EMS 等完成。这些快递中心，通常都有严格的管理，用户可以随时上网查询自己订单在快递、配送过程中的状况。

【课堂示例 8】 进入物流综合网站"快递 100"查阅快递订单。

① 进入物流查询网站。在浏览器地址栏中输入 http://www.kuaidi100.com，按 Enter 键。

② 注册。"快递 100"网站的主页如图 9-12 所示。先注册一个账户，这样即可获得免费短信提醒等更好的物流信息服务。当然，不注册也可以查询快递信息。注册步骤参见图 9-13。

③ 简单查询。在图 9-12 所示的页面中，第一步，选择"快递查询"；第二步，在查询栏，输入快递单号，并选中物流公司，如"圆通速递"；第三步，单击"查询"按钮；第四，得到查询结果后，可以跟踪该快件的整个物流，以及当前的投递状况。

④ 多单定制查询。在图 9-12 所示的选择"我的快递"，如图 9-14 所示。第一步，选中物流公司，如"韵达"；第二步，输入快递单号和该订单的备注信息；第三步，单击"添加"按钮。重复上述步骤，查询自己所有的订单，如图 9-15 所示。

⑤ 查看订阅状态。在图 9-15 所示的页面中，显示所有订单的状态。没有订阅时，订单的"订阅状态"均显示为灰色的 OFF 状态 ，如图 9-16 所示。

⑥ 订阅短信服务。在图 9-15 所示的页面中，可以订阅自己需要的服务。第一步，单击订单"订阅状态"后边的 ；第二步，打开图 9-16 所示的"短信订阅"对话框，根据需

要进行选择,如选中"派件提醒"复选框;第三步,单击"完成"按钮,返回图 9-15 所示的页面,可看到该订单的"订阅状态"变为 ON 。

图 9-12　物流综合网站"快递 100"的主页

图 9-13　注册快递 100 用户

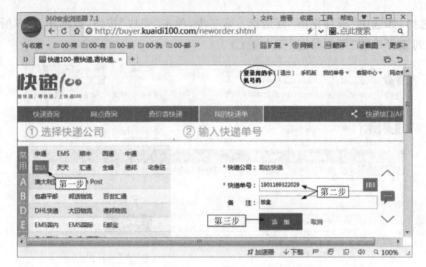

图 9-14 订单查询

图 9-15 多订单查询

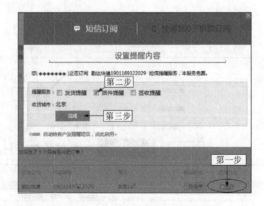

图 9-16 短信订阅

【课堂示例 9】 进入物流综合网站"快递 100"进行寄件的比价与发送。

① 寄快递时,在图 9-13 所示的页面中选择"查价寄快递"。

② 在图 9-17 所示的"查价寄快递"页面中,第一步,选择"查价寄快递";第二步,输入发件地点;第三步,输入收件地点;第四步,输入邮件的重量;第五步,单击"查询"按钮。最后,从列出的物流公司中进一步进行选择筛选,并按照提示进行网上预约,直至完成寄件的任务。

图 9-17　查价寄快递

9.4.2　电子商务中的电子支付

在电子商务系统中使用的电子支付和传统支付的方式区别很大。消费者习惯的传统支付主要有货到付款、邮局支付及银行转账等 3 种形式。本节主要介绍与电子商务系统相关的电子支付。

1. 电子支付的定义

电子支付主要指通过互联网实现的在线支付方式。因此,可以将电子支付定义为:交易的各方通过互联网或其他网络,使用电子手段和网络银行等实现的安全支付方式。

在电子商务系统中,电子支付中最重要的安全环节就是如何通过网络银行进行安全支付,其涉及的技术含量也是最高的。

2. 电子支付实现的功能

(1) 网上购物:通过互联网可以直接购买很多商品或服务,如购买手机充值卡。

(2) 转账结算:现在各种网上银行大都支持消费结算,如实现水、煤气等消费结算或者是购物结算,以代替实体银行的现金转账。

(3) 储蓄:进行网上银行的电子存储业务,如不同银行之间的存款和取款。

(4) 兑现:可以异地使用货币,进行货币的电子汇兑。

(5) 预消费:商业企业提供分期付款,允许消费者先向银行贷款购买商品。

3. 电子商务中的支付方式

CNNIC 的数据表明,截至 2014 年 12 月,我国使用网上支付的用户规模达到 3.04 亿人,较 2013 年底增加 4411 万人,增长率为 17.0%。与 2013 年 12 月底相比,我国网民使用网上支付的比例从 42.1% 提升至 46.9%。与此同时,手机支付用户规模达到 2.17 亿人,增长率为 73.2%,网民手机支付的使用比例由 25.1% 提升至 39.0%。

目前,在网上购物时,为了方便用户进行选择,各电商的支付平台都会提供多种支付方式。但是,用户最常用的支付方式有以下几种。

(1) 货到付款

货到付款又分为现金支付和 POS 机刷卡两种。这是 B2C 中有实力的商业企业经常采用的方式,如,京东商城、当当网、亚马逊等都支持这种方式,其交易流程参见图 9-18。

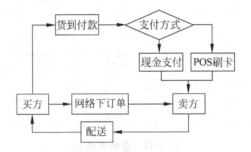

图 9-18 B2C 交易流程图

① 现金支付:与传统支付方式类似。其优点是:符合消费者的消费习惯,更加安全和可靠。其缺点是,对商家来说增加了风险和成本,如消费者收到自己定的货后,感觉不理想,也可能采取拒付的手段;另外,对时间和地点的限制较多,如较为偏僻的地区消费者直接收货与付钱的可能性就较小。其他还有手续复杂等问题,如为了避免自己的损失,消费者想先开箱验货,而商家要求先签字再开箱。

② POS 机刷卡:对于实力强大的商业企业,大宗的商品的支付可以使用配送人员的手持 POS 机刷卡付费。这种方式的优缺点同现金支付。

(2) 网上付款

网上付款中常用的支付方式是通过第三方支付平台进行支付。中国市场上的电子支付工具有:支付宝、移动支付门户、银联电子支付、快钱、无忧钱包等,如图 9-19 所示。

【课堂示例 10】 认识、了解以及学习使用支付宝购物的流程。

① 在图 9-1 所示页面的分类栏中,单击"电子支付",打开如图 9-19 所示的"电子支付 e 览"页面,可以了解所选电子支付服务商的特点,如,单击"支付宝"。

② 认识支付宝。在图 9-20 所示的支付宝主页中,可以注册支付宝账户、认识和学习

第9章 电子商务基础及应用

图 9-19 "电子支付 e 览"页面

图 9-20 支付宝首页

安全使用支付宝等任务。对于初学者建议：第一步,依次选择"玩转支付宝"→"如何购物",或者在浏览器输入网址 http://abc.alipay.com/cool/taobao.htm,打开如图 9-21 所示的页面;第二步,单击页面下方的 ◀ ▶ 中的右箭头,打开如图 9-22 所示页面,开始学习相关知识。

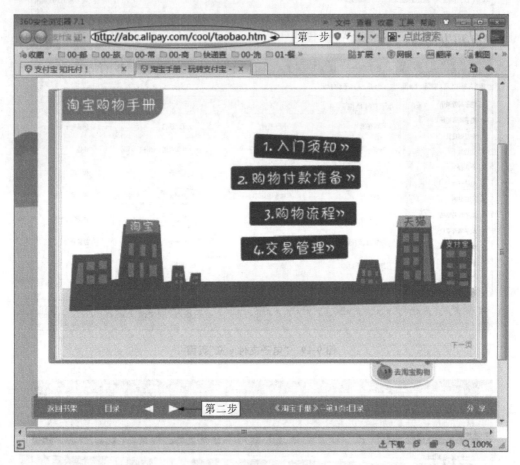

图 9-21　淘宝购物手册目录

③ 了解支付方式。在图 9-20 所示的页面中,单击"付款是件容易的事"。必须注意要单击"付款方式"打开如图 9-23 所示页面,了解可用的支付方式后,再进行付款操作。

下面简单介绍支付宝和财付通的特点。

① 支付宝：由阿里巴巴集团创办,它是在国内处于领先地位的独立的第三方支付平台。支付宝为中国电子商务提供了简单、安全、快速的在线支付的解决方案。支付宝用户覆盖了 C2C、B2C、B2B 等多个领域,通过与百余家银行及金融机构的合作,可以尽量满足用户的需求。支付宝的最大作用在于通过支付平台建立了支付宝、商家与用户三方之间的信任关系(参见图 9-24)。支付宝最主要的特点是：第一,启用了买家收到货,满意后卖家才能收到钱的支付规则,从而保证了整个交易过程的顺利进行；第二,支付宝和国内外主要的银行都建立了合作关系,因此,只要用户拥有一张各大银行的银行卡,即可顺利利

第9章 电子商务基础及应用

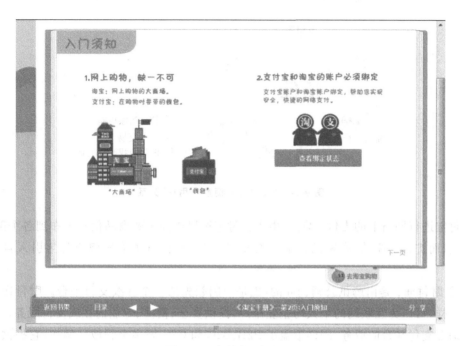

图 9-22 支付宝入门须知

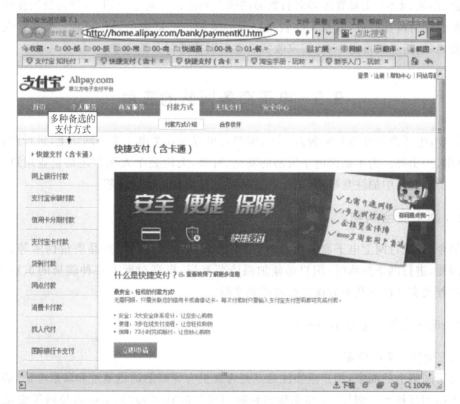

图 9-23 查看支付宝的支付方式

图 9-24 "支付宝—商家—用户"关系

用支付宝进行网络上的支付；第三，由于支付宝可以将商家的商品信息发布到各个网站、论坛，从而扩大了商品、商家的影响与交易量，因此又促进了商家将支付宝引入自己的网站。

② 财付通：是由腾讯公司创办的，也是中国领先的一个在线支付平台。财付通与支付宝一样，可以为互联网的个人与企业用户，提供安全、便捷、专业的在线支付服务。财付通的综合支付平台的业务，同样覆盖了 B2B、B2C 和 C2C 等多个领域。例如，它提供了当当网网上支付及微信的移动支付与结算服务。此外，针对个人用户，财付通提供了包括在线充值、提现、支付、交易管理等名目繁多的服务功能。针对企业用户，财付通还提供了安全可靠的支付清算服务，以及 QQ 营销资源的支持。财富通的操作流程：买家首先付款到财富通，之后经财富通中介，买家收货满意后财富通付款给卖家。

9.5 电子商务网站的应用

如今，电子商务已经非常普及，个人消费者可以在各类电子商务网站上，进行购物、购书、订票、拍卖等。为了确保电子贸易的安全、有效，无论是个人用户还是企业用户，都应当十分了解交易中的注意事项，以及通过网络进行交易活动的流程。

9.5.1 网上安全购物

如今，在进行网上电子商务活动时，一定会遇到诈骗、假冒、产品质量伪劣等各种问题。因此，进行网络购物时，用户必须加强防范意识，提高对网上各种骗局的识别能力。这里推荐大家从以下几个方面进行考虑和防范。

1. 谨慎选择交易对象和交易

(1) 交易对象的确定

对于网络上的商家，用户应当注意其是否提供有详细的通讯地址和联系电话，必要时应打电话加以核实。例如，仔细观察和判断商家的旺旺、QQ、固定电话号码等交流工具是否可用，是否可以随时进行联系。

(2) 交易方式的确定

在进行网上购物的早期时,为了确保资金的安全,应尽量选择"货到付款"方式;或选择双方利益均可保证的有第三方担保的交易方式,如"支付宝"平台。千万不要轻易地与商家进行预付钱款的交易;即使需要进行预付款的转账交易,交易的金额也不易太高。

2. 认真阅读交易的电子合同

(1) 确认交易合同

目前,中国尚无规范化的网上交易专门法律,因而事先约定规则是十分重要的。由于在网络上进行交易的规则或须知就是电子合同的重要组成部分。因此,在网上交易之前,用户应当认真阅读规则中的条款。

(2) 合同的主要内容

在电子交易中,应当注意的重点内容有产品质量、交货方式、费用负担、退换货程序、免责条款、争议解决方式等。由于电子证据具有"易修改性",因此,请在大额交易时,尽可能地将交易过程的凭证打印或保存。如使用抓图工具来抓取交易规则的内容界面。

3. 保存好交易单据

用户购物时,请注意保存交易相关的"电子交易单据",包括商家以电子邮件方式发出的确认书、用户名和密码等。我国《合同法》第十一条规定,以电子邮件等形式签订的合同属于"书面合同"的范畴。因此,建议用户在保存电子邮件时,应注意不要漏掉完整的邮件头,因为该部分详细地记载了电子邮件的传递的路径。这也是确认邮件真实性的重要依据。此外,使用交流平台及截图工具(如旺旺或 QQ),保存好交易过程中的相关交流信息,如,有关保修、正品保证、换货费用、损坏赔偿、赠品、物流信息、好评返现等。

4. 认真验货和索取票据

用户验货时,应注意核对货品是否与所订购的商品一致,有无质量保证书、保修凭证,同时注意索取购物发票或收据。

5. 纠纷的处理

与现有法律的基本原则一致,在网络消费环境中,遇到纠纷时,购买者可采取的方法有:与商家协商、向消费者协会投诉、向法院提起诉讼或申请仲裁等方式寻求纠纷的解决。

9.5.2 B2C 模式网上购物应用

1. B2C 模式消费者的网上购物流程

B2C 模式消费者(买方)的网上购物流程如图 9-25 所示。

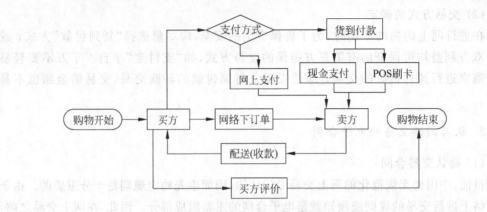

图 9-25　B2C 客户（买方）网上购物流程图

2. 消费者的网上购物应用

传统购物是在商场，而在网上购物时进入的是网上商城。因此，用户购物时，如何快速地找到网络上的商城则是进行网络购物的关键。

首次登录商务购物网站时，通常需要注册一个用户。成功注册新用户后，每次购物时，都要先使用申请到的用户账号进行登录。

【课堂示例 11】　进入 B2C 网站"亚马逊"购买书籍。

① 接入 Internet，启动 IE 浏览器。

② 第一步，在地址栏中输入 http://www.amazon.cn/；第二步，注册用户名和密码后，登录网站；第三步，选中商品类型"亚马逊图书"后，在搜索栏输入购买商品的关键字，如作者姓名"尚晓航"；第四步，设置显示条件，如按"出版日期"排序；第五步，单击"搜索"图标 ，搜索结果将显示在浏览器下半部窗口，如图 9-26 所示。单击要购买的图书。在打开的新页面中，单击"加入购物车"按钮，将所选商品加入购物车。重复上述的选择、加入购物车的步骤，直至所有要购买的物品都加入到购物车。最后，单击页面中的 购物车。

③ 在图 9-27 所示的亚马逊"购物车"页面中，核对自己购买的物品无误后，单击"进入结算中心"按钮。

④ 在打开的"选择接货方式"页面中，可选择的有自提、EMS 特快专递等多种方式，选中"EMS 特快专递"后，单击"继续"按钮。

⑤ 在打开的"选择付款方式"页面中有多种方式可供选择：支付宝、财付通、货到付款 POS 机刷卡、货到付款现金和网银支付等。选中"支付宝"后，单击"继续"按钮。

⑥ 在图 9-28 所示的亚马逊"检查订单"页面中，第一步，仔细核对各种信息，如送货地址、联系人、联系电话和支付方式等，如果有误，可以返回修改；第二步，确认无误后，单击"提交订单"按钮；最后，在弹出的支付对话框，使用支付宝账号进行支付；成功后，完成购物任务。

【课堂示例 12】　进入亚马逊网站管理订单。

① 打开亚马逊网主页并登录。

第9章 电子商务基础及应用

图 9-26 在亚马逊网站查找图书

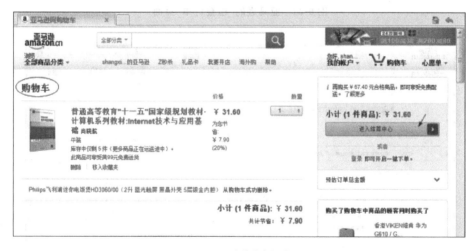

图 9-27 亚马逊的"购物车"页面

② 成功登录后,第一步,依次单击"我的账户"→"我的订单"选项,可以查看所有订单;第二步,在订单旁边,可以对所选的订单进行管理,如立即支付、取消商品、修改发票信息、查看或编辑订单等,参见图 9-29,如选中"取消商品"。至此,完成订单管理的任务。

③ 消费者经常需要了解所购商品的配送状况,此时,对货到付款或已支付的订单,可以在图 9-29 所示的页面中,单击"查看或编辑订单",以便跟踪选中的订单,做好接货准备。

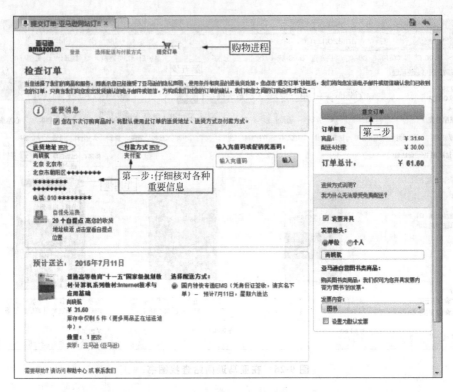

图 9-28　亚马逊的"检查订单"页面

图 9-29　亚马逊的"我的订单"页面

9.5.3　C2C模式网上购物应用

1．C2C模式下消费者的网上购物流程

不同的C2C网站,在电子商务活动的各个环节的称谓可能有所不同,但是整体的安全交易流程如图9-30所示。

注意：在C2C模式中,为了买卖双方的利益,请务必按照图9-30所示流程进行,即选择一个具有第三方担保功能的平台进行交易；否则,如果消费者先付款给了商家,商品出现问题时,则很难处理。如果是商家先将商品配送给了消费者,货款也可能不能按时返还。

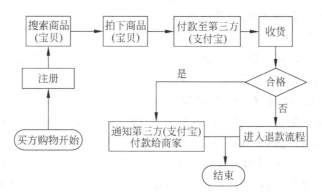

图9-30　C2C消费者上网购物的流程

2．C2C模式下的网上购物

（1）熟悉网站的购物流程

在网络上购物时,上线前需要熟悉网上购物的流程,通常每个网站都会有详细的帮助。

【**课堂示例13**】　打开淘宝网的帮助动画学习买家的操作流程。

① 联机上网,启动浏览器；在地址栏中输入http://www.taobao.com。

② 在淘宝网首页最上端,选择"联系客服"。在打开的页面中选择"新手入门"选项,打开图9-31所示的页面。在"淘宝网首页"最下端,单击"网站地图"选项,在打开的页面依次选择,选中"我要买"→"购物教程"→"淘宝网"选项,也可以打开该页面。

图9-31　淘宝网的网站地图

③ 在图9-31所示的页面中,选择"我是买家",即可了解到作为买家的整个操作流程。如果想了解某一项的具体操作,只须单击该项目,即可进入相应的操作帮助界面。如果是卖家,可以选择"我是卖家",了解作为卖家的基础知识。

(2) 注册淘宝网与支付宝的账户

在 C2C 网站购物前,第一步,注册一个淘宝用户账号;第二步,开通具有第三方担保功能的支付宝账户。注意,这是两个不同的账户,建议使用不同的用户名与密码。

(3) 开通网银

由于支付宝账户中并没有钱,因此,在支付前需要到银行去开通"网银",如开通招商银行的网银,购买 U 盾,这样就可以通过网络向自己的支付宝账户充值。只有充值后的支付宝账户,才具有支付能力。

注意:为了确保银行资金的安全,给新用户几点建议:第一,建议用户到银行开通网银时购买硬件 U 盾,这样只有账户名、密码和 U 盾都正确时才能进行网上支付;第二,网银对应的银行卡中不要存入过多的资金;第三,用多少充多少,是指尽量在支付时,再从网银充值到支付宝;最后注意,新手慎用信用卡。

【课堂示例 14】 注册淘宝网用户账户和支付宝用户账户。

① 联机上网,启动浏览器,在地址栏中输入 http://www.taobao.com。

② 在淘宝网首页的左上角,单击 免费注册 选项。

③ 在图 9-32 所示的页面中,单击"同意协议"按钮。

④ 随后,只须跟随注册向导完成每个环节,即可完成淘宝账户的注册任务。

⑤ 在填写注册信息的步骤中,第一步,仔细填写淘宝网用户账户信息和密码;第二步,输入支付宝账户名、密码和校验码;第三步,仔细阅读"淘宝网服务协议"和"支付宝服务协议";第四步,单击"同意协议并注册"按钮,完成淘宝账户的注册任务。

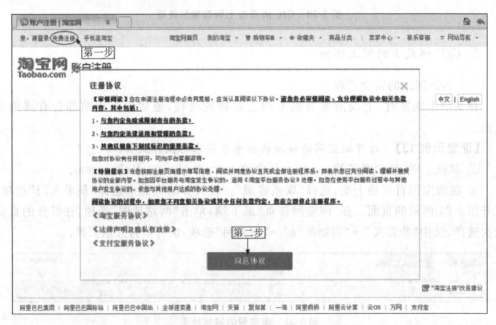

图 9-32 淘宝网的账户注册页面

(4) 安装淘宝网购物的实时交易软件

成功开通淘宝网和支付宝账户后,为了与商户讨论价格、询问产品详细状况,还需要有一个实时交易的平台,在淘宝网上这个实时交易平台的软件叫"阿里旺旺"。

【课堂示例 15】 在淘宝网下载和安装阿里旺旺软件。

① 联机上网,在浏览器地址栏中输入 http://www.taobao.com。

② 在淘宝网首页中单击"网站导航"。

③ 在打开的图 9-33 所示的"网站地图"页面中,单击"导航工具"中的"阿里旺旺"。

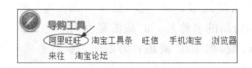

图 9-33　单击"导航工具"中的阿里旺旺

④ 在图 9-34 所示的"阿里旺旺"页面中,选择合适的客户端,如 Windows,然后单击"立即下载旺旺 2014"选项。

图 9-34　阿里旺旺的 Windows 客户端下载页面

⑤ 在打开的阿里旺旺页面中,选择"买家用户入口",打开后,即可下载阿里旺旺软件。

⑥ 下载后,双击 AliIM2014_taobao(8.00.08C)程序,跟随安装向导完成该软件的安装任务。

⑦ 安装完成后,通常会自动打开图 9-35 所示的"阿里旺旺 2015"窗口,单击窗口下端的"添加好友"图标 ,可以添加交易的商户或自己的好友。

(5) 在淘宝网"搜索"和"拍下"商品

在淘宝购买商品时,建议要货比三家,能够较好实现这个功能的是"一淘"。

【课堂示例 16】 通过一淘网购买淘宝网的商品。

① 联机上网,在浏览器的地址栏输入 http://www.etao.com。

② 在图 9-36 所示的一淘网主页的右上角,使用注册的淘宝账户和密码正确登录。

③ 通过一淘购买商品的过程:第一步,登录一淘网站;第二步,输入所选商品的名称及,如"旅游鞋女";第三步,选择拟搜索的商城,如 B2C 商城;第四步,选中"免邮费"单选按钮;第五步,输入选择的价格区间;第六步,输入其他限定条件,如"销量";第七步,单击"搜索"按钮 。搜索的结果如图 9-36 所示。

④ 在搜索结果中,单击自己喜欢的宝贝,打开如图 9-37 所示的页面。图中有该宝贝的多种参数,如产品图片、价格趋势、产品比价、产品评价等。单击"去购买"按钮,前去商家购买。

⑤ 在打开的图 9-38 所示的淘宝商家的购买商品页面中,第一步,单击商户页面的旺旺图标 特步百谦专卖店 ;第二步,在打开的旺旺客户端可以就选中商品的赠品、尺寸、材质、快递、保修等问题同商家磋商;第三步,决定购买时单击"立即购买"按钮。

图 9-35 "阿里旺旺 2015"窗口

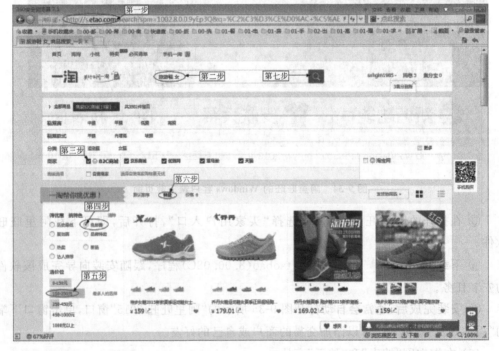

图 9-36 一淘搜索结果

图 9-37 比价页面

图 9-38 淘宝商家的购买商品页面

⑥ 在图 9-39 所示的生成和提交订单页面中，按照图中的步骤，完成订货表单的填写。之后，应反复确认地址、姓名、联系电话等信息无误，再单击"提交订单"按钮。

⑦ 如果在一家店铺要购买多件商品，重复步骤③～⑥，拍下所有要购买的宝贝。之后，要提醒卖家合并邮寄，修改寄费。此外，很多店铺提供的赠品也是需要拍的，否则认为

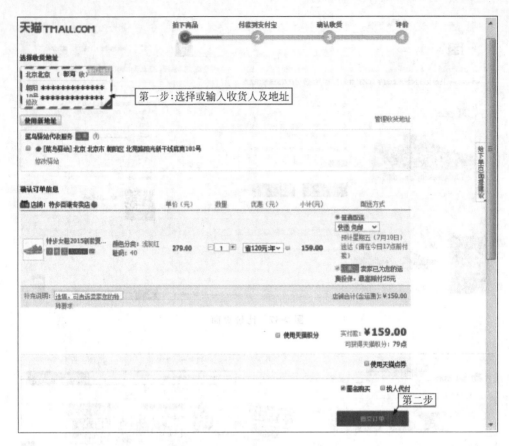

图 9-39 "生成和提交订单"窗口

自动放弃。

说明：在图 9-39 所示的页面中，第一，单击"旺旺"按钮，可以随时就商品的表单信息与卖家沟通；第二，在补充说明和重要提醒栏中，应当尽量详细地填入收货要求、尺寸、颜色等信息，因为如果以后商品有问题，这就是订货合同的依据。

(6) 付款到第三方担保机构

在 C2C 模式中，为了确保双方的利益，通常要现将货款支付到第三方担保机构。

【课堂示例 17】 在淘宝网付款到第三方担保机构（支付宝）。

① 在淘宝网首页中，第一步，依次选择"我的淘宝"→"已买到的宝贝"选项，打开如图 9-40 所示的已买商品的订单列表，在列表中，单击选择需要购买的项目；第二步，单击"立即付款"按钮，打开如图 9-41 所示的页面。

② 应在仔细核对订单无误后，再进行付款操作。在如图 9-41 所示的"我的收银台"页面中，有多种可供选择的付款方式，常用的有支付宝、银行卡、信用卡等。例如，选中"支付宝的余额宝"，正确输入密码，单击"确认付款"按钮，完成本次购物，如图 9-41 所示。当然也可以选择网上银行支付，如选中"招商银行"后，单击"下一步"按钮，并跟随向导完成支付，如图 9-42 所示。

图 9-40　已买到的宝贝

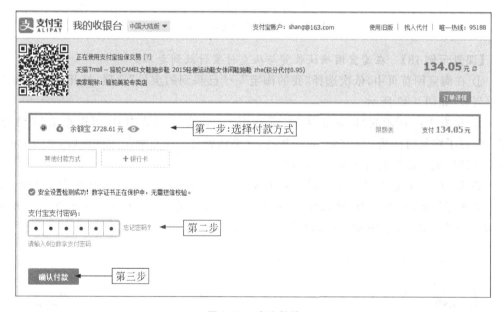

图 9-41　确认付款

③ 支付完成后，再次打开图 9-40 所示的已买商品的订单列表，查看交易状态，应当变为"买家已付款"状态。如果卖家已经发货可以看到当前的交易状态变为 确认收货 状态。

（7）确认收货→付款到卖家→评价

在买家收到货后，有以下两种情况。

① 商品符合店家的描述，以及自己的订货要求时，就应当"确认收货"，并将支付到第三方的货款，支付给卖家，并对商品进行评价。

② 当商品不符合店家的描述或自己的订货要求时，推荐的是：先单击商家的"旺旺"按钮，同卖家进行沟通后，再进行操作。当然，若证据确凿，有照片等证据，也可直接选择"退款"。

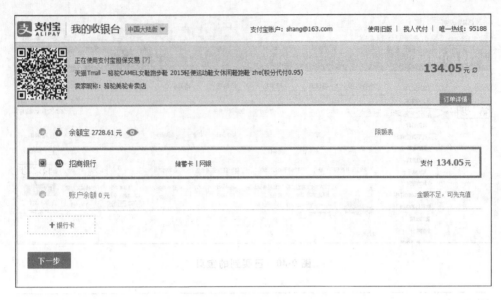

图 9-42 招商银行付款页面

【课堂示例 18】 在淘宝网确认收货与从支付宝付款到卖家。

① 在淘宝网首页中，依次选择"我的淘宝"→"已买到的宝贝"选项，打开已买商品的订单列表，如图 9-43 所示。

② 在图 9-43 所示的"确认收货"页面中，第一步，未收到货物时，可以点击"查看物流"，以便了解何时接货；第二步，收到货物，并确认符合商家对商品的承诺后，单击"确定收货"按钮，进入最终的付款和评价阶段。

提示：确认收货后，支付宝会将货款划拨到卖家，因此，此阶段买家应当十分谨慎，确认商品没有问题后，再单击"确认收货"按钮。如果货物有问题，用阿里旺旺与商家沟通后，再单击"退款/退货"按钮，进入退款或退货程序。

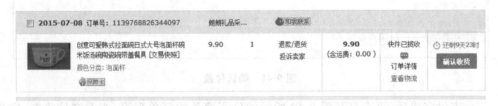

图 9-43 确认收货页面

思 考 题

1．什么是电子商务？电子商务是如何定义的？电子商务的交易特征有哪些？
2．电子商务有哪几种类型？对于普通消费者来说，电子商务又有哪几种基本类型？
3．在京东商城进行网上购书时，应用的是哪种电子商务类型？这种类型的特点是什么?

4. 在电子商务网站购物时,应当注意哪些事项?
5. 请举例说明,电子商务交易中涉及的主要技术有哪些?
6. 如何迅速获取分布在全国各地的网上商城和网上书店的网址?
7. 如何应用 B2C 网站在网上书店购书?交易时,应当注意些什么?
8. 写出 3 个 B2C 网站的链接地址,以及该网站的特点。
9. 登录 B2C 著名的电子产品购物网站京东商城,写出其购物流程。
10. 写出 3 个 C2C 网站的链接地址,以及该网站的特点。
11. 写出在著名 C2C 网站淘宝网的购物流程。
12. 通过调查写出支付宝的作用及优点。
13. 电子商务系统由哪些部分组成?
14. 什么是物流?现代物流是由哪些部分组成的?
15. 什么是电子支付?它的作用是什么?
16. 电子商务中的支付常用的方式有哪几种?
17. 在电子支付中,第三方担保机构的作用是什么?
18. 如何进行网上安全购物?主要注意事项有哪些?
19. 什么是电子商务中的物流配送?
20. 在淘宝或天猫商城购物时,如何避免商家不履行对所购商品的承诺?

实 训 项 目

实训环境和条件

(1) 接入 Internet 的硬件系统,如 Modem、网卡、交换机、路由器及 ISP 的账户和密码。

(2) 智能终端设备:安装 Windows 7 的计算机或安装了操作系统的智能手机和 Pad。

1. 实训 1:认识电子商务的发展状况

(1) 实训目标

认识和商务网站的类型,掌握各种商务网站的进入方法。

(2) 实训内容

使用"百度"查询和总结以下内容。

① 在浏览器地址栏中输入 http://www.cnnic.net.cn/index.htm,进入 CNNIC。了解最新的"中国互联网络发展状况统计",查询我国在互联网进行网络购物的用户人数、网络购物使用率最高的 3 个城市、网络购物使用率和变化情况,以及网上支付使用率变化情况。

② 写出电子商务的主要分类,以及各种分类的应用特点。通过查询,回答问题:在

电网络购物中，是 C2C 模式还是 B2C 模式使用网上支付手段的比例更高？

③ 查询近期中国电子商务的有关统计数据，应当包括网上购物的人数、当年各类电子商务的网上营业额、各类商务网站的数量、使用各种支付方法支付的比例等统计数据。

④ 使用百度查询：电子支付、电子货币、电子现金、电子支票。

⑤ 完成课堂示例 1～课堂示例 7 中的内容。

2．实训 2：B2C 网站购物

(1) 实训目标

进入中国排名前 3 名的一个 B2C 网站，以货到付款的方式购买一本书。通过，购物和应用实例，认识和掌握电子商务 G2C 网站购物的基本流程与方法。

(2) 实训内容

① 写出购物流程。

② 截取购物中各个环节的界面，如，注册、登录、购物、下订单、查询订单、收货、付款（现金或划卡）、评价。

③ 完成课堂示例 8～课堂示例 12 中的内容。

3．实训 3：C2C 网站购物

(1) 实训目标

进入中国排名前 3 名的一个 C2C 网站，以第三方担保的支付方式购买一件商品。通过购物和应用实例，认识和掌握在 C2C 网站购物的基本流程与方法。

(2) 实训内容

① 写出购物流程。

② 安装购物的聊天工具阿里旺旺，购物前与商家进行关于快递、保修与赠品的沟通。

③ 截取购物中各个环节的界面，如，注册、登录、购物、下订单、付款到第三方担保、查询订单、收货、将货款支付给卖家，进行评价。

④ 完成课堂示例 13～课堂示例 18 中的内容。

第 10 章 网页制作与网站建设

【学习目标】

(1) 理解：网页的本质及基本构成。
(2) 了解：网页制作的基本工具。
(3) 理解：网站的定义。
(4) 理解：网站建设的一般流程。
(5) 了解：常见网页版面布局形式。
(6) 掌握：使用 Dreamweaver 制作静态网页并添加多种网页元素。
(7) 掌握：使用 Dreamweaver 建立基本的动态网站。

基于目前网络发挥的重要作用，更基于网络在将来的无限潜力，网站受到了社会各个领域的重视。网站对人们的交流、沟通起着极其重要的作用。网站是由多个网页互相连接而成的整体，一些所见即所得的网页编辑工具软件的出现，使得网页制作不再是一件讳莫如深的工作。本章从网页的本质 HTML 语言谈起，讲述网站建设的基本流程，接着再详细讲解静态网页及动态网页的制作方法。

10.1 剖析网页

10.1.1 网页的本质

网页是 WWW(World Wide Web,万维网)上的基本文档,用 HTML(Hyper Text Markup Language,超文本置标语言)书写。网页可以是网站的一部分,也可以独立存在。

网页可以通过浏览器查看,常用的浏览器有微软 Internet Explorer 浏览器、Mozilla Firefox 火狐浏览器、Maxthon(傲游)浏览器、Opera 浏览器、腾讯 TT 浏览器等。

如果用 IE 浏览器浏览任意一个网页(如图 10-1 所示),在网页上右击,在弹出的快捷菜单中选择"查看源文件"(注：某些浏览器版本中的菜单项为"查看源")选项,即可打开如图 10-2 所示的"原始源"窗口。

"原始源"窗口中显示的内容称为 HTML 代码,它是由若干个 HTML 标记及其相应

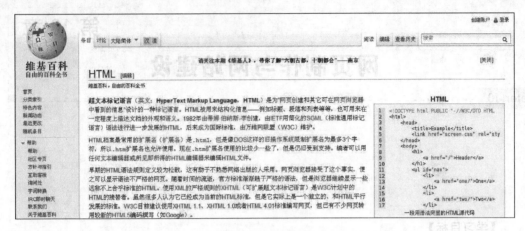

图 10-1　网页示例

图 10-2　查看网页的"原始源"

的属性构成的。这些标记是一些嵌入式命令，提供网页的结构、外观和内容等信息。浏览器利用这些信息来决定如何显示网页。

在浏览器的地址栏中，常见到 3 种类型的网页地址。

（1）隐藏网页文件。http:// news.sina.com.cn/。

（2）静态网页文件：网页 URL 的扩展名是 .htm、.html、.shtml、.xml 等，是静态网页的常见形式。例如：http://www.gov.cn/guowuyuan/2015-07/18/content_2899444.htm。

（3）动态网页文件。以 .asp、.jsp、.php、.perl、.cgi 等形式为扩展名，或者在网址中有一个标志性的符号"?"。例如：http://www.ccopyright.com/cpcc/index.jsp 或者 http://www.google.cn/ig/china? hl=zh-CN。

无论哪种网页地址，在查看源文件时，都可以看到类似图 10-2 所示的源代码。这些源代码就是网页的本质。

10.1.2 网页的基本构成

1. 网页分类

按照在网站中位置的不同,网页可以分为以下几种。

(1) 引导页:引导页就是刚刚输入网页地址后所显示的页面,作为进入网站的一个入口,引导页表现形式有很多种,可以是文字、图片、Flash 动画等,可以作为整个网站的理念宣传、精神宣传、形象宣传,起到第一印象的作用,与网站相辅相成。

(2) 主页:主页是指进入网站后看到的第一个页面,也称为首页或起始页。大多数网站没有设计引导页。而是直接进入主页。网站主页往往会被编辑得易于了解该网站提供的信息,并引导互联网用户浏览网站其他部分的内容。大多数主页的文件名是 index、default、main 或 portal 加上扩展名。

(3) 内页:内页指与主页相链接的页面,也就是网站的内部页面。经常分为多个级别,分别称为二级页面、三级页面等。

2. 普通主页的构成

一个普通主页的基本构成可以用图 10-3 来说明。

图 10-3 典型主页的基本构成

(1) Logo(标志)

Logo 是代表企业形象或栏目内容的标志性图片,一般在网页的左上角。Logo 一般使用企业已有的徽标做一些简单的处理。

(2) 导航栏

导航栏就是一组超链接,用来方便地浏览站点。例如典型的导航栏包含一些指向站点的主页和二级页面的超级链接。导航栏可以用按钮、文本或小图片来实现超链接,也有可能使用下拉菜单效果。导航栏在网页的设计中,直接关系到使用网页的方便,和整个网页的美观也有很大关系。在导航栏功能有限时,可以通过导航区更清晰地引导浏览者浏览网站。

(3) Banner(横幅广告)

Banner 是用于宣传站内某个栏目或活动的广告,一般制作成动画形式,由于动画能够更多地吸引人的注意力,将宣传文字或广告内容简练地加在其中,起到宣传的效果。

(4) 内容区

这是网页的主要部分,是网页内容的表现区。

(5) 版权信息区

作为惯例,版权区有很好加强意识、提醒浏览者的作用,所观看的内容是受到版权保护的。正确的格式应该是:"Copyright 日期 by 所有者",并且 © 通常可以代替 Copyright。关于网站的其他链接信息、备案信息等也会放置在这个区域内。

10.2 网站建设的基本流程

10.2.1 网站的概念

网站(Website)是指在因特网上,根据一定的规则,使用 HTML 等工具制作的用于展示特定内容的相关网页的集合。简而言之,网站是由多个网页互相连接而成的整体。网站是一种通讯工具,就像布告栏一样,人们可以通过网站来发布自己想要公开的资讯,或者利用网站来提供相关的网络服务。人们可以通过网页浏览器来访问网站,获取自己需要的资讯或者享受网络服务。

许多公司都拥有自己的网站,他们利用网站来进行宣传、发布产品信息、招聘信息等等。随着网页制作技术的流行,很多个人也开始制作个人主页,这些通常是制作者用来自我介绍、展现个性的地方。也有以提供网络信息为盈利手段的网络公司,通常这些公司通过网站为人们提供生活各个方面的信息,如时事新闻、旅游、娱乐、经济等。

在因特网的早期,网站还只能保存单纯的文本。经过多年的发展,当万维网出现之后,图像、声音、动画、视频,甚至 3D 技术开始在因特网上流行起来,网站也慢慢地发展成我们现在看到的图文并茂的样子。通过动态网页技术,用户也可以与其他用户或者网站管理者进行交流。

10.2.2 网站建设的整体流程

虽然每个网站在内容、规模、功能等方面都各有不同,但是有一个基本设计流程可以遵循。大到门户网站,小到一个微不足道的个人主页,都要以基本相同的步骤来完成。首先是前期策划,然后是定义站点结构,再创建界面,接下来是技术实现和完善,最后是站点的发布和维护。这几个阶段完整地结合在一起，直到完成整个站点的工作。网站的制作流程可以用图 10-4 来表示。

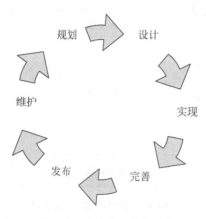

图 10-4　网站建设基本流程

10.2.3　网站前期规划与设计

在一开始就进行合理的计划和组织是建立一个有效站点最重要的步骤。

（1）确定网站风格。前期规划过程中，首先要了解网站的类型，确定一个大致的风格，比如经济类、娱乐类、教育类等。

（2）确定网页版式。需要了解所需制作的网页的功能和大致内容，并确定大体的版式。常见版式结构有二分栏型（也称 T 字形，如图 10-5 所示）、同字形、口字形、POP 形等。

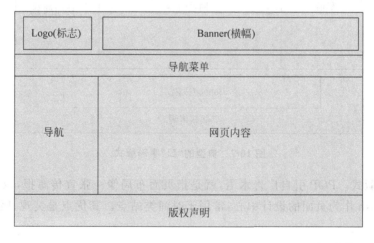

图 10-5　典型的二分栏版式

"同"字形（图 10-6），是一些大型网站所喜欢的类型，即最上面是网站的标题以及横幅广告条，接下来就是网站的主要内容，左右分列一些两小条内容，中间是主要部分，与左右一起罗列到底，最下面是网站的一些基本信息、联系方式、版权声明等。

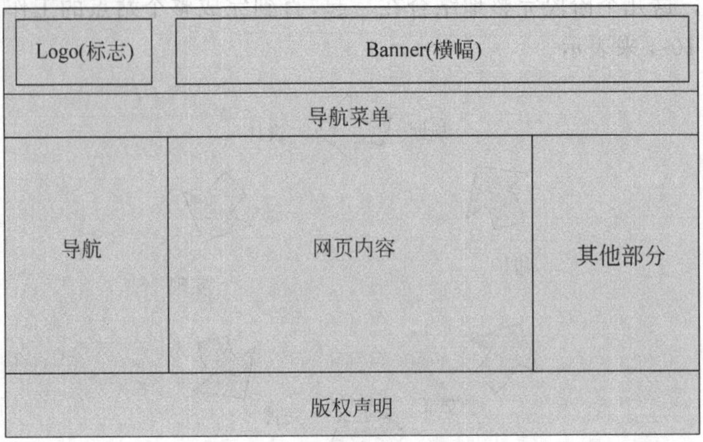

图 10-6 典型的"同"字形版式

"口"字形版式(图 10-7)就是页面一般上下各有一个广告条,左面是主菜单,右面放友情链接等,中间是主要内容。这种版式的优点是充分利用版面,信息量大;缺点是页面拥挤,不够灵活。

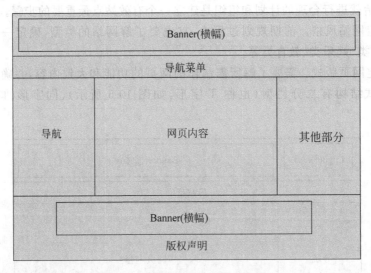

图 10-7 典型的"口"字形版式

POP 型版式。POP 引自广告术语,就是指页面布局像一张宣传海报,以一张精美图片或一个 Flash 作为页面的设计中心,常用于时尚类站点。其优点是美观、吸引人;缺点就是速度慢。

(3) 确定页面尺寸

页面尺寸和显示器大小及分辨率是有关系的,网页的局限性就在于我们无法突破显示器的范围,而且因为浏览器也将占去不少空间,留下页面范围变得越来越小。一般分辨率在 800×600 像素的情况下,页面的显示尺寸为 780×428 像素;分辨率在 640×480 像素的情况下,页面的显示尺寸为 620×311 像素;分辨率在 1024×768 像素的情况下,页面的显示尺寸为 1007×600 像素。从以上数据可以看出,分辨率越高页面尺寸越大。

当然,浏览器的工具栏也是影响页面尺寸的原因。一般目前的浏览器的工具栏都可以取消或者增加,那么当你显示全部的工具栏时,和关闭全部工具栏时,页面的尺寸是不一样的。

在网页设计过程中,要注意向下拖动页面是唯一给网页增加更多内容(尺寸)的方法,但最好不要让访问者拖动页面超过三屏。如果要在同一页面显示超过三屏的内容,那么最好能在上面做上页面内部连接,方便访问者浏览。

10.2.4　页面的实现与完善

在完成了网站的整体规划后,便可进行网页的实现了。网页的实现大体可以分为以下两种。

1. 静态网页的实现

通常在进行网页开发时,首先进行静态网页的制作。静态网页的每一行 HTML 代码都是将页面放置到服务器之前由设计人员编写的。因为网页内容在放置到服务器后不可更改,所以这种网页称为静态网页。当然,"静态"网页并不一定是完全静止的页面,一些 GIF 动画或一些 Flash 内容可以使静态网页活动起来。

2. 动态网页的实现

动态页面是基于数据库的页面,在有了网页的大致外观之后,许多网页内容的显示、添加和修改主要通过修改数据库来完成。动态网页一般通过 ASP＋HTML、JSP＋HTML、PHP＋HTML、CGI＋HTML 等编程语言来实现。

完成了静态与动态页面的制作以后,要对网站目录中的所有页面进行测试和完善,直至完全符合设计目标。

10.2.5　网站的发布与维护

在发布网页前必须在 Internet 上申请一个主页空间,用于指定网站或主页在 Internet 上的位置。

发布网页通常是使用 FTP 软件上传到服务器中申请的网址目录下。

站点上传到服务器后,应定期打开浏览器检查页面元素显示是否正常、各种链接是否正常;每隔一段时间应对站点中的某些页面进行更新,保持网站内容的新鲜,以吸引更多的浏览者。

10.3　网页制作工具

网页的制作是一个系统工程,涉及以下几个方面的工作:①版式设计与内容组织;②页面制作;③图像的设计与制作;④动画的设计与制作;⑤网页特效的实现;⑥多媒体元素(音频、视频等)的表现。

每一方面的工作都有许多工具软件可以选择。下面，我们介绍一些主流的网页制作和辅助制作工具。

10.3.1 主流网页制作工具

制作网页可以使用一些常用的文字编辑软件来编写网页源代码，如记事本、写字板，但这要求编写者对 HTML 语言非常熟悉，并且编写过程非常烦琐耗时。还可以使用 Word 等应用软件来自动生成网页，但这种方式产生的网页源代码会产生很多废码，使网页运行效率大大降低。

HTML 技术的不断发展和完善，随之而产生了众多网页编辑器，从网页编辑器基本性质可以分为所见即所得网页编辑器和非所见即所得网页编辑器（则原始代码编辑器），两者各有千秋。所见即所得网页编辑器的优点就是直观性，使用方便，容易上手，在所见即所得网页编辑器进行网页制作和在 Word 中进行文本编辑不会感到有什么区别。

一些主流的网页制作工具能够自动快速生成源代码，并呈现"所见即所得"的网页效果，使得网页制作的工作变得简单、高效。现在主流的网页编辑软件是 Dreamweaver。

10.3.2 辅助制作工具

1. 图像制作工具

（1）Photoshop

平面图形工具首推 Photoshop，它广泛地应用于印刷、广告设计、封面制作、网页图像制作、照片编辑等领域，其强大的功能足以完成各种平面图形的处理、加工等操作。

（2）Fireworks

Fireworks 是专门为网页制作人员设计的一种图形设计和处理软件，它既是一个位图编辑器，又是一个矢量绘图程序。它能够自由地导入各种图像文件，识别矢量文件中绝大部分的标记和 Photoshop 文件中的层，它还可以方便地制作 GIF 动画。

2. 动画制作工具

（1）Gif Animator

Gif Animator 是 Ulead(友立)公司出版的动画 GIF 制作软件，内建的 Plugin 有许多现成的特效可以立即套用，可将 AVI 文件转成动画 GIF 文件，而且还能将动画 GIF 图片最佳化，能为放在网页上的动画 GIF 图像"减肥"，以便让人能够更快速的浏览网页。

（2）Flash

Flash 是当今 Internet 上最流行动画作品（如网上各种动感网页、Logo、广告、MTV、游戏和高质量的课件等）的制作工具，并成为事实上的交互式矢量动画标准。

3．特效制作工具

（1）JavaScript 网站资源

想使用 JavaScript 特效来提升网页的吸引力，可以自己手工编写 JavaScript 脚本程序，但这对于一般网页制作人员似乎难度过高。Internet 上有许多免费的 JavaScript 特效开源代码资源，可以方便地为网页提供页面特效类（如字符从空中掉下来）、时间日期类（如时钟加在背景上）、图形图像类（如图片翻滚导航）等多种类别的特效。

（2）Java Applet 生成工具

Java 最初奉献给世人的就是 Applet，随即它吸引了全世界的目光，Applet 运行于浏览器上，可以生成生动美丽的页面，进行友好的人机交互，同时还能处理图像、声音、动画等多媒体数据。Java Applet 是用 Java 语言编写的一些小应用程序，这些程序是直接嵌入到页面中，由支持 Java 的浏览器解释执行能够产生特殊效果的程序。这一类型的生成工具例如 Anfy。

4．多媒体制作工具

随着网络带宽的不断提高，音频、视频等多媒体内容被更多地放到网页上来，尤其是随着一些视频分享、视频点播网站的兴起，多媒体视频制作工具也越来越多地被应用。Adobe Premiere、Ulead 公司的会声会影等都是主流的多媒体视频编辑工具，用 Flash 制作的 FLV 影片目前在网上应用的也非常广泛。

（1）Movie Maker

微软的 Movie Maker 简单易学，使用它制作视频短片充满乐趣。通过简单的拖放操作，精心的筛选画面，然后添加一些效果、音乐和旁白，视频短片就可以初具规模。

（2）Adobe Premiere

Adobe Premiere 目前已经成为主流的视频编辑工具，它为高质量的视频提供了完整的解决方案，是一款专业非线性视频编辑软件。

5．其他工具

（1）菜单制作工具

WebMenuShop 是一款用于快速建立 JavaScript 网页菜单的软件。几乎不需要任何 JavaScript 编程知识，就可以使用它很轻松地制作形式多样的网页菜单，并可以很方便地保存菜单的定制方案，在网页中应用专业级的浮动层菜单。图 10-8 为 WebMenuShop 中的设置，而图 10-9 则为该设置所生成的菜单效果。

（2）Banner 图片制作工具

网页制作人员并不每个人都是美工，有些图像处理工作可以借助一些专门的网上工具来完成，例如，在"我拉网"就可以在几秒钟之内免费制作出具有专业水准的 Banner 广告条，使网页制作人员的工作更快捷、高效。

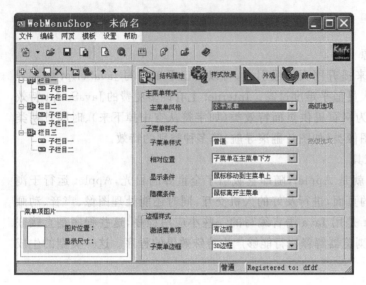

图 10-8　WebMenuShop 主界面

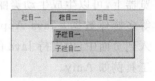

图 10-9　WebMenuShop 完成的菜单样例

10.3.3　Dreamweaver 的主界面

Dreamweaver 原是美国 Adobe 公司开发的集网页制作和管理网站于一身的所见即所得网页编辑器。Dreamweaver 是针对专业网页设计师特别开发的视觉化网页开发工具，利用它可以轻而易举地制作出跨越平台限制和跨越浏览器限制的充满动感的网页。它有 Mac 和 Windows 系统的版本。

本书以 Dreamweaver CS4 为开发工具进行示例讲解。

【课堂示例 1】　Adobe Dreamweaver CS4 的安装和注册。

① 双击安装程序 Setup.exe，开始 Adobe Dreamweaver CS4 的安装初始化进程。Adobe Dreamweaver CS4 要求安装在 Windows XP SP2/SP3 或 Vista 操作系统上，内存至少 512MB。在检查完系统配置文件符合安装要求后，用户需要输入 Adobe Dreamweaver CS4 的序列号。

② 单击"下一步"按钮，打开许可协议对话框，单击"接受"按钮，进入如图 10-10 所示的安装选项对话框。选择安装语言和支持组件之后，单击"安装"按钮，在进度对话框中，能够看到安装的整体进度。

③ 安装完成后，依次选择"开始"→"程序"→Adobe Dreamweaver CS4 选项，启动 Adobe Dreamweaver CS4，第一次启动时会弹出如图 10-11 所示的软件注册对话框。

之后会出现如图 10-12 所示的"默认编辑器"对话框。根据想要创建的网站的编程技术，选择相应的编辑器。完成以上步骤后，Adobe Dreamweaver CS4 就可以正常使用了。

【课堂示例 2】　在 Adobe Dreamweaver CS4 中建立和管理站点。

一个网站，在计算机上就展现为一个文件夹，网站中所有的网页及素材文件全部放置在这一个站点文件夹中。而 Dreamweaver 就是帮助我们在这个文件夹中快速地建立各

第10章 网页制作与网站建设

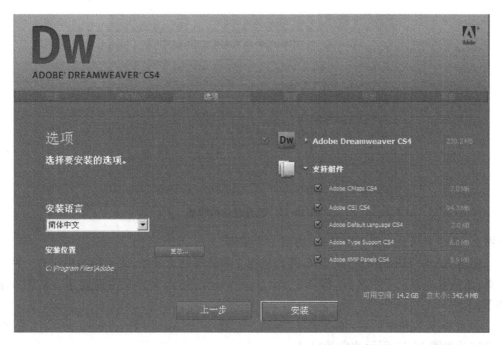

图 10-10　Adobe Dreamweaver CS4 安装选项

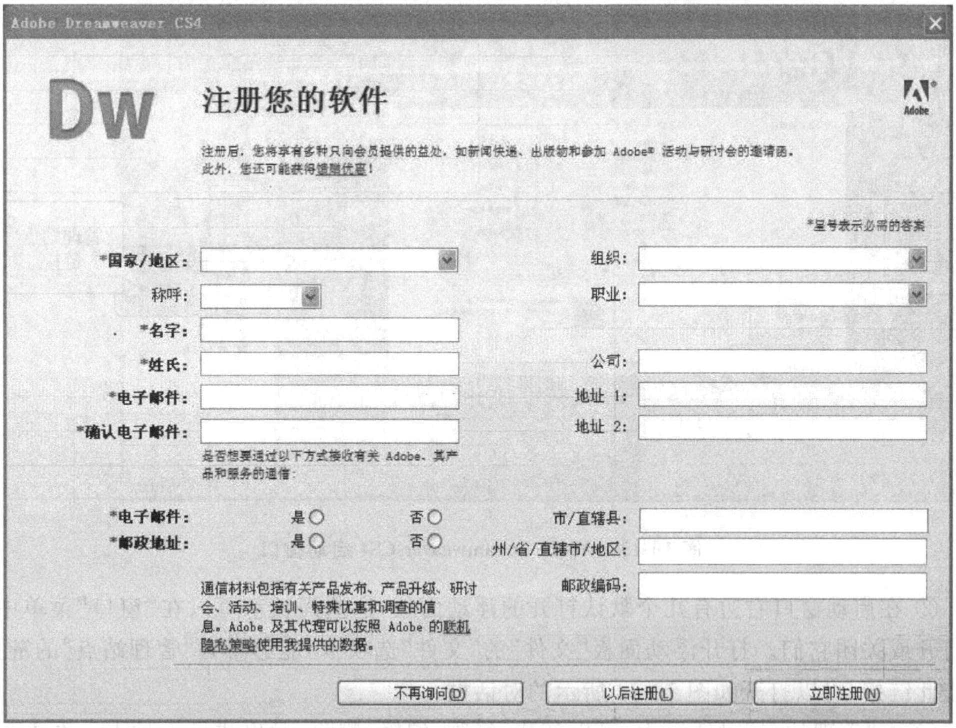

图 10-11　注册软件

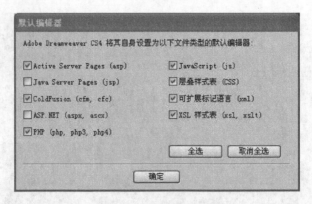

图 10-12　设置默认编辑器

个网页,使多个网页能够正常链接,构成一个整体。

使用 Adobe Dreamweaver CS4,需要从建立和管理站点开始,无论网站中仅有一两个网页,还是有成百上千个网页,都应让 Dreamweaver 与站点文件夹沟通起来。具体方法如下。

① 正常安装和激活后,依次选择"开始"→"程序"→Adobe Dreamweaver CS4 选项,即可打开如图 10-13 所示的启动窗口。

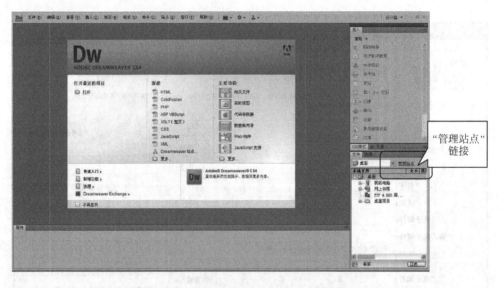

图 10-13　Adobe Dreamweaver CS4 启动窗口

② 在启动窗口右边有几个默认打开的浮动面板,这些面板都可以在"窗口"菜单中选择打开或关闭它们。打开浮动面板"文件"的"文件"选项卡,能够看到"管理站点"的链接。单击此链接,可以打开如图 10-14 所示的对话框。

③ 在"管理站点"对话框中,可以新建、复制、编辑、删除、导出或导入站点。在未创建任何站点之前,"管理站点"左边的站点列表是空的。单击"新建"按钮,打开如图 10-15 所示的站点定义对话框。

第10章 网页制作与网站建设

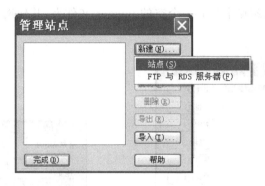

图 10-14 "管理站点"对话框

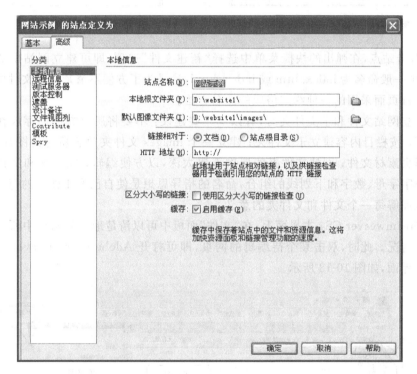

图 10-15 定义站点的对话框

④ 定义站点有两种方式："基本"方式和"高级"方式。基本方式会启动一个定义向导,引导一步一步完成站点的定义工作。"高级"选项卡如图 10-15 所示,所有的定义选项分别列出在几个窗口中,等待填写和选择。在本示例中,将站点名称、本地根文件夹、默认图像文件夹等内容定义如图 10-15 所示。其中,本地根文件夹就是网站在本地计算机上的存储文件夹;默认的图像文件夹是网站文件夹下面的 images 文件夹。设置专用文件夹的目的是为了方便 Dreamweaver 将一些本来不存在于此站点文件夹下的文件自动复制到这里。

⑤ 站点定义过程结束后,"管理站点"对话框中会列出刚刚新建的站点名称(见图 10-16)。单击"完成"按钮,即可看到"文件"面板中列出了站点目录的详细信息(见

图 10-17）。可以看到，站点中只有一个空的 images 文件夹，其他网页和素材文件夹都等待着用户去一一创建。

图 10-16 "网站示例"站点创建完成   图 10-17 站点目录列表

⑥ 右击站点，在弹出的快捷菜单中选择"新建文件"选项，即可建立网站中的第一个网页，首页一般命名为 index.htm 或 index.html，这是为了方便不清楚网站文件的人迅速找到网站首页而采用的一种约定俗成的命名方法。

在建立网站文件和子文件夹时，有以下一些建议：不要将所有文件都存放在网站根文件夹下；按栏目内容建立子文件夹；建立一个 images 文件夹放置所有的图片、多媒体文件等网页素材文件；网站文件夹的层次不要太深，以方便编辑；文件夹和文件一般采用英文小字字母、数字和下划线的组合，命名的指导思想是使自己和工作组的每个成员能够方便地理解每一个文件和文件夹的意义。

在 Dreamweaver CS4 主界面上，在"文件"面板中可以清楚地看到站点中所有文件及文件夹的情况。此时，双击某个待编辑的网页，即可打开 Adobe Dreamweaver CS4 的网页编辑主界面，如图 10-18 所示。

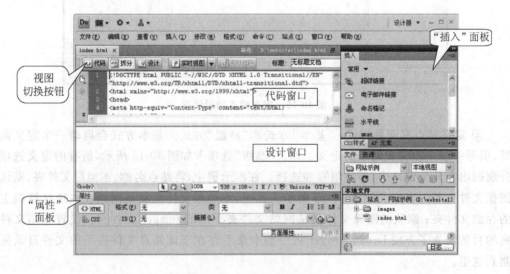

图 10-18 网页编辑主界面

网页编辑主界面中有3种视图可以任意切换,分别是代码视图、拆分视图和设计视图,3种视图各自适用于不同基础的网页编辑人员。主界面右边,默认打开一个"插入"面板。

主界面上经常用的面板还包括属性面板。属性面板不是将所有对象的属性加载在面板上,而是根据用户选择的对象来动态显示对象的属性。制作网页时可以按需要打开、关闭属性面板,或者通过拖动属性面板的标题栏把它们移动到合适的位置。属性面板比较灵活,变化比较多,它随着选择对象的不同而改变。

10.4 制作静态网页

当网站设计完成后,便可以开始最终的制作过程了。网页是由一些基本元素构成的,这些基本元素包括文本、图像、超链接、表格、表单、导航栏、GIF 动画、Flash 动画、框架、媒体播放器等。本节就具体讲解在 Dreamweaver CS4 中如何在网页中使用这些基本元素。

10.4.1 设置页面属性

对于在 Adobe Dreamweaver CS4 中创建的每一页,可以使用"页面属性"对话框更改页面公共属性。具体方法是:选择"修改"→"页面属性"选项,打开"页面属性"对话框,如图 10-19~图 10-22 所示。"页面属性"对话框中可以指定页面的默认字体家族和字体大小、背景颜色、边距、链接样式及页面设计的许多其他方面。在此对话框中可以为创建的每个新页面指定新的页面属性,也可以修改现有页面的属性。

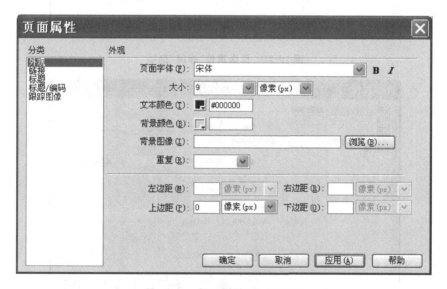

图 10-19 页面属性"外观"选项

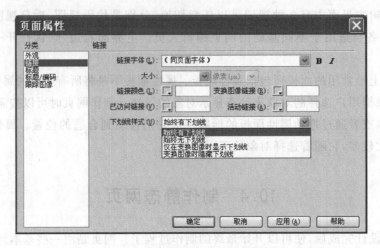

图 10-20 页面属性"链接"选项

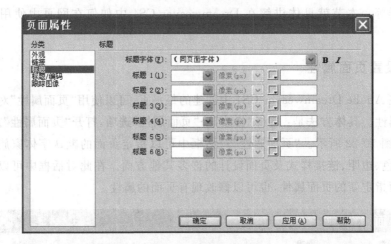

图 10-21 页面属性"标题"选项

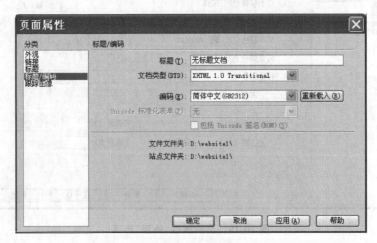

图 10-22 页面属性"标题/编码"选项

10.4.2 添加文本

文本是网页中最基本的元素之一,也是网页传递信息的重要载体。在 Dreamweaver 中插入文本,可以直接在设计窗口中键入文本,也可以通过复制粘贴或导入方式从其他来源将文本插入网页中。

【课堂示例 3】 在网页中添加文本。

① 将鼠标指针定位在设计窗口中想要插入文本的位置,直接输入文本。

② 如果未选择文本,更改将应用于随后输入的文本。在如图 10-23 所示窗口中选择想要编辑的文本,在属性面板中有 HTML 和 CSS 两种样式设置方式。HTML 方式中能够在"格式"菜单中选择系统设定的标题格式或段落格式。

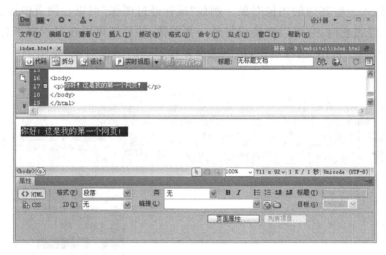

图 10-23 插入文本并设置文本格式

③ 如果需要自定义文本格式,则单击 CSS 按钮,打开如图 10-24 所示的"新建 CSS 规则"对话框,为新规则定义"选择器类型""选择器名称"和"规则定义的位置"。

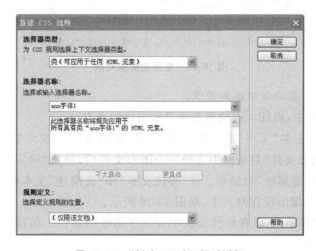

图 10-24 "新建 CSS 规则"对话框

注意：此时，如果将"规则定义位置"设置为"新建样式表"，则会在当前网页之外建立一个外部 CSS 文件，将来可以在网站的其他网页中引用这个 CSS 文件中定义的样式。

④ 若要插入特殊字符，从"插入"→HTML→"特殊字符"子菜单中选择字符名称。

⑤ 若要对齐文本，选择要对齐的文本，或者只须将插入点文本开头，选择"格式→对齐"选择，然后选择相应的对齐选项。

10.4.3 添加图像

在将图像插入网页时，Dreamweaver 自动在 HTML 源代码中生成对该图像文件的引用。为了确保此引用的正确性，该图像文件必须位于当前站点文件夹中。如果图像文件不在当前站点中，Dreamweaver 会询问是否要将此文件复制到当前站点中。

还可以插入一些其他的图像对象。例如"鼠标经过图像"可以在网页中设置一张原始图像，当鼠标经过它时，它可以变换成另外一张图像，并且还可以在鼠标按下时，前往另一个 URL 地址。在"常用"选项组中，可以选择多种形式的图像对象（见图 10-25）应用于网页中。

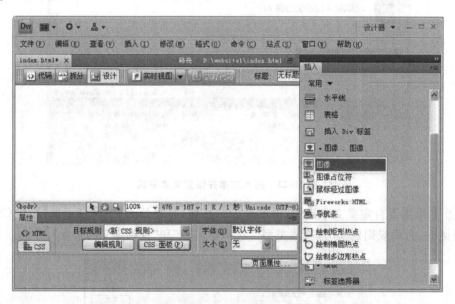

图 10-25　常用的图像对象

【课堂示例 4】　在网页中添加图像。

① 在设计窗口中，将插入点放置在要显示图像的地方。

② 在"插入"面板的"常用"选项组中，单击"图像"按钮（或菜单"插入"→"图像"选项）。在"选择图像源文件"对话框中选择一个图形文件后，单击"确定"按钮。而后，会显示"图像标签辅助功能属性"对话框。在"替代文本"和"长描述"文本框中输入值，然后单击"确定"按钮，该图像出现在网页中，如图 10-26 所示。

③ 最后，根据需要，可以在属性面板中设置该图像的属性。包括设置图像的宽、高、超链接、热点地图等。

图 10-26　在网页中插入图像

10.4.4　添加超链接

Dreamweaver 提供多种创建超链接的方法，可创建到文档、图像、多媒体文件或可下载软件的链接，也可以建立到文档内任意位置的任何文本或图像（包括标题、列表、表、层或框架中的文本或图像）的链接。了解从作为链接起点的文档到作为链接目标的文档之间的文件路径，对于创建链接至关重要。

每个网页都有一个唯一的地址，称作统一资源定位符（URL）。不过，当创建本地链接（即从一个文档到同一站点上另一个文档的链接）时，通常不指定要链接到的文档的完整 URL，而是指定一个始于当前文档或站点根文件夹的相对路径。有以下 3 种类型的链接路径。

（1）绝对路径（如 http://www.macromedia.com/support/dreamweaver/contents.html）。

（2）相对路径（如 dreamweaver/contents.html）。

（3）站点根目录相对路径（如/support/dreamweaver/contents.html）。

建议使用相对路径，这样做方便网站的移植，与绝对路径相比，相对路径能确保网页的链接在网站移动到其他计算机后能够保持连通。

【课堂示例 5】　在网页中添加超链接。

① 将插入点放置在文档中希望出现超链接的位置，或者选择想要建立超链接的文本作为链接源。

② 选择"插入"→"超级链接"选项（或者在"插入"面板的"常用"选项组中，单击"超级链接"按钮），出现"超级链接"对话框，如图 10-27 所示。

③ 在"文本"中填写链接文字的内容；在"链接"中设置链接的目标地址；在"目标"中有 4 个取值：_blank（新窗口）、_parent（父级窗口）、_self（链接所在窗口）、_top（顶级窗

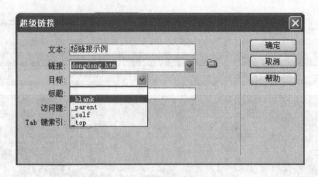

图 10-27 "超级链接"对话框

口),分别表示目标文件在哪个窗口打开。

④ 单击"确定"按钮,完成文本超链接的设置。

⑤ 若要为图像设置超链接,可以在设计窗口中选择链接源图像,在下方的属性面板的"链接"文本框中选择目标文件即可。

⑥ 若要在一张图像上面设置若干热点区域,形成像"地图"一样的多区域图像,单击不同的热点区域可以链接到不同的目标地址。需要在如图 10-28 所示图像的属性面板的左下角,选择不同的区域形状,在图像上面画出若干区域,并分别设置其链接目标。

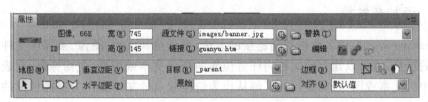

图 10-28 图像的属性面板

⑦ 若要插入电子邮件链接,只须将插入点放在设计窗口中希望出现电子邮件链接的位置,选择"插入"→"电子邮件链接"选项,即可设置出电子邮件链接。

⑧ 当超链接的目标文件是 IE 浏览器不能直接打开的文件时,会弹出"文件下载"对话框(见图 10-29),提示用户将目标文件下载到本地计算机后,再用其他应用程序将其打开。

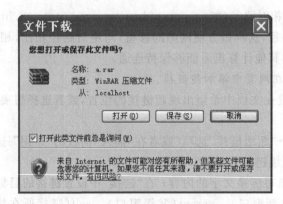

图 10-29 "文件下载"对话框

10.4.5 添加表格

表格是用于在 HTML 页上显示表格式数据以及对文本和图形进行布局的强有力的工具。表格由一行或多行组成,每行又由一个或多个单元格组成。

【课堂示例 6】 在网页中添加表格。

① 在设计窗口中,将插入点放在需要表格出现的位置。如果文档是空白的,则只能将插入点放置在文档的开头。

② 选择"插入"→"表格"选项(或者在"插入"面板的"常用"选项组中,单击"表格"按钮),打开"表格"对话框,如图 10-30 所示。

图 10-30 "表格"对话框

③ 完成对话框内的设置,单击"确定"按钮,表格即出现在网页中。

④ 若要查看和设置表格或表格元素的属性。需要先选择表格、单元格、行或列。在属性面板中,单击右下角的展开箭头,查看所有属性。根据需要更改属性。

⑤ 若要添加和删除行和列,选择"修改"→"表格"选项。单击一个单元格。选择"修改"→"表格"→"插入行"或"修改"→"表格"→"插入列"选项。在插入点的上面出现一行或在插入点的左侧出现一列。单击列标题菜单,然后选择"左侧插入列"或"右侧插入列"选项。

⑥ 若要合并表格中的两个或多个单元格,选择连续行中形状为矩形的单元格,再选择"修改"→"表格"→"合并单元格"选项。

⑦ 若要拆分单元格,单击单元格,选择"修改"→"表格"→"拆分单元格"选项,在"拆分单元格"对话框中,指定如何拆分单元格。

⑧ 若要在表格单元格中嵌套表格,单击现有表格中的一个单元格。选择"插入"→"表格"选项,打开"插入表格"对话框。完成设置后单击"确定"按钮,该表格即出现在现有表格中。

10.4.6 添加表单

在网页中经常需要用户向网站服务器提交某些资料,这时,就需要用"插入"面板中的"表单"这一类对象来实现表单的制作。它包含多个表单项,如文本字段、复选框、单选按钮等。

当然,表单必然是与服务器进行数据交互的,因此必须要有动态网页程序支持。

【课堂示例 7】 制作简单的用户登录表单。

如图 10-31 所示的表单示例只是一个静态表单的制作过程,并未起到真正的表单作用。制作如图 10-31 所示的简单用户登录表单的具体方法如下。

图 10-31　表单示例

① 在网页中插入文本"用户登录",并设置文本属性。

② 为了使表单中的内容排列规整,需要用表格来定位。在网页中适当插入 5 行 1 列的表格,宽度为 176 像素,适当设置背景颜色。

③ 分别在表格的内容行插入相应的文本及表单项。这里用到了"文本字段"和"按钮"两种表单项。

④ 在每一个表单项的属性面板中分别设置其属性。

10.4.7 添加多种媒体元素

可以将以下媒体文件合并到网页中:Flash SWF 文件或对象、Shockwave 影片、QuickTime、AVI、Java applet、ActiveX 控件以及各种格式的音频文件。

【课堂示例 8】 在网页中添加 Flash 对象。

在网页中插入 Flash 对象(即 SWF 文件)媒体的具体方法如下。

① 将插入点放在设计窗口中希望插入该对象的位置。

② 在"插入"面板的"常用"类别中,单击"媒体"按钮,选择要插入的对象类型的按钮(见图 10-32)(或者在"插入"→"媒体"子菜单中选择适当的对象)。

③ 在大多数情况下,将显示一个对话框,可以从中选择源文件并为媒体对象指定某些参数。也可以不用指定。如果要插入的对象是 Flash 的 SWF 文件,需要在如图 10-33 所示的"选择文件"对话框中选择文件,单击"确定"按钮。

④ 完成选择文件操作后在设计视图窗口中即可看到 Flash 文件已经占用了相应的大小(见图 10-34)。如果想在 Dreamweaver 中查看 Flash SWF 文件的效果,可以在设计窗口中选中该 Flash 文件,在属性面板中单击"播放"或"停止"按钮,查看或停止查看实际效果。当然,在保存好该网页后,也可以通过浏览器查看插入了 Flash 文件之后网页的最终效果。

第10章 网页制作与网站建设

图 10-32 "媒体"中的对象内容　　　图 10-33 在"选择文件"对话框中选择媒体文件

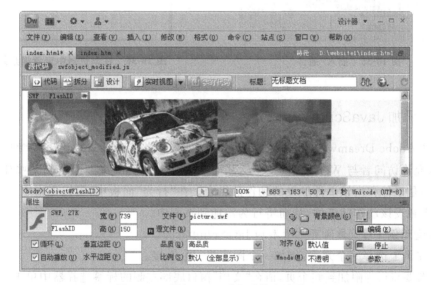

图 10-34 插入 Flash 对象后的设计窗口

另外还可以通过不同方式和使用不同格式将视频添加到 Web 页面。视频可被下载给用户，或者可以对视频进行流式处理以便在下载它的同时播放它。

【课堂示例 9】 在网页中插入视频播放插件。

① 将插入点放在设计窗口中希望插入视频播放插件的位置。

② 在"插入"面板的"常用"类别中，单击"媒体"按钮，选择插入对象的类型为"插件"（或者选择"插入"→"媒体"→"插件"选项）。

③ 插入完成后，设计窗口中会出现播放插件的占位符，如图 10-35 所示。在设计窗口中适当调整其大小。

④ 插入完成后,可以保存该网页,在浏览器中查看效果,可以看到如图 10-36 所示的结果。

注意:根据用户浏览器中播放插件安装的情况不同,用户看到的效果也各有不同,有些时候,由于用户的浏览器中没有安装某种播放插件,会导致该视频无法正常播放。

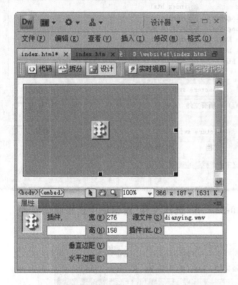

图 10-35 插入"插件"

图 10-36 在浏览器中查看视频效果

10.4.8 添加 JavaScript 行为

通过 Adobe Dreamweaver CS4 的"行为"功能可以将 JavaScript 代码放置在网页文档中,以允许访问者与 Web 页进行交互,从而以多种方式更改页面或引起某些任务的执行。行为是事件和由该事件触发的动作的组合。在"行为"面板中,可以先指定一个动作,然后指定触发该动作的事件,从而将行为添加到页面中。

【课堂示例 10】 为网页元素添加 JavaScript 行为。

① 在页上选择一个元素,例如一个图像或一个链接。

② 若要将行为附加到整个页,请在"文档"窗口底部左侧的标签选择器中单击＜body＞标签。

③ 选择"窗口"→"行为"选项,打开"行为"面板,如图 10-37 所示。

④ 单击"+"按钮并从动作列表中选择一个动作,如图 10-38 所示。

⑤ 菜单中灰色显示的动作不可选择,原因可能是当前文档中缺少某个所需的对象。当选择某个动作时,将出现一个对话框,显示该动作的参数和说明。

⑥ 为该动作输入参数,然后单击"确定"按钮。Dreamweaver 提供的所有动作都可以用于 4.0 和更高版本的浏览器中。某些动作不能用于较早版本的浏览器中。

触发该动作的默认事件显示在事件栏中。如果这不是需要的触发事件,可从"事件"列表中选择另一个事件。

第10章 网页制作与网站建设

图 10-37 "行为"面板

图 10-38 动作列表

10.5 制作动态网页

动态网页使用 HTML＋ASP、HTML＋PHP 或 HTML＋JSP 等技术来实现。一般以 .asp、.jsp、.perl、.php、.cgi 等为扩展名。动态网页与静态网页相比有如下特点。

（1）动态网页需要 Web 应用服务器支持其编译运行，并将编译结果提交给浏览器来显示，只用 IE 浏览器是无法显示出动态代码的运行结果的。

（2）动态网页以数据库技术为基础，大大降低了网站维护的工作量。

（3）采用动态网页技术的网站可以实现更多的功能，如用户注册、登录、搜索等，这是静态网页做不到的。

10.5.1 建立动态站点

Adobe Dreamweaver CS4 能够支持 ASP、JSP、PHP 等主流服务器端动态脚本文件，这里以较常用的 ASP 为例来简要说明，数据库则选择 Access 2010。运行环境为 Windows 7＋IIS＋Access 2010。

1. 安装和配置 Web 服务器（IIS）

若要运行 Web 应用程序，就必须安装和配置 Web 服务器。以下讲解由 Windows 7 下的 IIS Web 服务器的配置和管理方法。在配置过程中，把 IIS 中的默认 Web 站点的 TCP 发布端口改为 8080（见图 10-39）。这样，在访问此网站时就需要用特殊端口号方式访问，访问地址应写为"http://网站服务器 IP:8080"。并且把网站主目录定义在 C:\inetpub\wwwroot\ 文件夹，主页文件设置为 index.asp（见图 10-40）。

所有选项设置完成后，单击"确定"按钮，结束 IIS 的配置工作。

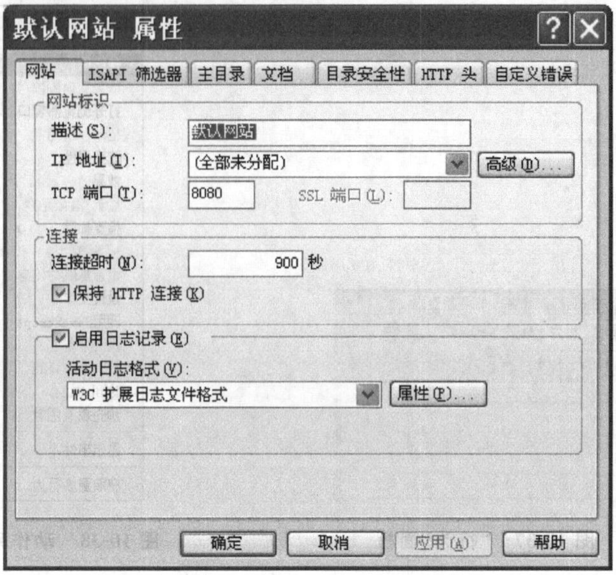

图 10-39 设置默认网站属性

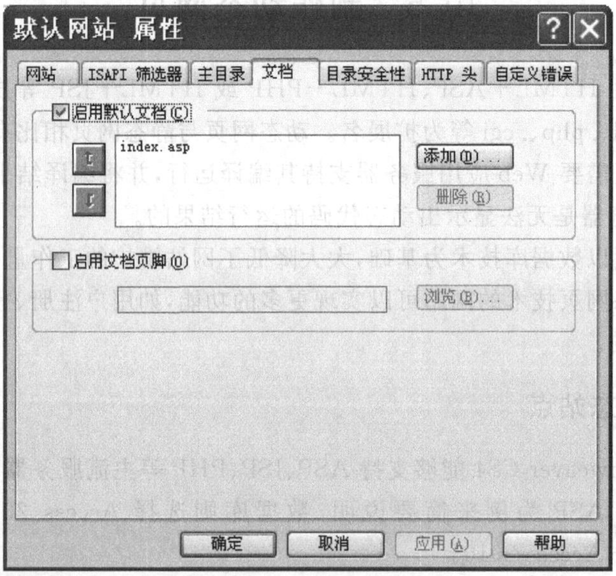

图 10-40 "文档"选项卡

2. 用 Access 2010 建立数据库和数据表

动态网页需要基于数据库技术,因此,构建动态网页前需要设计和建立起科学合理的数据库表,这里选用微软的 Access 2010 作为数据库管理系统平台,建立了一个 college.mdb 数据库,数据库文件存储在网站根文件夹下。并在此数据库中建立起一个表对象 student,表的结构如图 10-41 所示。在表中输入一些模拟的示例数据,如图 10-42 所示。

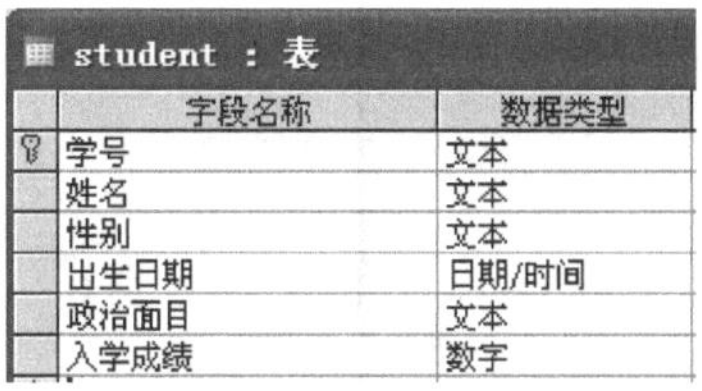

student ：表

字段名称	数据类型
学号	文本
姓名	文本
性别	文本
出生日期	日期/时间
政治面目	文本
入学成绩	数字

图 10-41　示例表的结构

student ：表

学号	姓名	性别	出生日期
040101	王洪	男	1985-3-10
040102	李娜	女	1985-5-20
040103	陈颖	女	1985-8-10
040104	赵成	男	1984-12-15
040105	张力	男	1984-10-21
040201	孙磊	男	1985-6-29
040202	张鹏	男	1985-1-18
040203	孙英	女	1985-6-1
040301	李军	男	1984-9-25
040302	陈旭	女	1985-1-28

记录： 1 共有记录数：16

图 10-42　示例表的部分记录

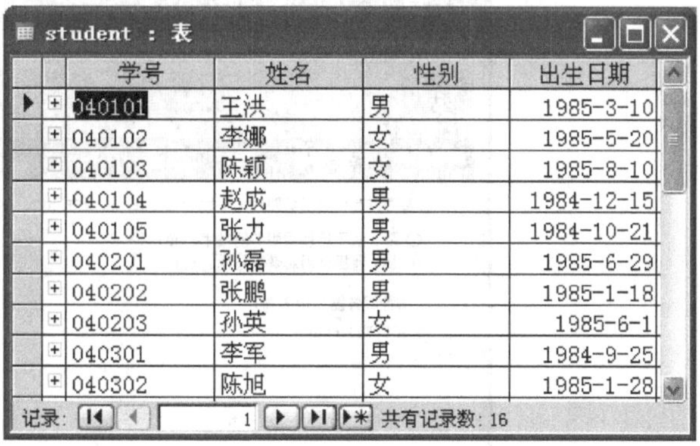

下面，要利用 Adobe Dreamweaver CS4 制作动态网页，并在网页上显示所有 student 表中的记录内容。

3. 在 Dreamweaver 中建立动态站点

运行 Adobe Dreamweaver CS4，在“文件”面板选择“管理站点”→“新建站点”选项，弹出定义站点向导，依次设定站点名称为“动态网站示例”，服务器脚本类型为 ASP VBScript，本地编辑和测试地址为 http://localhost:8080/，站点根目录为 C:\inetpub\wwwroot\。设定后单击“测试 URL”按钮测试一下。几个主要步骤分别如图 10-43～图 10-47 所示。

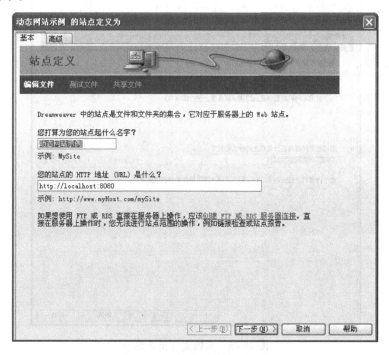

图 10-43　编辑文件第 1 部分

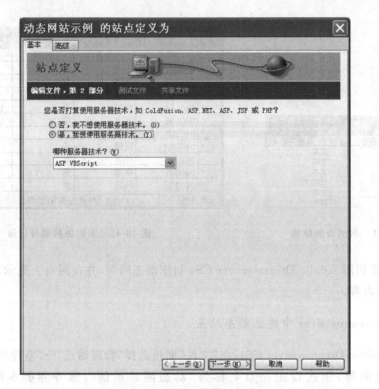

图 10-44　编辑文件第 2 部分

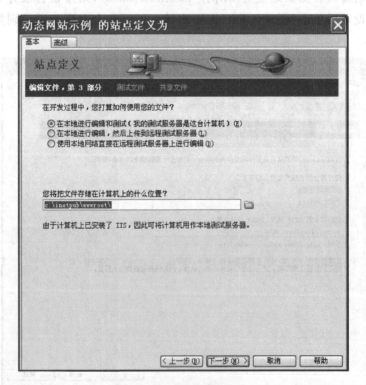

图 10-45　编辑文件第 3 部分

第10章 网页制作与网站建设

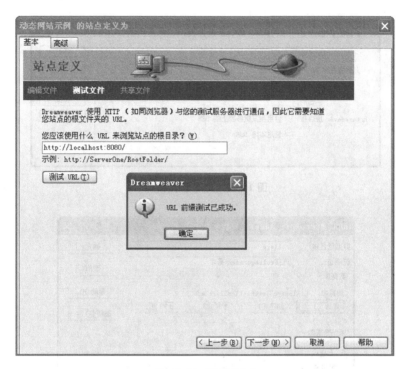

图 10-46 测试 URL

4．连接数据库

若要将数据库与 Active Server Page（ASP）应用程序一起使用，需要在 Adobe Dreamweaver CS4 中创建数据库连接。

【课堂示例 11】 在 ASP 程序中连接 Access 数据库。

① 打开 index.asp，再选择"窗口"→"数据库"选项打开"数据库"面板（见图 10-48）。

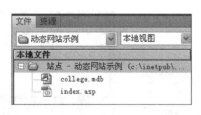

图 10-47 示例动态网站定义完成

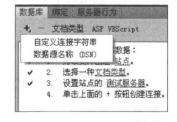

图 10-48 "数据库"面板

② 单击左上角的"＋"按钮选择"数据源名称(DSN)"选项，在如图 10-49 所示的"数据源名称(DSN)"对话框中设置连接名称为 example。然后，单击"定义"按钮，依次选择 System DSN→"添加"→Microsoft Access Driver（*.mdb）选项，就出现"ODBC Microsoft Access 安装"对话框，如图 10-50 所示。

③ 在"数据源名"文本框中输入你自定义的数据源名称，本示例用 college 作数据源名。单击"数据库"栏中的"选择"按钮，找到已经预先创建的数据库文件 C:\inetpub\

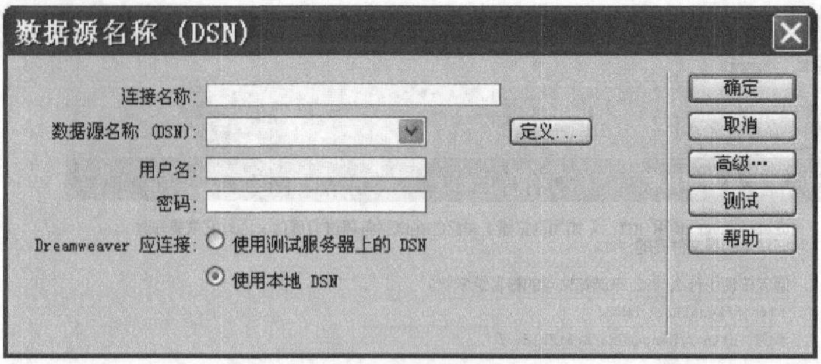

图 10-49 DSN 设置窗口

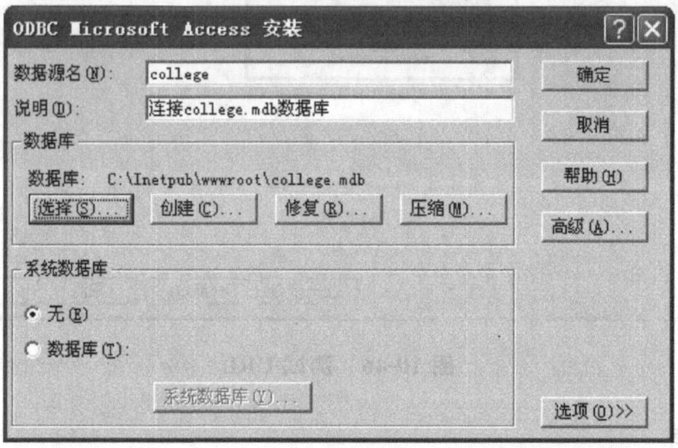

图 10-50 "ODBC Microsoft Access 安装"对话框

wwwroot\college.mdb。确认后回到 DSN 设置对话框,连接名称栏即显示 college 连接成功。这时在"测试"面板中可以测试连接是否成功,如图 10-51 所示。

④ 数据库连接完成后,"数据库"面板中已列出了刚刚定义好的连接名称 link_college,站点目录下也增加了 Connections 文件夹和相应的 DSN 文件,如图 10-52 所示。

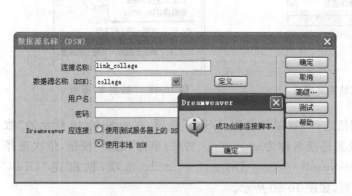

图 10-51 数据源连接测试

图 10-52 完成数据库连接

10.5.2 生成动态页

在 Adobe Dreamweaver CS4 中建立好数据源和数据连接后,可以非常方便地完成自动生成动态页的工作,例如"记录集分页""主详细页集""插入记录""更新记录""删除记录"页面等。具体包括图 10-53 中列出的动态页种类。

如果想在 index.asp 中,使用自动生成的方法,形成"主详细页集"页面,在页面中显示出 college.mdb 数据库中"student"表的所有记录信息。具体实现方法如下所述。

【课堂示例 12】 在网页中动态显示数据表中的内容。

① 首先,建立在 index.asp 页显示的记录集。选择"窗口"→"绑定"选项,在打开的"绑定"面板中单击"＋"按钮,选择"记录集(查询)"选项(见图 10-54),打开"记录集"对话框。在"连接"下拉列表框选择刚才建立的数据库连接 link_college。因为其中只有 student 一个表,其名称会自动出现在"表格"栏中,其他项使用默认值,如图 10-55 所示。单击"测试"按钮可以测试记录集,这时就可以看到 student 表中的记录了。插入记录集后的"绑定"面板中已列出了建立的记录集(见图 10-56)。

图 10-53 自动生成动态页的种类

图 10-54 "绑定"面板

图 10-55 "记录集"对话框

图 10-56 插入记录集后的"绑定"面板

② 建立动态显示列表。在 index.asp 的代码视图中,将插入点定位在即将插入库表内容列表的位置。选择"插入"→"数据对象"→"主详细页集"选项,产生一个动态列表同时产生一个显示详细内容页面,如图 10-57 所示。

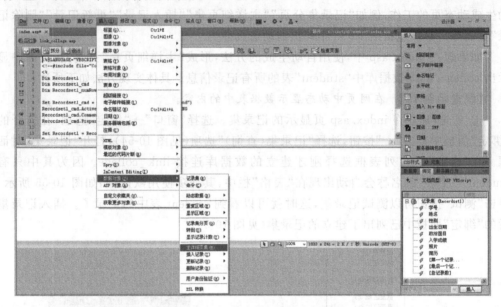

图 10-57　插入"主详细页集"数据对象

③ 打开如图 10-58 所示的"插入主详细页集"对话框。

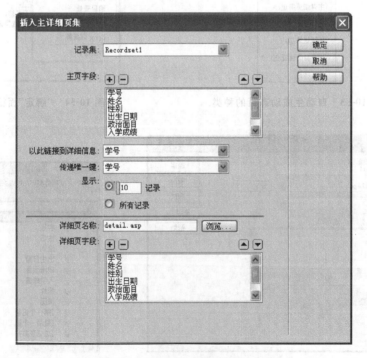

图 10-58　"插入主详细页集"对话框

④ 在主页面中可以根据需要选择想要显示的字段，对于不需要的字段可以单击“－”按钮删除它们。详细页面名称栏选择一个新建的详细页文件 detail. asp。确认后，同时在详细页面 detail. asp 和 index. asp 生成相应的动态表单。在拆分视图下，可以看到两个文件中都自动生成了动态代码（见图 10-59）。对两个文件进行保存后，可以在浏览器中查看到最终效果（见图 10-60）。当然，可以通过网页美化使它们更美观。

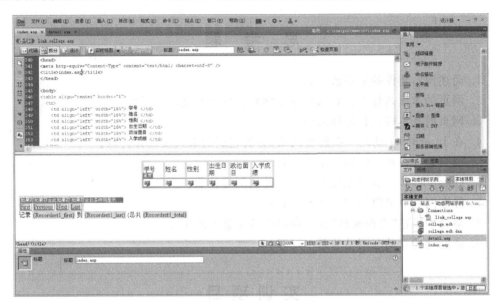

图 10-59　自动插入动态代码后的 index. asp 的拆分视图

学号	姓名	性别	出生日期	政治面目	入学成绩
040101	王洪	男	1985-3-10	团员	510
040102	李娜	女	1985-5-20	群众	498
040103	陈颖	女	1985-8-10	团员	490
040104	赵成	男	1984-12-15	团员	489
040105	张力	男	1984-10-21	团员	505
040201	孙磊	男	1985-6-29	群众	483
040202	张鹏	男	1985-1-18	群众	478
040203	孙英	女	1985-6-1	群众	472
040301	李军	男	1984-9-25	群众	509
040302	陈旭	女	1985-1-28	团员	480

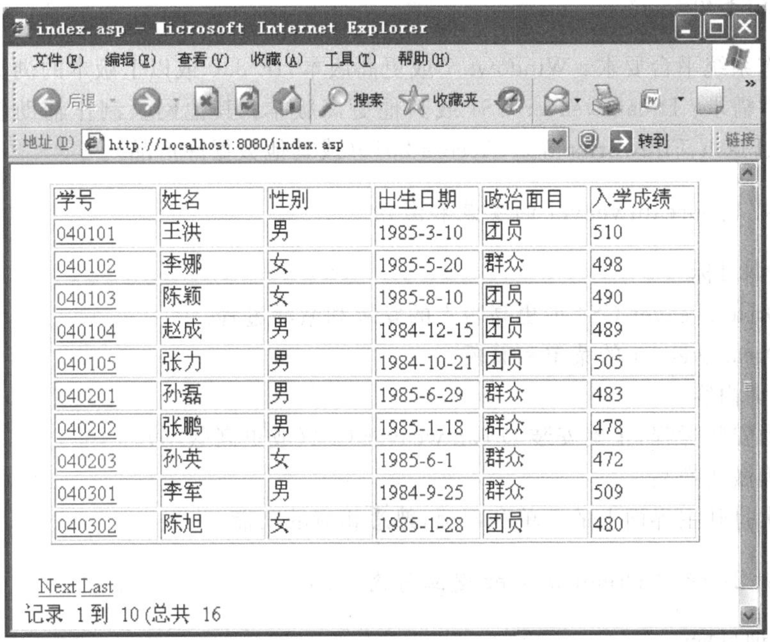

图 10-60　index. asp 显示效果

除了完成以上示例的记录列表页以外，Adobe Dreamweaver CS4 可以轻松地建立查询页和查询结果页、建立添加记录页、建立记录编辑、删除页、建立删除页。

Adobe Dreamweaver CS4 提供了动态网站设计和相关应用"一站式"服务，甚至不用写一行代码、编一句脚本，也可以轻松开发动态网站了。其他动态数据对象，如插入记录页、更新记录页、删除记录页等，实现方法都与此类似，读者可按此方法完成。

思 考 题

1. 简述网站建设的基本流程。
2. 网页的本质是什么？什么是静态网页？什么是动态网页？
3. 网页的基本构成是怎样的？
4. 在 Internet 上访问一些经典网站，分析它们的版式及设计特点。
5. 请列举现在常用的网页制作工具。
6. Dreamweaver 编辑主界面中的 3 种视图是什么？
7. 静态网页中可以添加哪些网页元素？
8. 请分别描述"页面属性"设置窗口中各个选项的用途。
9. 请简述建立动态网站的基本过程。

实 训 项 目

实训环境和条件

① 操作系统平台要求：Windows 7 或更高版本，IE 8.0 或以上版本的浏览器。
② 软件需求：Dreamweaver CS4 或其他更高版本；其他网页制作辅助软件（例如：Photoshop、Flash、Fireworks 等）；Access 2010（或其他数据库产品）。

1. 实训 1：Dreamweaver 的安装和激活

（1）实训目标
了解 Dreamweaver CS4 或更高版本的安装和激活过程。
熟悉 Dreamweaver 的菜单和面板。
（2）实训内容
① 启动安装过程，正确安装 Dreamweaver CS4（或更高版本）。
② 正确激活产品。
③ 依次打开主界面上的菜单和面板，熟悉相应的功能。

2. 实训 2：使用 Dreamweaver 建立静态网站

（1）实训目标
掌握 Dreamweaver 静态站点的建立流程。

熟悉各种网页元素的添加和编辑。

(2) 实训内容

① 使用"站点管理"向导建立新站点,依次设置站点选项。

② 建立科学合理的网站文件结构。

③ 通过各种网页元素的使用,对各个网页进行设计和制作。

④ 建立合理的网站导航,测试网站中各个栏目的连通性。

3. 实训 3:使用 Dreamweaver 建立动态网站

(1) 实训目标

掌握 IIS 服务器的安装与配置方法。

掌握 Dreamweaver 动态站点的建立流程。

掌握 Dreamweaver 生成动态页的方法。

(2) 实训内容

① 安装和配置 IIS 组件。

② 在 IIS 上配置和发布动态网站。

③ 在 Dreamweaver 中新建动态站点。

④ 为动态站点建立数据源,连接数据库。

⑤ 自动生成"主详细页面""添加记录""编辑和修改记录"等动态页。

参 考 文 献

[1] 尚晓航,安继芳,郭正昊.Internet 技术与应用基础[M].北京:清华大学出版社,2014.9.
[2] 尚晓航,安继芳,宋昊文.Internet 技术与应用教程[M].北京:清华大学出版社,2010.5.
[3] 尚晓航,郭正昊.计算机网络技术基础[M].4 版.北京:高等教育出版社,2014
[4] 尚晓航.计算机网络技术基础[M].北京:清华大学出版社,2012.
[5] 孙建华,安继芳,等.动态网站构建实用教程[M].北京:科学出版社,2011.6.